BIANPEIDIAN SHEBEI DIANXING SHIGU HUO YICHANG 100LI

变配电设备
典型事故或异常
100 例

汪洪明 编著

中国电力出版社
CHINA ELECTRIC POWER PRESS

内 容 提 要

本书内容既有各类设备事故或异常处理的一般要求，又特别挑选现场最近几年发生、有一定技术含量、有代表性的一百余个真实事故或异常案例，展开分析每一个案例是怎么发生的、为什么会有这样的结果、应该怎么处理。全书不仅有文字描述，还有图纸、表格、照片、截屏等表现形式，争取让读者正确认识事故或异常处理，不仅知其然，还知其所以然，从别人的事故或异常处理中得到启发和借鉴，从而提高自己处理事故或异常的能力。

本书包括变压器、母线、线路、交直流、补偿设备、监控、二次设备、智能化变电站、配电设备事故或异常等共十五章，每个章节分概述和实例两部分。

本书区别于理论阐述较多的书籍，注重实际和实用，考虑到现场设备发展及生产方式的变化，力求同步并适度超前，适合变电运维、调度监控、变电检修、配电人员及有关技术人员参考，也可作为电力类学生的学习资料。

图书在版编目（CIP）数据

变配电设备典型事故或异常 100 例/汪洪明编著. —北京：中国电力出版社，2017.3（2020.1重印）

ISBN 978 - 7 - 5123 - 9897 - 9

Ⅰ．①变… Ⅱ．①汪… Ⅲ．①变电所-配电系统-维修 Ⅳ．①TM63

中国版本图书馆 CIP 数据核字（2016）第 246703 号

中国电力出版社出版、发行

（北京市东城区北京站西街 19 号　100005　http：//www.cepp.sgcc.com.cn）

三河市航远印刷有限公司印刷

各地新华书店经售

*

2017 年 3 月第一版　2020 年 1 月北京第二次印刷

700 毫米×1000 毫米　16 开本　20 印张　407 千字

印数 3001—4000 册　定价 58.00 元

前　言

踏着建设全球能源互联网的脚步，电网发展方式和生产方式正在发生重大变化，如变电站已经基本实现集中监控和无人值班，智能变电站已经运行，变配电设备中大量运用新技术和新设备，但正确和迅速处理事故或异常依然是电网运行的最关键，本书内容既有各类设备事故或异常处理一般要求，又特别挑选现场最近几年发生的、有一定技术含量、有代表性的一百余个真实事故或异常案例，展开分析每一个案例是怎么发生的、为什么会有这样的结果、应该怎样处理。

全书不仅有文字描述，还有图纸、表格、照片、截屏等表现形式，争取让读者正确认识事故或异常处理，不仅知其然，还知其所以然，从别人的事故或异常处理中得到启发和借鉴，从而提高自己处理事故或异常的能力。本书区别于理论阐述较多的书籍，注重适合、实际和实用，考虑到现场设备的发展及生产方式的变化，力求同步并适度超前，适合变电运维、调度控制、变电检修、配电人员及有关技术人员参考，也可作为电力类学生的学习资料。

本书由国网江苏省电力公司无锡供电公司高级工程师、高级技师汪洪明主编，国网江苏省电力公司检修分公司扬州分部秦喆编写了第二章和第十章，国网江苏省电力公司检修分公司陆剑云、崔绍军，国网江苏省电力公司无锡供电公司董丽金、何光华、袁伟，国网江苏省电力公司南通供电公司江红成、国网江苏省电力公司徐州供电公司李晔、国网江苏省电力公司生产技能培训中心李世倩、陶红鑫、杨妮娜，国网江苏省电力公司管理培训中心符晓怡、蒋媛媛，国网江苏省电力公司南京供电公司陶晓燕，国网江苏省电力公司泰州供电公司泰兴市供电公司宁晓慷参与了部分编写工作。

本书即将出版之时，特别要感谢国网江苏省电力公司无锡供电公司领导的关心、支持，特别要感谢许多一线员工提供资料，向所有参与和支持本书编写、出版的人士表示诚挚的感谢。

由于编写人员水平有限，书中难免有错误和不足之处，敬请广大读者批评指正。

编　者

目 录

第一章

变压器事故或异常

第一节　变压器事故或异常处理概述

一、变压器事故处理概述

1．一般原则

主变压器故障跳闸，特别是承担大量负荷的大型主变压器突然跳闸，会引发系统内的一系列连锁反应，严重时甚至可能造成系统失去稳定。在变电站，最常见的连锁反应或并发情况就是相邻主变压器的严重过负荷，恶劣情况下主变压器事故还会引发火灾。此时，变电站值班人员因为需要应对多个异常情况而容易产生顾此失彼的情况，因此值班员必须沉着冷静，抓住主要矛盾，分清轻重缓急，主动与调度员协商，确定处理的优先顺序，并参照以下原则进行处理。

（1）一台主变压器跳闸后，值班人员除应按常规的事故处理规定迅速向所属值班调度员报告跳闸时间、跳闸断路器、主保护动作情况等信息外，还应报告未跳闸的另一台主变压器的潮流及过负荷情况以及象征系统异常的电压、频率等明显变化的信息。

（2）在未跳闸主变压器过负荷的情况下，应按规程规定对跳闸主变压器一、二次回路进行检查，如能确认主变压器属非故障跳闸或查明故障点确在变压器回路以外时，应立即提请值班调度员对跳闸主变压器进行试送，以迅速缓解另一台主变压器过负荷之危。

（3）如主变压器属故障跳闸或无法确认主变压器属非故障跳闸时，应同时进行主变压器跳闸处理和未跳闸主变压器的过负荷处理。过负荷情况比较严重时应优先进行未跳闸主变压器的过负荷处理。

（4）如主变压器故障跳闸引发系统失稳等重大异常情况时，应优先配合调度进行电网事故的处理，同时按短期急救性负荷的规定对过负荷主变压器进行监控。

（5）一旦主变压器因故障着火时，灭火及防止事故扩大便成为最紧迫的首要任务。此时应迅速实施断开电源、关停风扇和油泵、起动灭火装置、召唤消防人员、视需要打开放油阀门等一系列处理措施，火情得以控制后，再迅速进行其他异常的处理。

（6）根据保护动作情况判断主变压器故障性质。变压器的故障跳闸分析可通过气体（瓦斯）保护和差动保护进行联合分析。

2．气体保护动作的处理

习惯称谓的轻瓦斯保护动作发出信号后，值班人员应首先复归轻瓦斯信号；若不能复归，必须先对气体继电器进行放气。放气方法为：确定主变压器内部无异声后，爬上变压器顶部，掀开防雨罩，打开气体继电器的放气口（特别注意：放气口旁边有一个气体继电器的试验顶针，压下去则重瓦斯保护动作跳开三侧断路器，不能搞错，放气口与顶针外形有明显的区别），放至放气口冒油，立即关上放气口。复归后，观察气体继电器动作次数，间隔时间长短，气量多少。若轻瓦斯频繁动作，应取气并检查气体的性质，从颜色、气味、可燃性等方面判断变压器是否发生内部故障。如确定为外部原因引起的动作，变压器可继续运行。

重瓦斯保护动作跳闸后，差动保护未动作时，会有两种可能：①变压器内部故障在匝间发生，此时差动保护无法动作，变压器内部故障在绕组尾部发生，此时差动保护不灵敏，可能不动作，故障发生在变压器附件上如铁心等，此时差动保护无法动作；②本体保护误动作，气体保护或压力释放动作，应考虑是否有人误动、油回路上是否有人进行工作、是否伴有直流接地信号，气体保护或压力释放电缆绝缘是否损坏，如气体保护或压力释放单独动作，气体继电器内无气体，误动作的可能较大。此时检查变压器外部无明显故障，经分析并检查瓦斯气体，证明变压器内部无明显故障后，可经运行维护单位总工程师同意试送一次。另外若明显为误动作，则还可将该保护误动作原因消除或停用保护后送电，否则，按保护全部动作处理。

3. 差动保护动作的处理

差动保护主要反映变压器绕组和引出线的相间短路，中性点直接接地侧的单相接地短路。因此若差动保护动作，变压器各侧的断路器同时跳闸，按图1-1处理。

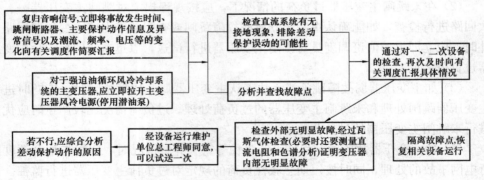

图1-1　应对变压器差动保护动作跳闸采取的措施

若大差动保护动作，高阻抗保护不动作，则故障可能发生在35kV绕组至35kV独立TA间，此处，高阻抗差动保护不在保护范围内进行保护。

4. 重瓦斯保护与差动保护同时动作的处理

重瓦斯保护与差动保护同时动作跳闸，则可认为是变压器内部故障，未查明原因和消除故障前不得送电。

5. 定时过电流保护动作的处理

定时过电流保护为后备保护，可作为下属母线保护的后备或作变压器主保护的后备。所以，过电流保护动作跳闸，应根据其保护范围、保护动作信号情况、相应断路器跳闸情况、设备故障情况等予以综合分析判断，然后分别进行处理（见表1-1）。

表1-1 定时过电流保护动作的处理

故障原因	下属母线设备发生故障，未能及时切除	下属母线设备发生故障，主变压器跳闸	过电流保护动作跳闸
处理方法	检查失电母线上各线路保护是否已跳闸，造成越级，拉开拒跳断路器，切除故障 若无线路信号动作，可能是线路故障，因保护未动作断路器不跳闸，造成的越级。可以将所有出线的断路器全部拉开，并检查变压器本体及失电母线有无异常情况，若查不出明显故障时，则变压器可以在空载下试投送一次，试投正常后再逐条恢复线路送电。当合在某一路出线断路器时又出现越级跳变压器断路器时，则应将该出线停用，恢复变压器和其余出线的供电	检查母线及设备，检查中若发现母线或所属设备有明显的故障特征时，则应切除故障母线后，再恢复送电 主变压器主保护如气体保护也有动作反应，则应对主变压器本体进行检查，若发现有明显故障特征时，不可送电	主变压器主保护，如气体保护也有动作，则应对主变压器本体进行检查，若发现有明显故障特征时，不可送电

最常见的是下属线路故障拒跳造成的越级跳闸，其次是母线设备故障造成跳闸。

6. 注意事项

（1）由于大型变压器的造价昂贵，其绝缘与机械结构相对薄弱，故障跳闸后对其进行强送或试送的相对成本过高。而且，一旦故障发生在主变压器内部，其自行消除的可能性微乎其微，使强送失去意义。因此，主变压器故障跳闸后一般不考虑通过强送的方法尽快恢复供电，只有在完全排除主变压器内部故障的可能，外部检查找不到任何疑点或确认主变压器属非故障跳闸且情况紧急的情况下，方可对主变压器进行试送，但这种情况需要由具有足够权威和资质的人员（如总工程师）加以确切的认定。

变电站值班人员能予以确认的非故障跳闸情况为：

1）由工作人员误碰导致的跳闸。

2）由值班人员误操作因素导致的跳闸。

3）无保护动作且现场检查无任何异常的不明原因跳闸（此情况可先送电，再由调度安排方式停役检查）。

4）其他经有权限领导认定可以送电的非故障跳闸。

（2）主变压器故障跳闸后，一时难以查明原因，而系统又急需恢复其运行时，可考虑采取零起升压的方法对变压器试送电，以最大限度地减少对主变压器的冲击。但这需要由电网调度对系统的方式作出较大的调整，由电厂等部门的多方配合方能实现，一般这种情况很少出现。

（3）主变压器是保护配置最复杂、最完善的设备，由多种不同原理构成的主变压器保护对不同类型的故障往往呈现不同的灵敏度和动作行为。因此，通过保护动作情况和动作行为的分析，结合现场检查情况和必要的油、气试验，一般情况下可以对主变压器故障的性质、范围作出基本的判断。在进行故障的分析与判断时，应优先考虑下列情况，以设法排除内部故障的可能，为尽快恢复供电提供前提条件和争取时间。

1）是否存在区外故障越级的可能。

2）是否存在保护误动或误碰的可能（气体、压力保护二次线受潮短路，差动回路断线，阻抗保护失压等）。

3）是否存在误操作的可能。

4）是否存在主变压器回路中辅助设备故障的可能。

（4）如果发现有下列情况之一时，应认为主变压器存在内部故障。

1）气体继电器采集的气体可燃。

2）变压器有明显的内部故障征象，如外壳变形、防爆管喷油、冒烟火等情况。

3）差动、气体、压力等主保护中有两套或两套以上动作。

4）故障录波图存在表示内部故障的特征。

一旦认为主变压器存在内部故障，则必须进一步查明故障原因，排除故障，并经电气试验，油、气分析，证明故障已经排除后，方可重新投入运行。

（5）一旦查明故障在主变压器外部，必须尽一切努力隔离故障，恢复主变压器运行。一般情况下，主变压器的停运会对变电站的供电和电网的运行造成严重影响，因此一旦查明故障在主变压器外部或其他辅助设备上，应迅速采取隔离、拆除、抢修等措施排除故障，恢复主变压器的运行，然后对已隔离的设备进行检查处理。

7. 调度关于变压器事故处理的一般规定

（1）变压器（包括高压电抗器、低压电抗器，下同）的主保护（包括重瓦斯、差动保护）同时动作跳闸，未经查明原因和消除故障之前，不得进行强送。

（2）变压器的气体或差动保护之一动作跳闸时，在检查变压器外部无明显故障，检查瓦斯气体，证明变压器内部无明显故障者，在系统急需时可以试送一次，有条件时，应尽量进行零起升压。

（3）变压器后备过电流保护动作跳闸，在找到故障并有效隔离后，一般对变压器试送一次。

（4）变压器过负荷及其他异常情况，应汇报调度，并按现场规程进行处理。

二、变压器异常处理概述

1. 一般原则

（1）如主变压器有下列情形之一者，应立即要求调度将其停用。

1) 变压器内部音响很大，很不均匀，有爆裂声。

2) 压力释放装置喷油或冒烟。

3) 严重漏油使油枕油面降落低于油位指示器的最低限度。

4) 套管有严重的破损和放电现象。

5) 充油套管油面不正常地升高或降低。

6) 主变压器着火。

（2）如变压器有下列情况之一者，应加强监视和检查，判断原因，并立即汇报，采取相应措施。

1) 变压器有异常声音。

2) 在负荷、冷却条件正常的情况下，变压器温度不断上升。

3) 引出线桩头发热。

4) 变压器渗漏油，油枕油面指示缓慢下降。

2. 变压器过负荷

（1）记录过负荷起始时间、负荷值及当时环境温度。

（2）将过负荷情况向调度汇报，采取措施降低负荷。查对相应型号变压器过负荷限值表，并按表内所列数据对正常过负荷和事故过负荷的幅度和时间进行监视和控制。

（3）手动投入全部冷却器。

（4）对过负荷主变压器特巡，检查风冷系统运转情况及各连接点有无发热情况。

（5）指派专人严密监视过载主变压器的负荷及温度，若过负荷运行时间已超过允许值时，应立即汇报调度将主变压器停运。

3. 变压器过励磁

主变压器过励磁运行时会使变压器的铁心产生饱和现象，导致励磁电流激增，铁心温度升高，损耗增加，波形畸变，严重时会造成变压器局部过热危及绝缘甚至引发故障。主变压器的过励磁是由于其铁心的非线性磁感应特性造成的，与变压器的工作电压和频率有关，由于电力系统的频率相对稳定，可近似地视作与系统的电压升高有关。一般500kV变压器，当其运行电压超过额定电压5%时便可认为已进入过励磁运行状态。

主变压器过励磁运行时，值班人员必须及时向调度报告并记录发生时间和过励磁倍数，按现场运行规程中的有关限值与允许时间规定进行严密监控，逾值时应及时向调度汇报，提请调度采取降低系统电压的措施或按调度指令进行处理。与此同时，严密监视主变压器油温、线温的升高情况和变化速率。当发现其变化速率很高时，即使未达到主变压器的温度限值也必须提请调度立即采取降低系统电压的措施。

4. 变压器温度超限或不正常升高

当主变压器运行温度超过监视值、发出超温信号或其油温指示油温升超过许可限度时，应从以下几个方面查明原因。

（1）检查变压器的负荷和环境温度，并与以前相同负荷和环境温度下的油温、绕组温度进行对比分析。

（2）核对温度表排除误指示可能。

（3）检查变压器冷却装置情况，冷却器是否已全部投入运行，散热器是否存在积灰等影响其冷却效率的情况。

（4）调阅站内监控系统的主变压器温度/负荷曲线进行分析。如温度升高是由于过负荷、过励磁或冷却器故障引起的，则按相应的规定进行处理；如原因不明，必须立即报告调度及有关领导，请专业人员进行检查并查找原因加以排除。

当发现主变压器温度较相同运行条件下的历史数据有明显差距，或温度虽未越限但在负荷没有大幅变化的情况下呈现较快的增长速率时，必须引起高度重视，并采取以下措施。

1）增加对主变压器进行检查巡视的次数。

2）调出监控系统中主变压器温度/负荷曲线进行密切监视。

3）运用排除法对有可能引起主变压器温度升高的各种原因进行分析排除。

4）请有关专业人员进行检查并寻找原因。

5. 变压器油位不正常升降

（1）判定主变压器油位不正常升降的主要判据有：

1）本体或调压开关油枕的油位指示。

2）油位/油温曲线。

3）渗漏油情况。

4）相同运行条件下的历史数据。

（2）发现油位指示异常后，可从以下几个方面进行检查分析，予以认定或排除。

1）渗漏油情况。程度较严重的漏油或长期的微漏油现象可能会使变压器的油位降低，应立即通知检修人员进行堵漏和加油。如因大量漏油而使油位迅速下降时，禁止将重瓦斯保护改信号，通知检修人员迅速采取制止漏油的措施，并立即加油。如油面下降过多，危及变压器运行时应提请调度将故障变压器停运。

2）油位指示器误指示。220kV 及以上主变压器一般都采用带有隔膜或胶囊的油枕，当出现以下情况时，油位指示器可能会出现误指示：①隔膜或胶囊下面储积有气体，使隔膜或胶囊的位置高于实际油面；②呼吸器堵塞，使油位下降时隔膜上部空间或胶囊内出现负压，造成油位计误指示；③隔膜或胶囊破裂，油进入隔膜上部空间或胶囊内。

可通过放气、检查呼吸器呼吸情况、检查呼吸器矽胶有无被油浸润情况等方法加以分析排除。

3）本体油箱与调压开关油箱之间密封不良。正常时本体油箱与调压开关油箱之间是隔离的，而且从设计上保证了本体油位高于调压开关油位。因此一旦因电气接头发热或其他原因使两者的阻隔密封破坏时，本体油箱的油将持续流入调压开关油箱，使调压开关油位异常升高，甚至从调压开关呼吸器管道中溢出。这种情况一经确认，应申请主变压器停役加以处理。

4）主变压器存在内部故障或局部过热现象。

以上引起油位异常的各种原因排除后，应怀疑主变压器存在内部故障或局部过热现象的可能，可采集油、气样进行分析确认。

6. 冷却系统故障

发现冷却系统故障或发出冷却器故障信号时，值班人员必须迅速作出反应，首先应判明是冷却器故障还是整个冷却系统故障。

若是一组或两组冷却器故障，则无论是风扇电动机故障还是油泵故障均应立即将该组冷却器停用，并视不同情况调整剩余冷却器的工作状态，确保有一组工作于常用状态，然后对故障冷却器进行检查处理或报修。在一组或两组冷却器停运期间，值班人员必须按现场运行规程中规定的相应允许负荷率对主变压器的负荷进行监控。

冷却器全停时，应由值班负责人指定专人监视、记录主变压器的电流与温度，并立即向调度汇报，同时以最快的速度分析有关信号查找原因并设法恢复冷却器运行。若是站用电失电所致，则按站用电失电有关规定处理；若是冷却系统备用电源自投回路失灵，则立即手动合上备用电源；若是直流控制电源失电，则将冷却器控制改为手动方式后恢复冷却器运行。

如果一时无法恢复冷却器运行时，应于无冷却器允许运行时间到达前报告调度要求停用主变压器，而不管上层油温或线温是否已超过限值。因为在潜油泵停转的情况下，热传导过程极为缓慢，在温度上升的过程中，绕组和铁心的温度上升速度远远高于油温的上升速度，此时的油温指示已不能正确反映主变压器内部的温度升高情况，只能通过负荷与时间来进行控制，以避免主变压器温度升高的危险程度。强迫油循环风冷冷却系统温度表见表1-2。

表1-2　　　　　　　　强迫油循环风冷冷却系统温度表

名　　称	允许温升	允　许　温　度
绕组温度 （强迫油循环风冷却系统）	65℃	98℃（A级绝缘耐受的绕组最热点为98℃，年平均温度20℃，再减去最热点与平均温度之差13℃，得绕组平均温升65℃）
上层油温 （强迫油循环风冷却系统）	40℃	85℃（A级绝缘耐受的绕组最热点为98℃，年平均温度20℃，再减去绕组最热点与顶层油温差38℃，得绕组平均温升40℃；控制顶层油温85℃，可保证绕组最热点在98℃以下）

强迫油循环风冷变压器运行中，当冷却系统（指油泵风扇、电源等）发生故障，冷却器全部停止工作，在额定负载下运行20min。20min后顶层油温未达到75℃，则可以继续运行，但切除全部冷却器的最长时间在任何情况下不得超过1h。

7. 轻瓦斯保护动作发信

轻瓦斯保护信号动作时,值班人员应立即展开以下工作。

(1) 对变压器进行外观检查。对主变压器的负荷、温度、油位、声响及渗漏油情况进行细致的检查和辨析。

(2) 采集气体继电器内的气体,并记录气量。采气一般使用较大容量的注射器进行,先取下注射器针尖,换上一小段塑料或耐油橡胶细管,排出空气,再将软管接在气体继电器的排气阀上(要求接头严密不漏气);打开排气阀,缓缓抽动注射器活塞,吸入管道内残留的变压器油,然后关闭阀门断开软管,将注射器活塞推到底,排除变压器油;再接上软管,将气体吸入注射器内;最后关闭排气阀,拆除软管与排气阀连接。

(3) 对气体进行感官检查并进行定性分析。对气体进行感官检查的方法为:首先观察注射器内的气体是否无色透明,然后换装针头将少量气体徐徐推出,辨别其气味,再推出部分气体于针尖处点火试之,判别是否可燃,并将检查情况报告调度及有关领导。

(4) 通知有关专业人员取样做色谱和气相分析。一旦发现采集的气体有浑浊、味臭、可燃等情况,应迅速将剩余气样送有关部门或由他们重新采样做进一步的定量分析,并根据分析结果分别做出将主变压器停役、继续采样观察或撤销警戒的处理。

气体继电器正常运行中的注意事项有:

(1) 气体继电器防雨罩或接线盒盖应扣罩严密,接线盒无进水可能。因为接线盒内若进水或潮湿,引起接线端子短路,会造成气体继电器绝缘降低击穿而跳闸。

(2) 气体继电器内窗应注满油,无气体、无渗漏油现象。

8. 主变压器异常噪声

变压器正常运行的音响应当是连续均匀、和谐的嗡嗡声,有时由于负荷或电压的变动,音量可能略有高低,不应有不连续的、爆裂性的噪声。

异常噪声有两种类型:①机械振动引起的;②局部放电引起的。变压器发生音响异常时,运行人员应检查变压器的负荷、电压、温度和变压器外观有无异常。如果负荷及电压正常而有不均匀的噪声,首先应设法弄清噪声的来源是来自变压器的外部还是内部。可以用听音棒(也可用适当大小的螺钉旋具替代)一端顶紧在外壳上,另一端用耳朵倾听内部音响进行判断。

(1) 若判明噪声是来自变压器外部(如铭牌或其他外部附件振动等),可进一步查明原因,予以消除。

(2) 若风扇、油泵运转产生异常噪声,可能是轴承损坏或其他机械或电气故障引起,应通知检修人员检修排除。

(3) 若噪声是来自变压器内部,应根据其音质判断是内部元件机械振动还是局部放电。放电噪声的节拍规律一般与高压套管上的电晕噪声类似。如发现可疑内部放电噪声,为了准确判断,应立即通知化验部门进行油中含气成分的色谱分析。在化验未做出结论之前，应对变压器加强监视。如有备用变压器，可按现场条件及规程规定切换到备用变压器运行。若色谱分析判明变压器内部无电气故障，噪声是由内部附件振动引起，变压器可继续运行，但应加强监视，注意噪声的变化发展。

（4）若色谱分析判明变压器内存在局部放电或其他故障，应按现场规程及调度命令将变压器退出运行。

第二节　变压器典型事故或异常实例

【例1】　一起绝缘子放电导致的1号主变压器跳闸实例

2009年8月17日，220kV某变电站发生了1号主变压器110kV侧A型架C相悬挂绝缘子受漂浮物影响对横担放电，造成1号主变压器差动保护动作跳开三侧断路器的故障。

1. 事件经过

2009年8月17日，5：58监控发现某变电站事故信号为：1号主变压器差动保护动作跳开三侧断路器，110kV正母线失电，35kV备用自投动作分开1号主变压器35kV侧501断路器，合35kV母联510断路器，并汇报调度，通知操作班。6：10调度发令监控合上该变电站110kV某线863断路器恢复对110kV正母线供电，6：25操作班人员到达现场，恢复站用电系统，开始对现场进行检查。6：28调度发令监控合上某变电站110kV母联710断路器，拉开某线863断路器，6：35操作班汇报调度：1号主变压器比率差动保护、220kV侧后备保护、110kV侧后备保护均动作，故障录波显示为C相故障，故障电流8.04kA，35kV备自投动作成功。6：45停用35kV备用自投，取下1号主变压器保护屏Ⅱ33XB1。8：04调度发令1号主变压器及三侧断路器改为检修。15：42经登杆检查发现1号主变压器110kV侧A型架C相悬挂绝缘子靠近110kV高压室侧有放电痕迹（见图1-2），更换C相悬挂绝缘子，主变压器试验合格后，16：06对主变压器送电成功。

2. 原因分析

操作班到达现场后立即打印了1号主变压器差动保护、220kV侧后备保护、110kV侧后备保护及故障录波器的故障报告，如图1-3所示。

图1-2　有放电痕迹的绝缘子

从图1-3可以发现，主变压器差动保护仅高压侧的BC相存在差流，但由于LFP-972B型主变压器差动保护采用高、中压侧采样电流（I_a、I_b、I_c）需经过装置软件星转三角的换算，即 $I_A=I_a-I_b$，$I_B=I_b-I_c$，$I_C=I_c-I_a$，经过换算后的计算电流（I_A、I_B、I_C），再进行三侧差流计算得出差流显示值（DI_A、DI_B、DI_C），对于此类保护算法的单相故障都会造成两相比率差动动作，故从图1-3的差流波形显示还无法判断出到底是 BC 两相的哪相发生故障。

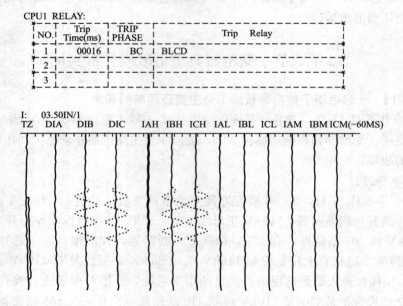

CPU1 RELAY:

NO.	Trip Time(ms)	TRIP PHASE	Trip Relay		
1	00016	BC	BLCD		
2					
3					

I:　　03.50IN/1
TZ　DIA　DIB　DIC　IAH　IBH　ICH　IAL　IBL　ICL　IAM　IBM ICM(−60MS)

图1-3　LFP-972B型主变压器差动保护装置打印波形

通过主变压器220kV侧后备保护 LFP-973E 装置打印波形（见图1-4）可以看出主变压器220kV侧仅 C 相有明显的故障电流，并出现零序电流且主变压器220kV侧的 C 相电压有一定的跌落，可以判断出是 C 相单相故障造成的差动保护动作。

结合主变压器110kV侧后备保护 LFP-973E 装置打印波形（见图1-5），可以进一步确定出是 C 相故障造成的差动保护动作且主变压器110kV侧的 C 相电压几乎跌落至零。

联系三张保护波形及保护电流的采样电流互感器位置（各侧差动保护电流采自断路器电流互感器，各侧后备保护采自主变压器套管电流互感器），可以分析出故障点位于主变压器110kV侧套管电流互感器与110kV侧断路器电流互感器间。

因为若故障点位于主变压器内部、主变压器35kV侧或主变压器220kV侧套管电流互感器与220kV侧断路器电流互感器间，则由于1号主变压器110kV侧系统无电源点，主变压器110kV侧套管电流互感器内应无故障电流（即110kV侧后备保护采不到故障电流）。故采用排他法可以断定，故障点只可能存在于主变压器110kV侧套管电流互感器与110kV侧断路器电流互感器间。

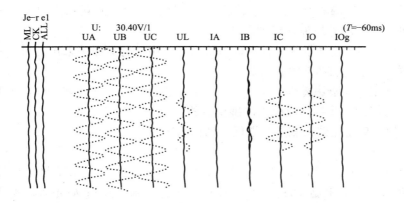

图 1-4 主变压器 220kV 侧后备保护 LFP-973E 装置打印波形

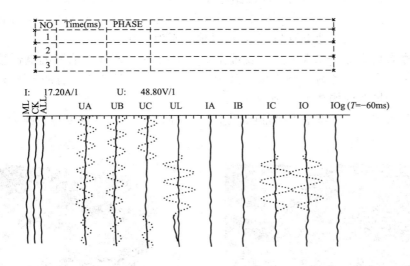

图 1-5 主变压器 110kV 侧后备保护 LFP-973E 装置打印波形

最后的登杆检查结果也证明了故障点的位置确实在上述位置范围内。

3. 防范措施

（1）在主变压器纵差保护动作跳闸后，若同时还有重瓦斯保护动作，则可基本确定故障点在主变压器内部。

（2）若仅主变压器纵差保护动作且主变压器 110kV 及 35kV 侧无电源点，则主变压器的 110kV 断路器电流互感器及 35kV 穿墙套管电流互感器内不应有故障电流；否则可能为区外故障，保护误动。

（3）仅根据主变压器纵差保护的差流波形，由于各类保护采用的星—三角转化算法不同，不能直接确定故障相别。

（4）在主变压器纵差保护动作后，结合主变压器高、中压侧套管电流互感器的电流采样可以进一步推断故障点的确切位置。

【例 2】 某变压器有载重瓦斯保护动作情况分析

1. 跳闸经过

2009 年 9 月 11 日，上午 8：51，监控中心发现某变电站 1 号主变压器有载重瓦斯动作，某变电站 701、301、101 断路器跳闸。运行人员到达现场，检查发现 1 号主变压器保护屏本体保护上"有载重瓦斯动作"灯亮，不能复归。701、301、101 断路器位置为分闸位置，没有其他信号发生，变压器检查未见异常。

2. 现场检查

检修人员到达现场，对直流回路电压进行测量发现：直流正对地电压为 29V，负对地电压为 79V；在拉开 1 号主变压器本体保护直流回路后再次对直流回路电压进行测量，直流正对地电压为 0V，负对地电压为 110V。

检查有载重瓦斯二次回路，发现主变压器有载 MR 开关油流继电器接线盒盖松动，但三个固定螺钉都已旋紧，其中两个螺钉为压紧盒盖。有载 MR 开关继电器接线盒现场图片如图 1-6 所示。

打开盒盖发现，继电器内部已经进水，从而造成有载重瓦斯保护跳闸，现场图片如图 1-7 所示。

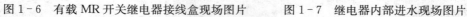

图 1-6　有载 MR 开关继电器接线盒现场图片　　图 1-7　继电器内部进水现场图片

经过进一步检查发现，直流屏上直流绝缘监测继电器损坏，更换后，直流对地电压恢复为正对地电压为 54V，负对地电压为 55V。

3. 事故原因

根据以上情况，可以很明显发现，主变压器跳闸原因为油流继电器接线盒盖螺钉未旋紧，造成雨水从螺钉孔洞进入，使线盒内积水，气体保护回路短路接地，有载重瓦斯动作跳闸。另外检查发现，直流绝缘监测继电器损坏，未有报警信号，未能在第一时间反映直流接地情况，是导致此次跳闸的间接原因。

4. 改进措施

（1）本次跳闸情况，是由于保护施工人员在试验完成后未旋紧接线盒盖造成，需对工作人员加强工作中责任心的培养，需加强与运行人员的交接工作，防止该类情况发生。

（2）采取补救措施，在有载 MR 开关上加装防雨罩。

（3）需加强投运前设备交接工作。

（4）对同类设备进行检查，安装防雨罩。

（5）加强交圈部位，如一次与二次、基建与运行交界部位的工作。

（6）全面梳理、举一反三排查设备中可能造成漏水部件及部位。

（7）对直流回路绝缘监测装置把好选型关，使用好的设备，加强绝缘检查回路，可考虑使用双重化配置方式。

【例 3】 2 号主变压器事故放油阀喷油异常实例

2008 年 7 月 10 日，220kV 某变电站 2 号主变压器发生了事故放油阀喷油故障，监控中心、操作班运行人员及时发现并进行了妥善的应急处理，有效防止了事故的发生。

1. 故障前该变电站运行方式

220kV：2951 接正母线运行，2K60、2 号主变压器 2502 接副母线运行，220kV 母联 2510 正副母线热备用。

110kV：2 号主变压器 902 接副母线运行，供 727、942、813、945。110kV 母联 910 正副母线运行；944 、814 接正母线运行；889 正母线热备用；941、943 冷备用。

35kV：2 号主变压器 602 接 II 段母线，供 2 号站用变压器 651 接 I 段母线运行，652 I 段母线热备用、1 号站用变压器接 652 出线运行，35kV 分段 610 I 、II 段母线运行，分段 6101 隔离开关工作位置。

2. 事件经过

8：43 监控中心发现某变电站发出"2 号主变压器本体装置异常"信号遂立即通知操作班运行人员。9：30 操作班人员到达现场，检查现场后台机信号为"2 号主变压器油位异常"信号，设备现场检查为 2 号主变压器事故放油阀喷油，主变压器本体油位降到最低（见图 1-8）。操作班人员立即汇报调度后由监控中心操作，转移 110、35kV 负荷后，9：55 该变电站 2 号主变压器紧急拉停。现场喷油情况如图 1-9 所示。

图 1-8 主变压器油位指示

图 1-9 事故放油阀喷油

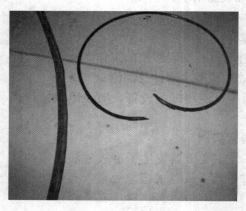

图 1-10 密封圈

3. 原因分析

该主变压器为 OSFSZ10-180000/220 型变压器，投运时间为 2008 年 6 月 28 日。

经公司技术人员现场检查后，分析原因为：事故排油阀阀芯处法兰未充分紧固，球阀在变压器油压力作用下，阀芯密封圈（见图 1-10）松动，导致喷油事故发生。

4. 防范措施/经验教训

（1）掌握设备缺陷发生的规律性。在酷暑、严寒、高温、高负荷情况下，要加强对注油设备的巡视与检查，及时发现事故隐患，做好已知渗油缺陷的跟踪与检查，严密监控缺陷的发展。

（2）加强对注油设备的重点巡视，尤其要注意主变压器各阀门是否存在渗油迹象。

（3）对同类型主变压器事故放油阀结构进行培训，让运行人员进一步了解其结构，在今后的验收工作中提醒施工单位重视。

【例 4】 主变压器中性点和平衡绕组套管底部渗油

2007 年 3 月 23 日，运行人员巡视中发现 1 号主变压器本体靠东面地上有一堆油迹，系中性点和平衡绕组套管底部渗油引起，当时每分钟为 3～4 滴（见图 1-11、图 1-12）。运行人员马上对主变压器回路的接点进行测温跟踪，没有发现发热点。运行人员及时向工区汇报，并建议尽快安排计划停电处理，并对主变压器的油温与油位进行跟踪监视。

在 4 月 10 日停电消缺时发现 35kV C 相套管、中性点 X-Y 套管底部有 3～5cm 的裂纹，平衡绕组套管铜管由于安装野蛮，导致密封不良；同时发现主变压器油介损超标（5.3，正常应小于 1.0）。在 5 月 4 日再次安排停电，调换 35kV 侧

（BJW-40/1200 型）和中性点（BJL-40/60 型）共 5 只套管，调换平衡绕组套管内铜管，5 月 7 日恢复运行。

图 1-11　现场渗油情况

图 1-12　平衡绕组套管底部开裂情况

【例 5】　一起 110kV 进线失电导致主变压器差动保护动作的故障分析

1. 故障前运行方式

（1）龙潭变电站运行方式。故障前，110kV 龙潭变电站两台三圈主变压器分列运行，110kV 侧为线变组接线，35kV 侧为双母分段接线，10kV 侧为单母分段接线，分段断路器 310、110 均在热备用，一次主接线如图 1-13 所示。

（2）110kV 一次系统运行方式。110kV 龙潭变 2 号主变压器上级电源为 220kV 西渡变电站的 110kV 龙潭 2 号线 736 线路，110kV 三江口变 2 号主变压器的进线和 110kV 某水泥变电站 1、2 号主变压器的进线也 T 接至此线路。故障前，110kV 一次系统运行方式如图 1-14 所示。

（3）水泥厂变运行方式。故障前，110kV 水泥厂变压器一次主接线如图 1-15 所示。

2. 故障情况描述

（1）保护动作情况。

1）220kV 西渡变电站。

2014 年 5 月 27 日：

23：34：39：200，736 保护跳闸动作。

23：34：39：217，龙潭 2 号线 736 分闸。

23：34：40：640，龙潭 2 号线 736 合闸（重合成功）。

23：34：58：055，龙潭 2 号线 736 分闸（零序过电流保护 I 段和距离保护 I 段动作，故障电流二次值为 28.7A）。

23：34：59：469，龙潭 2 号线 736 合闸（重合闸）。

23：34：59：525，龙潭 2 号线 736 分闸（重合不成，加速跳闸）。

2）110kV 龙潭变电站。

2014 年 5 月 27 日：

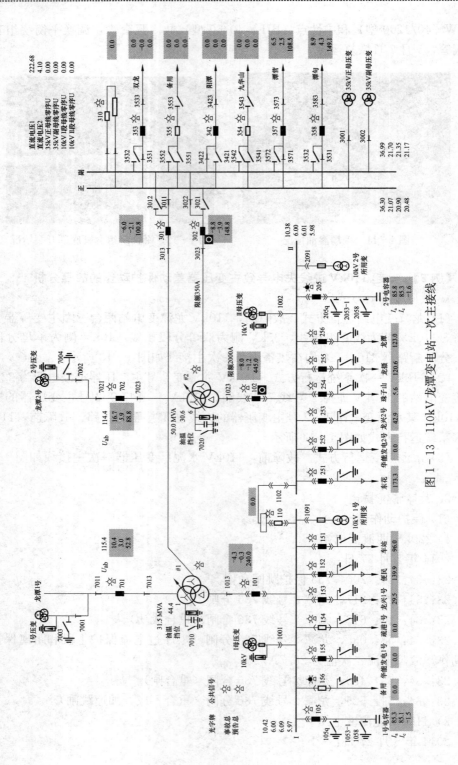

图1-13 110kV龙潭变电站一次主接线

16

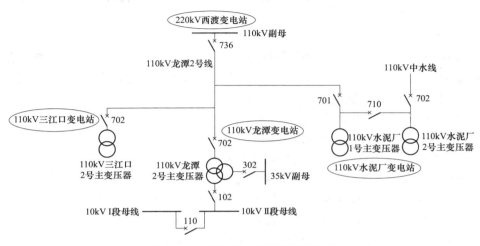

图 1-14　110kV 一次系统运行方式

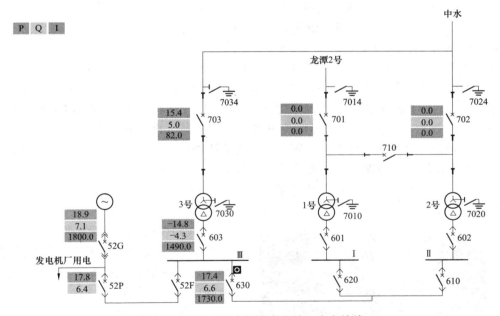

图 1-15　110kV 水泥厂变电站一次主接线

23：35：01：858，302 断路器分闸。

23：35：01：993，310 断路器合闸。

23：35：02：188，102 断路器控制回路断线（后查明，10kV 备自投动作跳 102 断路器时，操作电源低压断路器跳闸）。

23：35：02：316，110 断路器合闸。

23：35：02：346，702 断路器分闸（2 号主变压器差动保护 B、C 相动作，动作值为 $0.72I_e$）。

2014 年 5 月 28 日：

00：36：02：907，2 号主变压器低压侧 102 分闸（因 102 断路器未能分闸成功，运维人员赶到现场，及时手动将其分闸，从而恢复一变带两段的运行方式）。

3）110kV 水泥厂变电站。

2014 年 5 月 27 日：

20：56：55：787，701 断路器 SF_6 漏气告警（反复告警）。

23：25：29：737，1 号主变压器差动速断动作（动作值为 38.94A）。

23：25：48：586，1 号主变压器差动速断动作（动作值为 38.10A）。

23：25：50：025，1 号主变压器差动速断动作（动作值为 39.57A）。

23：25：50：030，1 号主变压器差动速断动作（动作值为 39.38A）。

23：25：50：031，1 号主变压器差动速断保护动作（动作值为 39.48A）。

后因 220kV 西渡变电站龙潭 2 号线 736 跳闸后切除故障。

（2）设备情况。110kV 龙潭变电站 2 号主变压器差动保护为 iPACS - 5741，2011 - 11 - 06 投运；110 备自投为 DSA2364 备自投保护，2006 - 06 - 22 投运；102 断路器为 VD4 - 12 型产品，2006 - 05 - 23 投运；2 号主变压器低压侧操作电源低压断路器为 S252SDC 直流低压断路器，额定电流为 6A。

110kV 水泥厂变电站 GIS 设备为 1988 年生产的 ZF - 110 型 GIS 设备。该设备于 2014 年 4 月 29 日因盆式绝缘子劣化发生放电，造成 220kV 西渡变电站 110kV 龙潭 2 号线 736 两次跳闸后重合。后由该水泥厂进行大修，更换了故障盆式绝缘子且由于前期经常发生气体泄漏，则结合停电消缺更换了 701 断路器的 C 相防爆膜。

（3）现场检查情况。故障发生后，运维人员和检修人员赶赴 110kV 龙潭变电站现场进行检查，相关管理人员后来也至 110kV 水泥厂用户变电站进行现场设备检查。

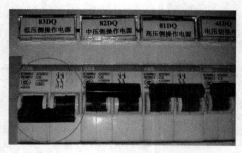

图 1-16 2 号主变压器低压侧操作
电源低压断路器跳开

1）龙潭变电站相关设备检查情况。

2 号主变压器低压侧操作电源低压断路器：故障发生后，运维人员赶赴龙潭变电站现场检查发现，2 号主变压器低压侧操作电源低压断路器已经跳开，从而造成 102 断路器报控制回路断线，如图 1-16 所示。

一次设备：①2 号主变压器：外观检查正常；②102 开关：外观检查正常，遥控分合闸正常。

二次设备：①2 号主变压器差动保护：整组传动试验正常；②2 号主变压器低压侧操作回路：对地绝缘正常；③查看录波：2 号主变压器差动保护高低压侧电流录波如图 1-17 所示。

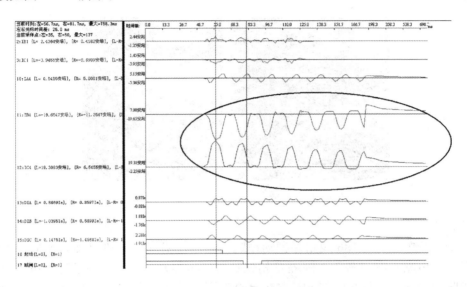

图 1-17 2 号主变压器差动保护高低压侧电流录波

2）西渡变电站检查情况。查看西渡变电站龙潭 2 号线 736 保护动作录波，由零序过电流Ⅰ段和距离Ⅰ段动作跳闸，录波显示为 C 相单相接地故障，如图 1-18 所示。

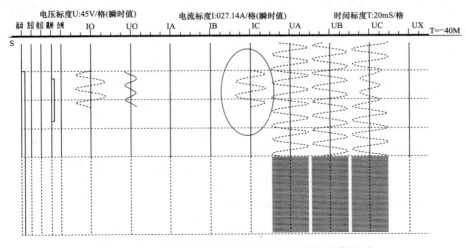

图 1-18 西渡变电站龙潭 2 号线 736 保护动作录波

3）水泥厂变电站检查情况。现场检查发现110kV水泥厂变电站GIS设备701断路器C相防爆膜发生爆裂，SF$_6$气体全部泄漏，罐体内吸附剂也被喷出，如图1-19所示。

图1-19 水泥厂变电站GIS设备短路情况

3. 故障原因分析

（1）西渡变电站736线路保护动作跳闸原因。根据后台机报文，判断110kV水泥厂变电站GIS设备701间隔C相先是低气压告警，然后是间歇性放电，最后造成防爆膜破裂，GIS内部SF$_6$气体完全泄漏，造成导体对罐体桶壁直接短路放电，产生永久性故障点，进而造成西渡变电站110kV龙潭2号线736线路保护动作跳闸。

（2）龙潭变电站110断路器合闸原因。110kV龙潭变电站因龙潭2号线736进线失电，满足备自投启动条件，35kV备自投、10kV备自投正常起动，应跳开302断路器、102断路器，合上310、110断路器。10kV备自投动作原理如图1-20所示。

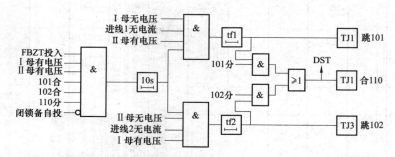

注：DST表示装置限时动作信息并经窗口发出数字信号。

图1-20 10kV备自投动作原理

以上整个过程未造成供电电量损失。但是，由于10kV备自投动作于102断路器分闸时，操作电源低压断路器发生跳闸，致使102断路器无法正常分闸。因

10kV 备自投判断 102 断路器位置时，接点采的是操作回路上的 HWJ 接点，操作回路失电后，10kV 备自投判断 102 断路器处于分闸位置，因而能够动作于 110 断路器合闸。

而按照备自投闭锁条件，在 102 断路器实际未跳开情况下，备自投不应启动。

（3）龙潭变电站 2 号主变压器差动保护动作原因。110 断路器合闸后，因 102 断路器实际处于合闸位置，造成 10kV Ⅰ 段母线通过 110 断路器和 102 断路器向 2 号主变压器及 110kV 线路倒送电。2 号主变压器差动保护故障录波图显示 2 号主变压器高压侧一次电流最大值为 186A，低压侧一次电流最大值为 5658A。

分析录波图，可以看出低压侧 B、C 相电流具有较为明显的励磁涌流特征。通过谐波分析软件，可以看出 B、C 相差流在差动保护起动后到跳闸前，二次谐波含量均低于 15%，如图 1 - 21、1 - 22 所示，因而该主变压器差动保护未能有效制动该励磁涌流（差动保护根据二次谐波含量来判断是不是励磁涌流），从而造成差动保护动作。

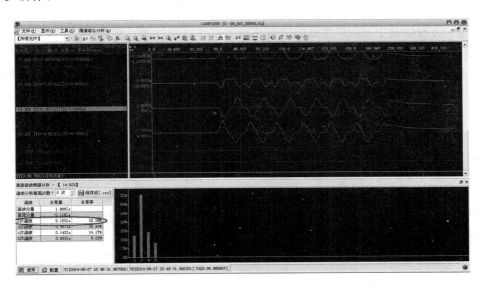

图 1 - 21　B 相差流谐波含量分析

4．采取措施

1）检修人员更换了该低压侧操作电源低压断路器，并经过差动保护整组传动试验，确认相关设备试验均合格后，运维人员于 5 月 28 日 17：52，恢复 110kV 龙潭变 2 号主变压器的正常运行方式。

2）针对低压断路器的跳闸原因，应进一步分析和试验。

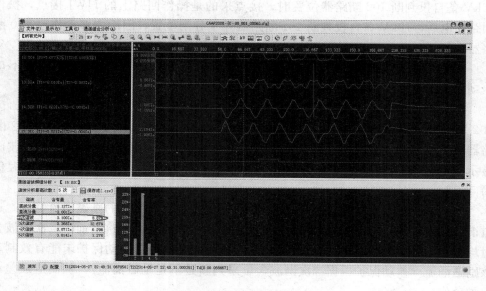

图 1-22 C 相差流谐波含量分析

3）应对相关 10kV 断路器的位置接点进行排查和改造，将取 HWJ 接点改为取断路器辅助接点，确保备自投等相关装置能够采到真实的开关位置。

4）应加强与用户变电站的沟通联系，在该水泥厂发现 701 断路器漏气告警之后，应第一时间向供电公司通报相关设备的故障情况，避免造成故障跳闸，扩大事故范围。

【例6】 雷击导致的变压器损坏事故

1. 事故经过

2006 年 7 月 7 日 19：49，某地区雷暴雨。位于该地区的闸口变电站 T2 主变压器轻瓦斯动作、差动保护动作掉牌。闸口变电站有两条 35kV 线路——和闸线和鹅闸线，当时运行方式为：鹅闸线供 T1、T2 主变压器，10kV Ⅰ、Ⅱ段分列运行。

防雷保护：变电站有三支 26m 避雷针，防止直接雷侵入。和闸线进线和 35kV Ⅱ段母线各装有一组 MOA（Y5WZ-54/134W），T2 主变压器接在 35kV Ⅱ段母线上。T1、T2 主变压器中性点装有 MOA（Y1.5W-33/85W），10kV Ⅰ、Ⅱ段母线和所有出线都有 MOA。当时 T1、T2 主变压器中性点 MOA 分别动作 2 次和 1 次，其他 MOA 没有动作，线路没有雷击跳闸。

经查阅雷点定位 LIS 系统，由于 35kV 鹅闸线的经、纬度未输入该系统，只能查找到和闸线附近的雷电活动（见表 1-3），但可以看出当时该地区雷电活动频繁。

表 1-3 　　　　　　　　　　**35kV 和闸线雷击点查询结果明细表**

起始时间：2006-7-7 18：00：00　　　　终止时间：2006-7-7 20：35：00

电流范围：0～800（kA）　　　　　　定位站数：3～30

序号	落雷时间	经度	纬度	回击次数	电流大小/A	影响杆塔	定位站数
1	2006-7-7 19：41：22	119.876814	31.517778	1	-12.1	[022，023，024]	4
2	2006-7-7 19：48：18	119.924748	31.516552	0	-26.4	[036，037]	7
3	2006-7-7 19：49：13	119.913356	31.505194	1	-22.9	[033，034，035]	10
4	2006-7-7 20：05：47	119.911607	31.529895	1	-13.5	[036，037]	3
5	2006-7-7 20：12：29	119.911102	31.527105	1	-22.2	[036，037]	9

2. 现场测试和解体检查结果

闸口变电站 T2 主变压器故障后立即进行了油色谱分析，C_2H_2 严重超标为 90.1μL/L，表明绕组内部有放电故障。经直流电阻测试，高压侧 I 级直流电阻误差为 1.94%，OA：0.1123 OB：0.1145 OC：0.1139，其他六分接误差小于 1%，低压绕组无异常。继电保护为电磁型保护，时间为 35ms 左右切断故障，初步判断故障相为高压侧 B 相。

7 月 17 日对该主变压器进行了解体，确认高压绕组 B 相分接区 6 匝线圈已变形，特别是第 1 匝线圈已落下，放电点在第 1 匝线圈的内部。分接区匝线圈的绝缘为 4 层 0.6mm。分析认为该主变压器雷击时变压器中性点 MOA 已动作，是由匝间击穿引发短路的，如图 1-23～1-25 所示。

图 1-23　主变压器高压绕组故障　　　图 1-24　主变压器高压绕组故障

现场照片（B 相低压侧）　　　　　　现场照片（B 相高压侧 1）

另解体时可看到未损坏的 A、C 二相高压绕组部分线匝较松，没有完全在轴向压紧、幅向收紧，外层绕组有的部位已超出垫块（见图 1-26），所以认为在设计和工艺上存在缺陷。

图1-25　主变压器高压绕组故障　　　图1-26　部分外层绕组已超出
现场照片（B相高压侧2）　　　　　垫块（A相分接区幅向）

3. 事故结论

闸口变电站处于平原空旷地区，雷电活动频繁，该主变压器由于在设计和制造工艺上存在缺陷，承受雷电过电压能力差，是变压器损坏的主要原因。

4. 采取的对策

要求厂方在设计上加大裕度并加以改进，通过加长垫块，增加匝绝缘，分接区的绝缘由0.6mm增到0.75mm，垫块应超出绕组表面线匝，在工艺上加以改进，并且与分接区相连的承受反射波正常绕组最后四饼匝绝缘由0.45mm增到0.6mm。

对A、B、C三只高压绕组根据要求重新绕制，同时更换新的25号绝缘油，试验项目按出厂试验标准执行，均增加雷电冲击试验。

第 二 章

电流互感器事故或异常

第一节 电流互感器事故或异常处理概述

一、电流互感器事故处理概述

电流互感器的作用是把电路中的大电流变为小电流，供给测量仪表和继电保护回路使用。

由于电流互感器二次回路中只允许带很小的阻抗，所以它在正常工作时，趋近于短路状态，声音极小，一般认为无声，因此电流互感器的故障常伴有声音或其他现象发生。

（1）当电流互感器二次绕组或回路发生短路时，电流表、功率表等指示为零或减少，同时继电保护装置误动或不动作。出现这类故障后，应汇报调度，保持负荷不变，停用可能误动作的保护装置，并进行处理，否则应申请停电处理。

（2）电流互感器二次回路开路时，电流表指示为零，有功功率表、无功功率表、电能表指示降低，差动断线光字牌示警，电流互感器发出异常响声或发热、冒烟等，故障点端子排也可能会击穿冒火，值班员可以根据严重程度采取如下不同措施。

1）停用有关保护，将故障电流互感器二次侧短接。

2）有条件者申请旁路代运行后停电处理。

3）如冒烟起火，应立即拉开该断路器，改冷备用后用消防设备灭火。

（3）对充油型电流互感器还应检查互感器密封情况，其油位是否正常；对带有膨胀器密封的互感器，可通过油位窥视口内红色导向油位指示器观察。若油位急剧上升，可视为互感器内部存在短路或绝缘过热故障，以致油膨胀而引起，值班员应向调度申请停电处理。油位急剧下降，可能是互感器严重渗、漏油引起。值班员应视其情况，加强监视，报告调度并申请停电处理。

二、电流互感器异常处理概述

1. 电流互感器运行注意事项

（1）电流互感器在运行中，运行人员应定期进行检查，以保证安全运行，检查内容如下。

1）电流互感器应无异声及焦臭味。

2）电流互感器连接接头应无过热现象。

3）电流互感器瓷套应清洁，无裂痕和放电声。

4）注油的电流互感器，要定期进行油化试验，以检查油质情况，防止油绝缘降低。

5）对环氧式电流互感器，要定期进行局部放电试验，以检查绝缘水平，防止爆炸起火。

6）对 SF_6 电流互感器，要检查压力正常。

（2）电流互感器在运行中，要防止二次侧开路而危及人身及设备安全。造成二次侧开路的原因有：

1）端子排上电流回路导线端子的螺钉未拧紧、松动脱落，造成电流互感器二次侧开路。

2）保护盘上，电流互感器端子连接片未放或铜片未接触而压在胶木上，造成保护回路开路，相当于电流互感器二次侧开路。

3）切换三相电流的切换开关接触不良，造成电流互感器二次侧开路。在运行中，电流互感器如有开路现象，会引起电流仪表、继电保护的不正确动作（或指示）。

（3）电流互感器二次回路的操作，一般在断路器断开后进行，以防止电流互感器二次侧开路。在停电的情况下停用电流互感器，应将纵向连接端子连接片取下，然后在电流互感器侧横向短接。电流端子的操作在断路器冷备用后进行（一次侧挂地线前）。在运行情况下停用电流互感器，应先用备用连接片在电流互感器侧横向短接，然后取下纵向连接片。投入电流互感器，应先用备用连接片将纵向端子接通，然后取下横向短接连接片。以上操作如将引起某继电保护误动作，则应先停用该继电保护。

在运行情况下，需切换电流端子连接片（如倒母线时二次回路需切换）时，应先用备用电流端子连接片接通需连接的母差电流端子，然后停用另一母线母差电流端子。在操作电流端子时，如发现火花，应立即把端子连接片接上并拧紧，然后查明原因。操作人员应站在绝缘垫上，身体不得触碰接地物体。

2. 电流互感器常见异常（见表 2-1）

表 2-1   电流互感器常见异常

过热故障	内部有臭味、冒烟	内部有放电声	内部声音异常	充油式电流互感器严重漏油	外绝缘破裂放电
负荷过大，内部故障，二次回路开路，内部匝间、层间短路或接地	内部发热严重绝缘已烧坏	引线与外壳之间有火花放电现象。内部短路、接地、夹紧螺钉松动，内部绝缘损坏	铁心松动，发出不随一次负荷变化的嗡嗡声，二次开路，因饱和及磁通的非正弦，使硅钢片振荡发出较大的声音	内部故障过热引起	外力破坏或污闪

（1）过热现象。原因可能是负荷过大、内部故障、二次回路开路等。

（2）内部有臭味、冒烟。

（3）内部声音异常。

1）铁心松动，发出不随一次负荷变化的"嗡嗡"声（长期保持）。

2）某些离开叠层的硅钢片，在空负荷（或轻负荷）时，会有一定的"嗡嗡"声（负荷增大时消失）。

3）二次回路开路，因磁路饱和及磁通的非正弦性，会使硅钢片振荡且振荡不均匀而发出较大的噪声。

（4）内部有放电声或引线与外壳之间有火花放电现象。

（5）充油式电流互感器严重漏油。

（6）干式电流互感器外壳开裂。

（7）外绝缘破裂放电。

3. 电流互感器的运行规定

（1）电流互感器的负荷电流对独立式电流互感器应不超过其额定值的110%，对套管式电流互感器，应不超过其额定值的120%（宜不超过110%），如长时间过负荷，会使测量误差加大和使绕组过热、损坏。

（2）电流互感器在运行时，它的二次回路始终是闭合的，因其二次负荷电阻的数值比较小，接近于短路状态。电流互感器的二次回路在运行中不允许开路，因为出现开路时，在二次回路中会感应出一个很大的电动势，这个电动势可达数千伏，因此，无论对工作人员还是对二次回路的绝缘都是很危险的，在运行中要格外小心。

（3）油浸式电流互感器应装设金属膨胀器或微正压装置，以监视油位和使绝缘油免受空气中的水分和杂质影响。

（4）电流互感器的二次绕组应可靠接地，它属于保护接地，正常情况下在端子箱中接地。为防止二次回路多点接地造成继电保护动作，对主变压器差动保护、母差保护等，各侧电流互感器二次绕组只允许一点接地，接地点一般设在保护屏上。

（5）电流互感器与电压互感器的二次回路不允许互相连接。因为，电压互感器二次回路是高阻抗回路，电流互感器二次回路是低阻抗回路。如果电流互感器二次回路接于电压互感器二次回路，会造成电压互感器短路；如果电压互感器二次回路接于电流互感器的二次回路，则会使电流互感器近似开路，这样是极不安全的。

（6）电流互感器二次侧开路时会使其铁心产生严重饱和现象，磁通的波形发生畸变，并在二次侧感应出很高的电压。因此当发现电流互感器油箱内出现明显的电磁振动声或振动声有明显增强时，应考虑其二次回路有开路的可能，并对相应端子箱及有关二次回路进行检查，如发现开路点立即报告调度和有关领导，通知有关专业人员前来处理，如未发现开路点，则应请专业人员进行检查分析。

第二节 电流互感器典型事故或异常实例

【例7】 一起电流互感器二次侧开路事故处理剖析

1. 事故现象

2004 年 3 月 25 日，为查明 3 月 20 日某 220kV 变电站 220kV 某 4556 断路器误跳的原因，对 4556 断路器 11 保护进行检查。

10：20 保护人员到现场后，值班员向调度申请停用 4556 断路器 11 保护，10：32 整套 11 保护停用，10：44 调度发许可令，10：50 值班员许可工作。13：38 分 4555 断路器 901、11 保护高频发信，4556 断路器 901 高频发信，11 保护屏后端子排着火了，运行值班人员当机立断将 4556 断路器拉闸，随后火熄灭，端子排烧焦发黑（见图 2-1）。

图 2-1 4556 断路器保护屏端子排图

2. 原因分析

当时继保人员需将图 2-2 中保护用 TA 至 11 保护屏的外部二次端子 A421、B421、C421、N421 短接后方可在试验端子进行保护试验，试验结束后在拆除试验用连线时却错误地将保护外部 TA 二次短路线拆除，引起了 TA 的二次侧开路。

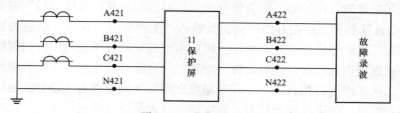

图 2-2 交流电流回路

电流互感器是根据电磁感应原理工作的，正常情况下，一、二次侧磁通向量差为铁心中的励磁电流磁通。当 TA 二次开路时，二次电流为 $I_2 = 0$，一次电流全部变为励磁电流，一方面磁通急增，在二次开路处会感应一个很高的电压，这将危及人身安全；另一方面，磁通增加会使铁心高度饱和并发热，将会损坏设备绝缘。当时 4556 负荷达到了 379A，TA 二次的开路产生了高电压，引起了着火。

3. 排除措施

发生上述情况后，值班员立即收回工作票和安措卡，停止所有工作，并将此情况汇报省调、区调及工区技术员，后经证实着火原因为 TA 二次侧开路引起。15：50 根据省调口令将 4556 断路器改为检修；17：40 对 4556 断路器 11 保护屏后端子排进行更换，同时对 4556 断路器电流互感器进行检查试验；20：40 各项试验结果均正常，汇报调度；21：55 将 220kV 旁路 4520 断路器代 4556 断路器运行于副母线，恢复 4556 线路供电。

规程中明确规定 TA 二次侧开路，而通信正常时，可汇报调度听候处理；通信失灵时，可使用安全工具将其二次短接，短接时应注意以下两方面。

(1) 纵差、母差回路应停用保护后方可进行。

(2) 有关高频保护回路应在保护停用后方可进行，未与调度联系从两侧停用保护前，不可短接；但若情况严重、有危及设备安全时，可拉开相应的断路器来达到消除故障的目的。

【例8】　一起电流互感器爆炸事故实例

1. 事故现象

某 500kV 变电站运行中，5052 断路器电流互感器 A 相突然发生爆炸（见图 2-3、图 2-4），B 相电流互感器受损，50524 隔离开关 B 相下部绝缘子受损，50524 隔离开关 B 相机构箱受损。

图 2-3　5052A 相 TA 爆炸实景（一）　　　　图 2-4　5052A 相 TA 爆炸实景（二）

500kV一/三母第一套、第二套母差保护动作；5114线第一、二套纵差保护动作；5113线、5114线、5123线、5124线第一、二套距离保护动作。

2. 原因分析

（1）事故直接起因是由于5114线5052断路器电流互感器A相爆炸引起。

（2）5113、5114、5123、5124四条线路的距离保护方式由于设备起动投运前摆方式时，将"断路器位置投退切换小开关"放错位置（错放于加速距离1、2、3段保护的位置），故5052断路器电流互感器A相爆炸的同时，该四条线路距离保护后加速动作，引起其他三条500kV线路本侧断路器跳闸，造成事故扩大。

3. 排除措施

（1）制订计划对系统内运行的所有500kV该类电流互感器进行调换。

（2）对目前运行中的500kV该类电流互感器采用红外线成像设备进行监视，运行人员日常巡视过程中采用望远镜进行检查并与该类设备保持50m的安全距离。

（3）立即对原运行规程重新修订，并组织相关人员学习，统一对保护切换开关实际功能的理解；同时对照原理对运行中的"断路器位置投退切换小开关"和其他二次设备以及相关运行规程进行一次全面普查。

【例9】 一起电流互感器分流异常

1. 异常现象

2008年4月14日，执行"某线5043电流互感器复试、取油样"工作中，某变电站OPEN-3000后台信号窗报警，"5283线第一套线路保护P546CT断线"光子牌亮，B相电流从220A降至94A，另两相电流为218A左右。

2. 原因分析

该5283线路采用和电流形式，两个电流互感器（5041和5043）的二次电流在电流端子箱合并后，送至保护室。在未解端子箱中5043断路器电流端子的情况下，在TA末屏二次侧接地，由于接地地点错误，造成二次电流分流，从而造成上述现象（见图2-5）。

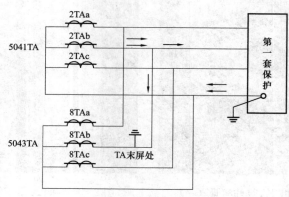

图2-5 和电流接线图

3. 处理措施

值班员迅速赶至 5043 断路器电流互感器现场，询问工作人员。据工作负责人讲，在其进行 5043 断路器电流互感器试验——电流互感器介损试验、绝缘电阻测试时，采取了 TA 末屏二次接地的行为。值班员立即责令其停止相关工作。

【例 10】　两起电流互感器 TA 端子操作错误导致的主变压器跳闸事故

1. 事故一

某 500kV 变电站在操作"1 号主变压器 5041 断路器由运行为检修"中，当操作第九项"短接 1 号主变压器保护屏Ⅰ 5041 断路器 TA 二次 1SD 端子"时，将 1SD 短接。在随后的"短接 1 号主变压器保护屏Ⅱ（谐波差动）5041 断路器 TA 二次 6SD 端子"时，又将 6SD 短接。此时，1 号主变压器谐波制动差动保护动作，高中压侧 5042、2501 断路器跳闸，1 号主变压器低抗自切。

当时 5041 断路器已在分开位置，其 TA 二次已不带电流，但谐波制动差动保护在投入状态，1 号主变压器的另一台断路器 5042 尚处于运行状态。因此，短接该 TA 二次端子的正确操作方法应该是先将该端子接入纵差回路的连接片全部拆除，然后再将该电流端子的 TA 一侧短路接地。然而，值班员在执行上述操作时，却采用了错误的操作方法，即先用备用连接片将该电流端子短路接地，然后再拆除该端子接入纵差回路的连接片。和电流的电路结构使 5041 断路器 TA 二次侧 6SD 端子被短接的同时，5042 断路器 TA 二次侧的 7SD 也被短接。于是，5042 断路器流过电流的二次感应值全部变成了差动回路的不平衡电流（见图 2-6）。此时，纵然主变压器差动保护具有优良的制动特性，能躲过 50% 额定电流产生的不平衡电流，无奈当时 1 号主变压器的负荷电流超过 50%，差动保护动作便成了不可避免的现实。

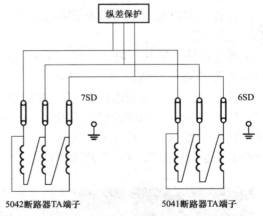

图 2-6　1 号主变压器差动保护 TA 端子示意图

2. 事故二

某变电站 220kV 旁路保护屏调换，当时该变电站主变压器差动保护正常运行中，旁路屏上 TA 侧端子短接，主变压器保护屏上 TA 端子 2SD 接入。因继保工作人员不放心，要求值班人员将主变压器保护屏上的旁路 TA 端子 2SD 也短接。差动出口连接片投入的情况下，值班员认为此时也需遵循"先短后拆"原则，将 2SD 端子 TA 侧 A、B 相短接，此时差动保护动作，跳开三侧断路器。

2SD 放上短接连接片后，相当于将 2501A、B 相 TA 短接，A、B 相形成回路（见图 2-7），2501TA 电流不经过差动继电器，引起不平衡电流，差动继电器动作。

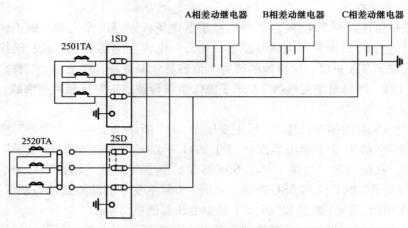

图 2-7　220kV 侧电流回路图

【例 11】　某变电站 220kV 母联 2510 断路器 TA 开路异常

1. 事件经过

2008 年 7 月 11 日 10：30，细心的值班员在某变电站巡视时听见 220kV 母联 2510 断路器 TA 的 B 相有异声，当时母联断路器电流为 85A。

检查发现母联 2510 断路器第二组 TA 二次 421 没有电流，初步判断为此组 TA 二次开路。

继电保护人员到达现场后确认 TA 二次 421 没有电流，为 421 开路，要求拉开 2510 断路器进行处理。

11：52 汇报调度要求拉开 2510 断路器进行处理。

11：57 拉开 2510 断路器后许可继保人员开始工作。

12：04 继保人员将 TA 二次侧 421 在端子箱内短接后（见图 2-8），汇报调度后合上 2510 断路器，TA 开路现象消失，恢复正常。

图 2-8　2510 断路器保护屏端子排

2. 原因分析

220kV 该变电站综合自动化改造在 2008 年 6 月 13 日进行 220kV 母差保护调换工作，工作内容为 220kV 4551、220kV 2K64、220kV 2K63、220kV2243、220kV2241、1 号主变压器 4501、2 号主变压器 4502、220kV 母联 2510、220kV 旁路 2520 原 220kV 母差保护回路退出接入新 220kV 母差保护装置。

220kV 母联断路器共有四组

TA 二次绕组（见图 2-9），改造前四组 TA 二次绕组作用分别为：母联保护及故障录波器（411）、充电保护（421）、母差保护（431）、测量表计及遥测（441）。

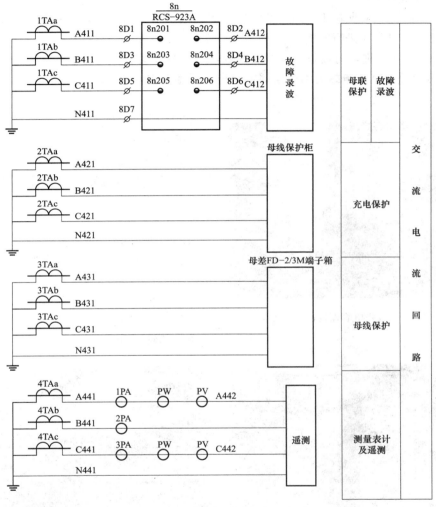

图 2-9 2510 断路器电流回路图

1PA～3PA—电流表；PW—有功功率表；PV—无功电流表

在母差保护调换时，第二组 TA 二次绕组 421 改成了备用，但施工单位忘记在端子箱内将 421 进端子排处短接。

6 月 13 日当天继保人员对旁路 2510 断路器进行带负荷测试，因为电流不大，错过了发现断路器电流回路存在开路。

在 6 月 13 日后的近 1 个月内，母联断路器均在运行中，白天 8：00～16：00 的断路器电流一般都在 20～40A 之间，值班员巡视时未发现明显异常。

2008 年 7 月 11 日，因为调度运行方式调整，变电站 220kV 母联 2510 断路器电流在 80A 左右，母联 2510 断路器电流互感器声音很响，被值班员听见。

3. 防范措施

(1) 在新 TA 或老 TA 回路工作过后的充电、带负荷测试过程中，要选择 TA 电流较大时对 TA 进行检查，检查时要仔细听 TA 是否有异声存在。

(2) 加强巡视，对设备的巡视要仔细，对一些细微的声音、现象也不能放过。

【例 12】　某变电站丙组电容器零序电流互感器渗油缺陷

1. 事件经过

2009 年 11 月 19 日，值班员巡视发现某变电站丙组电容器零序电流互感器渗油，设备和地面上有油迹，但未挂油珠，与其他几组电容器的零序电流互感器油位比较，该油面在 −30° 刻线，其他油面均在 20° 刻线左右（见图 2−10～图 2−12），值班员立即汇报班组。该变电站电容器为室内分散式电容器，按照规定电容器运行时不能巡视，必须巡视时要告知监控中心，拉开电容器后才能巡视，加上室内光线较暗，地面灰尘偏多，油迹不易被发现。

图 2−10　故障电容器油面在 −30° 刻线

图 2−11　故障电容器的地面油迹

图 2−12　故障电容器渗油情况

该零序电流互感器电流作为电容器保护的不平衡电流保护使用，电流互感器一旦渗油，油面偏低后，值班员考虑到电流互感器内部绝缘受损，可能造成电流互感器爆炸等事故，并且该油面已经与实际温度严重不符，实际室内温度在 18℃ 左右，属于油位异常，于是填报了缺陷并进行跟踪。

2．原因分析

2009 年 11 月 24 日，申请停电后对其进行处理，后经现场检查无明显渗油点，现已加油至正常位置（20°刻线左右），复紧螺钉，油迹擦拭干净。

3．防范措施

（1）加强值班员巡视力度，提高巡视质量，确保第一时间发现设备渗漏油情况。

（2）发现缺陷后，值班员应认真做好跟踪，控制好缺陷的发展扩大趋势。

【例 13】　另外一起电流互感器开路事故

1．事件经过

2014 年 06 月 20 日，220kV 某变电站 2H52 线按计划进行电流互感器更换后的带负荷试验，当日 20∶28 合上 2H52 线，二次电流 0.6A（1250/5），随后现场人员检查发现开关端子箱内电流端子发热并有烧熔现象，20∶35 紧急分开 2H52 断路器。

现场检查发现 220kV 2H52 线断路器端子箱内部分二次电流端子排烧熔、二次电缆烧黑（见图 2-13），2H52 线路第二套保护所用二次电流 C 相尾部端子连接片有松动迹象，电流互感器本体电气试验检查无异常。

最终将线路改检修后更换受损端子排，同时进行二次回路紧固检查。

2．原因分析

电流互感器二次示意图（仅绘出电流互感器的第一、三组二次侧）如图 2-14 所示，其中 1LH 为电流互感器的第一组二次侧，该回路电流送至 2H52 线第一套线

图 2-13　2H52 线开关端子箱内端子排开路导致烧熔

路保护装置；1LHa 对应于第一组二次侧的 a 相，该回路记为 A411 回路；X1∶1 为断路器端子箱的端子排 X1 的编号为 1 的电流端子，其余端子编号意义同 X1∶1。

事故当日，在电流互感器更换后，开展现场模拟试验，现场施工人员按要求短接退出母差保护回路时（即将断路器端子箱内端子 X1∶13、X1∶14、X1∶15、X1∶16 端子短接），因前期端子排紧固力量较大，在需要断开时，电流端子分开困难。检修人员使用强力断开时，引起上层端子排变形，使电流端子（X1∶1、X1∶2、X1∶3、X1∶4 等电流端子）与二次电缆之间不可靠连接，造成了二次回路开路，带上负荷后，二次电流为 0，一次电流全部变为励磁电流，导致磁通激增，在二次开路处感应出高电压，产生发热、烧熔现象。

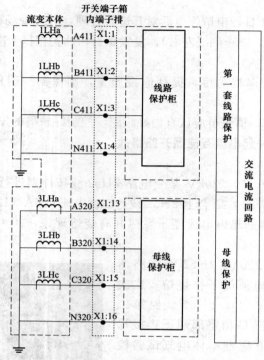

图 2-14   2H52 线路电流互感器二次示意图

3. 防范措施

电流互感器发现下列故障现象时应立即汇报调度：电流互感器有过热现象、发现电流互感器冒烟或有焦臭味，内部有放电声，SF_6 压力低报警时电流互感器有嗡嗡声（此时电流互感器二次回路有可能开路），电流互感器瓷套有严重爬电现象，严重漏油，处理电流互感器二次回路开路时应尽量降低电流互感器回路电流进行处理，短接电流互感器二次回路开路时应戴绝缘手套，防止二次回路开路后的高压对人员的电击，必要时应申请调度将该电流互感器回路的断路器拉开。

对于有电流互感器工作的情况，检修人员应保证工作细致，工作后仔细检查，不遗留安全隐患；运维人员也应加强检修设备的验收工作，确保检修设备带电后的安全稳定运行。

第三章

电压互感器事故或异常

第一节 电压互感器事故或异常处理概述

一、电压互感器事故处理概述

1. 电压互感器本体故障处理方法

电压互感器本体故障处理方法见表 3-1。

表 3-1 电压互感器本体故障处理方法

故障现象	处 理 方 法
电压互感器本体故障造成保护及自动装置电压失却	退出可能误动的保护及自动装置，断开故障电压互感器二次低压断路器（或拔掉二次熔断器）
电压互感器三相或一相高压熔断器已熔断	拉开隔离开关隔离故障
高压一次熔丝未熔断	高压侧绝缘未损坏的故障，可以拉开隔离开关，隔离故障
	所装高压熔断器上有合格的限流电阻时，可以根据现场规程规定，拉开隔离开关，隔离严重故障的电压互感器
	电压互感器故障严重，高压侧绝缘已损坏。高压熔断器无限流电阻的只能由断路器切除故障。应尽量利用倒运行方式隔离故障；否则在不带电的情况下拉开隔离开关，然后恢复供电

2. 某一线路报出"电压回路断线"信号的情况

(1) 现象。某一线路报出"电压回路断线"信号，警铃响，该线路的表计（如功率表）指示降低为零，保护失去交流电压，断线闭锁装置动作。

(2) 异常分析。交流电压小母线及以上回路和设备无问题，故障只应在与线路有关的二次回路部分，主要原因有：①保护及仪表用电压切换回路断线、接触不良，如双母线接线方式线路的母线侧隔离开关辅助触点接触不良（常发生倒闸操作之后）；②电压切换继电器断线或触点接触不良；③端子排线松动；④保护装置本身问题等。

(3) 处理方法。

1) 检查电压切换继电器（交流电压回路中的 1KV、2KV）接点未闭合的原因。可以在线路一次主电路（在合闸位置的母线侧隔离开关）相对应的切换继电器回路上，测量线圈两端电压。若电压正常，可能为继电器接点未接通（多次发生操作后），也可能是继电器线圈断线；若电压很低，而操作电源正常，则可能是隔离开关的辅助接点（1G 或 2G）接触不良或回路中的连接端子出问题。线路电压切换继电器示意图如图 3-1 所示，假设正母隔离开关在合闸位置，测量 4D108 与 4D196 对地电压异常，可认为电压切换继电器存在断线可能，无法使交流电压切换回路对应的1KV节点闭合，造成低压断路器Q无交流电压开入到保护装置。同时通过图3-2所示的1KV、2KV的动断节点串联并经断路器辅助接点发出"TV失压"信号。

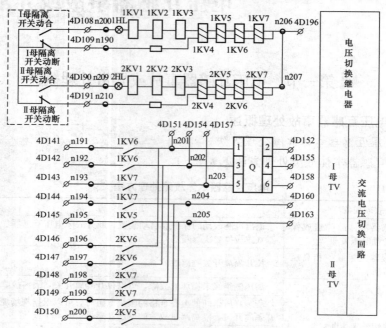

图3-1　线路电压切换继电器示意图

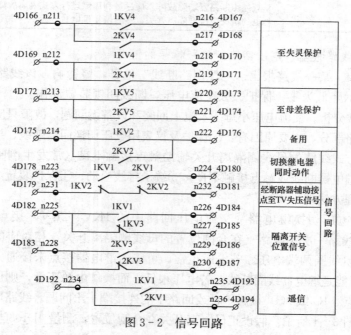

图3-2　信号回路

2）检查电压切换继电器（交流电压回路中的 1KV、2KV）接点闭合的原因。应测量电压的小母线引入端子和保护回路的交流电压是否正常。如图 3-1 所示，测量正母小母线引入端子 4D141～4D143，若电压不正常，可能是正母小母线至引入端子间端子排、接线柱等有断线点或接触不良。

3）若为所有接于正母线上的回路保护装置都发出"电压回路断线"信号，则可能为电压互感器二次到小母线间存在问题，如图 3-3 所示，低压断路器 Q 跳闸，母线电压互感器隔离开关辅助接点断开，端子排、接线柱等有断线点或接触不良都会发出"电压回路断线"信号。

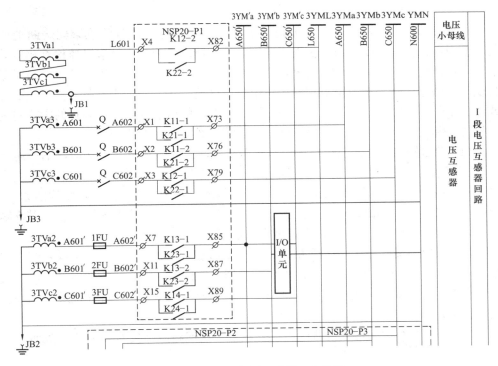

图 3-3　正母电压互感器二次回路

（4）处理时注意防止交流电压回路短路，分别情况进行如下处理。

1）如发现端子线头、辅助触点接触有问题，可自行处理，申请停用相关保护，防止保护误动作。

2）若属隔离开关辅助触点接触不良，不可采用晃动隔离开关操动机构的方法，以防止带电拉隔离开关而造成母线短路或人身事故。可采用临时短接辅助触点的方法或在不打开隔离开关锁且不动传动机构的条件下，使触点接通，使得保护交流电压恢复正常，正常后，投入所退出的保护。

3）不能自行处理的应汇报调度和有关上级，退出可能误动的保护。

二、电压互感器异常处理概述

1. 电压互感器二次电压异常升降

电压互感器二次电压异常升降在排除一次电压异常波动的情况下，常与电压互感器的内部故障有关，电磁式电压互感器有可能是一、二次绕组匝间短路，电容式电压互感器则极有可能是局部电容击穿、失效或电磁单元故障。因此，一旦发现二次电压异常升降，应对其变化和发展情况进行密切监视，同时立即对电压互感器进行外观检查，并将检查与监测情况迅速向调度及有关领导报告，设法将电压互感器停役检查。

2. 电压互感器二次失压

电压互感器二次回路失压一般是由于其二次低压断路器跳闸或熔丝熔断造成的，会引起保护失压闭锁或失去电压鉴别等严重情况。值班人员应迅速检查相应低压断路器或熔丝的跳闸或熔断情况，为争取时间，可在检查未发现故障点的情况下将低压断路器试合一次或换上相同规格熔丝后试放一次，如不成，则不得再次试合或试放熔丝。此时，应立即将低压断路器二次失压的情况及对保护装置的影响向调度报告，并按调度指令进行处理。处理中必须注意：

（1）双母线接线方式下，在电压互感器二次回路故障发现并消除前，不得通过电压互感器二次并列开关与其他母线电压互感器二次回路并列，或运用热倒的方法将线路/元件倒至另一条母线运行，以免扩大故障。正确的方法是采用冷倒的方法，将电压互感器二次回路故障母线上的线路/元件倒至另一条母线运行。由于需将倒排的线路/元件短时间停电，需要调度在电网运行方式上作出适当调整。

（2）采用一又二分之一接线方式的 500kV 线路/元件，其电压互感器一般有两组二次绕组，分别对应两个独立的电压互感器二次回路，同时故障的概率极低，故可以在停用受影响的一组保护后，继续维持线路/元件的运行，同时联系继保人员检查处理。

（3）一又二分之一接线的母线电压互感器二次回路故障仅对同期及遥测回路产生影响，故可以静待继保人员查处。

3. 运行注意事项

（1）在电压互感器出现异常的情况下，不得用近控操作方式拉开电压互感器高压隔离开关将电压互感器切除，不得将异常电压互感器的二次与正常电压互感器二次并列。禁止将该电压互感器所在母线保护停用或将母差保护改为非固定连接方式（或单母方式）。

（2）电压互感器出现异常并有可能发展为故障时，值班人员应主动提请调度将该电压互感器所在母线上的设备倒至另一条母线上运行，然后用隔离开关以远控操作方式将异常电压互感器隔离。

（3）发现电压互感器电磁振动明显增强或有异常声响，并伴有电压大幅度升高或波动时应考虑发生谐振的可能。

（4）运行中的母线电压互感器原则上不准停用，母线电压互感器停用时，应将有关保护停用。

（5）母线电压互感器二次并列开关 BK 应经常断开，原则在母线联络后接通，以提供母线电压。

（6）电压互感器停电操作应包括高压侧隔离开关、二次开关或熔丝及计量专用熔丝，防止由二次侧反充电造成保护误动。停电步骤应先二次后一次，送电时反之。电压互感器二次熔丝熔断或低压断路器跳闸后，应立即恢复；若再次熔断或跳闸，此时，不允许以二次电压并列开关并列，应汇报调度申请停用故障电压互感器及相关保护，报检修部门派人检查。

4. 电容式电压互感器（CVT）的运行与监视要点

（1）CVT 二次电压异常升降或波动。由 CVT 的工作原理可知，其等效电路是一个由电容 C_1 和 C_2 组成的电容式分压器（见图 3-4）。

由
$$\frac{U_{C2}}{U_{C1}} = \frac{C_1}{C_2} = \frac{X_{C2}}{X_{C1}}$$

得
$$U_{C2} = \frac{C_1}{C_2} U_{C1} = \frac{X_{C2}}{X_{C1}} U_{C1}$$

式中：C_1 是由多个电容串联而成的等值电容。显然，无论是 C_1 中某些串联电容击穿使 C_1 电容值增大，还是 C_2 漏油使介质常数变小，容抗增大，甚至中间变压器一次绕组匝间短路，都有可能使 U_2 异常升高；反之，如果 C_1 部分电容漏油使容抗增大，则有可能引起 U_2 异常降低。因此，我们可以把 CVT 二次电压异常升降作为 CVT 故障或异常的一个最主要特征加以监视（与其他 CVT 的二次电压互为参照）。一旦发现 CVT 二次电压异常升降时，应立即用专用电压表测量

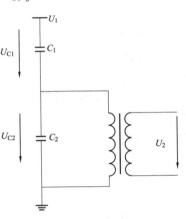

图 3-4　电容式电压
互感器等效电路

CVT 二次电压，以排除表计或自动化系统误指示的可能，并迅速向调度和有关领导报告，同时继续密切监视其二次电压的变化和对 CVT 进行外观检查，获得其变化速率、趋势等数据以及外观现象的变化情况并作出判断和评估，及时提供给有关调度及相关人员，以便电网值班调度员根据电网情况作出迅速有效的处理。

同理，如果在巡视检查中发现 CVT 有其他异常情况时，也可通过检查其二次电压的变化情况来为异常判断提供佐证。

另外，利用上述 CVT 二次电压的异常变化反映其一次部分故障的特性，我们还可以通过自动化系统的实时曲线功能实现对 CVT 工况的在线监视，即将两个或多个互为参照的 CVT 二次电压量曲线置于一个坐标系中，通过监视该曲线的变化或波动情况来对 CVT 的运行工况进行分析和判断不失为是

一个简单易行的好办法。

（2）CVT绝缘子表面有油渍或法兰处有液体渗出。在CVT的运行中，保持其电容器部分的密封完好是至关重要的，密封的破坏往往是CVT各类故障的最初原因。目前在变电站现场尚无对CVT的密封情况进行检测的手段和要求。但我们可以根据CVT电容器部分的密封破坏后大多情况下会有绝缘油渗出这一外部特征，通过检查其绝缘子表面有无油渍或液体渗出间接对其密封情况进行监视。因此，在各变电站对CVT进行巡视检查的多个项目中，多把检查其绝缘子表面有无油渍或液体渗出作为一项重要巡视内容。而一旦发现绝缘子表面有油渍时，必须将其视为严重情况予以高度重视，这是因为CVT内部的绝缘油是作为其重要的绝缘介质和电容器的工作介质而存在的，一旦发现绝缘子表面有油渍时，说明其顶部或法兰处的密封已遭破坏，有可能有水或水汽渗入，造成内部受潮、介质劣化、绝缘降低和介电常数改变等严重情况。而且，CVT内部储油容积很小且无油面指示，稍有泄漏就可能使其内部油面下降，电容器极板暴露于空气中，极易发展成故障甚至发生爆炸。因此发现上述情况时应立即报告有关调度和相关部门，并加强对CVT的监视；情况严重或同时伴有二次电压异常升降时，应立即要求调度将该CVT所在线路/元件停役。

在一些空气污染比较严重的地区，CVT渗油形成的污渍往往与由空气中污染物形成的污秽难以区别，因此要求变电站运行人员在巡视中必须认真检查，仔细观察，并与相邻设备进行比照，以免错失CVT故障早期发现的机会。

另外，220kV线路CVT大多远离巡视通道，极易成为巡视死角，必须特别注意。

（3）CVT底部油箱内有异声。CVT底部油箱内装有中压侧绕组、补偿装置及其他附属回路，是CVT的重要组成部分。当发现CVT底部油箱有明显的异响时，仔细辨明发声部位及声音性质（电磁振动、放电、机械爆裂、汽化沸腾）是十分重要的。此时现场运行人员应立即向调度及有关部门报告，同时加强对CVT的监视，密切注意异响有无明显增强，检查CVT二次电压有无异常波动，相关保护有无异常信号。必要时请有关专业人员到现场进行检查确认，然后根据不同情况作出进一步加强监视观察，要求调度安排CVT停役直至要求将CVT立即停役的不同处置。

第二节　电压互感器典型事故或异常实例

【例14】　某变电站220kV副母线电压异常分析

1. 异常经过

2008年2月13日4：24，2598线"931保护TV断线"、"602保护装置异常"、2532线"931保护TV断线"、"602保护装置异常"、"220kV母差保护装置异常"发信，经现场检查 2598 线、2532 线线路保护 C 相电压为零，220kV 母差保护副母 C 相电压为零，但是同接副母运行的 2 号主变压器保护无异常，后台机及故障录波中 220kV 副母电压遥测值均正常。

2. 原因分析

副母电压回路图如图 3-5 所示。由于同接副母运行的 2 号主变压器保护无异常，则可以判断电压互感器本体、二次空开、一次隔离开关辅助触点应正常，而且发生异常的保护屏屏位都在同一排，因此可以判断异常应在电压切换屏到线路、母差保护屏上小母线间，其中可能性最大的就是连接电压切换屏与母排的电缆及两端连接处。

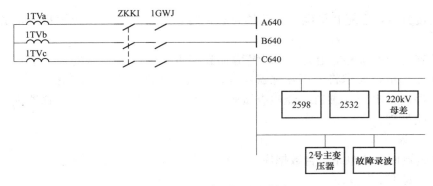

图 3-5　副母电压回路图

3. 处理结果

06：40 紧固电压切换屏上连接 220kV 保护电缆桩头后，故障消失。

注意要点：

（1）异常发生时，应详细检查现场情况，全面掌握异常范围后再着手处理。

（2）在异常处理中，严禁将异常电压互感器回路与正常电压互感器回路并列。

【例 15】　一起"220kV Ⅱ 母电压越上限"异常

1. 异常经过

2006 年 6 月 17 日 16：48，某变电站后台监控系统发出"220kV Ⅱ 母母线 U_{ab} 越上限"信号，运行人员翻阅后台数据，发现 Ⅰ 母电压为 229kV，Ⅱ 母电压为 236kV，后台有电压越限告警信息，无异常光字牌信号。220kV Ⅱ 母母线电压后台监控图如图 3-6 所示。

运行人员再仔细翻查，发现 Ⅱ 母 $U_{ab}=236kV$，$U_{bc}=229kV$，$U_{ca}=236kV$，U_{ab}、U_{ca} 的异常引起运行人员重视。到电压互感器处检查，没有异声，也没有发现渗漏油，到 220kV 继保室测控屏上翻查，U_{ab} 也为 236kV，再到 Ⅱ 母电压互感器二次侧用万用表测量电压，$U_a=64V$，$U_b=60V$，$U_c=60V$，Ⅰ 母电压互感器二次 U_a、U_b、U_c 均为 60V 左右，经询问调度，系统内电压无异常。根据各方面情况，

220kV Ⅱ母	
$U_a(kV)$	132.90
$U_b(kV)$	133.18
$U_c(kV)$	133.01
$U_{ab}(kV)$	230.51
$U_{bc}(kV)$	230.51
$U_{ca}(kV)$	229.99
$f(Hz)$	49.99

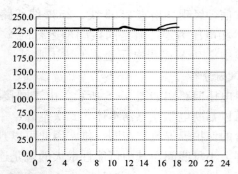

图3-6　220kV Ⅱ母母线电压后台监控图

运行人员分析，可能Ⅱ母电压互感器存在问题，立即将异常情况汇报调度并加强监视。

随着时间的推移，Ⅱ母U_{ab}缓慢增加到接近239kV，急需处理，运行人员再次向调度汇报，要求将电压互感器停役，经过上级领导同意，将Ⅱ母电压互感器隔离，停用该电压互感器，经检查试验A、C相电容增大，电压互感器损坏，并进行调换处理。

2. 原因分析

通过调阅某变电站后台数据库，可看出Ⅱ母A相与Ⅰ母A相后台母线电压曲线对比（见图5-7）。

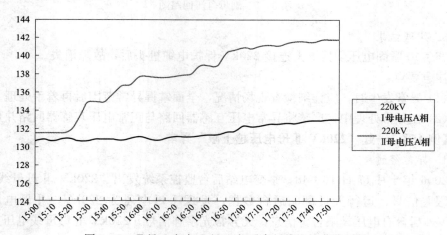

图3-7　Ⅱ母A相与Ⅰ母A相后台母线电压曲线对比

从图3-7我们可以对比，在15：20～16：00这个阶段属于两条曲线差距上升明显的阶段，而正是在这期间，运行人员在监盘时敏锐地发现了电压的异常，并进行了全面的检查和分析，最终将故障扼杀在萌芽状态。如果是传统变电站，则需要在巡视时将指针式电压表切换至对应的相别，才能发现这起故障；而且母线电压互感器没有单独的保护，当它故障发展到一定程度时，就会一连串地击穿内部电容，造成雪崩效应，最终导致母差动作，跳开母线上所有的断路器，才能隔离这起故障。

【例16】 某变电站2号主变压器220kV正母隔离开关冲击过程中发生的异常分析

1. 事故经过

由于2号主变压器220kV正母隔离开关更换工作，220kV正母停役，220kV正母电压互感器检修，220kV旁路断路器改为代2号主变压器220kV断路器副母运行，2号主变压器220kV断路器改为检修。

11月26日，在2号主变压器220kV正母隔离开关更换工作结束后，需要对隔离开关进行冲击，地调下令将2号主变压器220kV断路器改冷备用，省调下令将220kV正母线改为冷备用（包括220kV正母电压互感器改运行）；之后地调下令合上2号主变压器220kV正母隔离开关（无电）。合上2号主变压器220kV正母隔离开关后，发现220kV副母电压互感器低压断路器跳开，220kV副母二次无电压，合上该低压断路器后，再次跳开，只有将220kV正母电压互感器低压断路器拉开后，才能合上220kV副母电压互感器低压断路器。

2. 原因分析

要分析该现象的发生，首先要先了解220kV旁路断路器代主变压器220kV断路器运行时的电压切换回路。旁路代供电压回路示意图如图3-8所示。

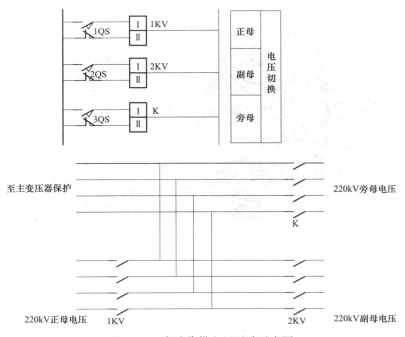

图3-8 旁路代供电压回路示意图

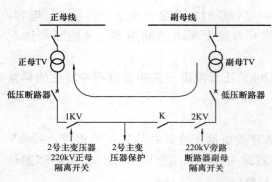

图 3-9　220kV 母线电压互感器倒送电示意

以上回路位于 2 号主变压器 C 柜 220kV 侧 PST-1212 型操作箱内。

220kV 母线电压互感器倒送电示意如图 3-9 所示。从图 3-8 可以看出，当 220kV 旁路开关代 2 号主变压器 220kV 开关副母运行时，通过 2 号主变压器 220kV 旁路隔离开关切换，将 220kV 旁路开关副母电压引至 2 号主变压器保护。当合上 2 号主变压器 220kV 正母隔离开关，准备冲击时，1KV 励磁。

由图 3-9 可以看出，当合上 2 号主变压器 220kV 正母隔离开关后，二次电压走向为：副母电压→副母电压互感器→2 号主变压器 220kV 侧的电压切换回路→正母电压互感器→正母线。二次电压从这一回路向正母一次侧倒送，由于此时 220kV 侧一次没有并列，因此导致跳开 220kV 副母电压互感器低压断路器。

【例 17】　某变电站母线 CVT 缺陷分析

1. 异常现象

2008 年 3 月 15 日，运行人员发现 110kV 某变电站 110kV 母线电压互感器内部有异常声响。查电压波形图后，发现在 5：00~11：00 之间，四次出现电压瞬间波动，电压下降幅度达 25%。某 110kV 母线电压波形如图 3-10 所示。

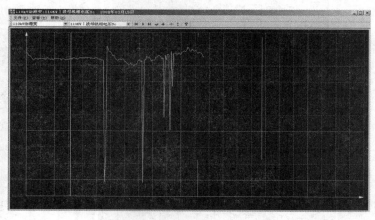

图 3-10　某 110kV 母线电压波形

3 月 16 日凌晨 3 点多再次出现电压下降现象。经现场检查，测试电容单元电气参数正常，取电磁单元油样色谱分析异常。油介质损耗值达 0.738%，各种气体成分严重超标，乙炔 20 622μL/L、总烃 23 574μL/L、氢气 5203μL/L。同时发现该台 CVT 油箱蝶阀打开后，油自动冲出，呈正压；而另两台油取不出，呈负压。

2. 解体情况

4月19日对该电压互感器进行解体检查，在吊出电容单元时发现，分压器C_1、C_2间抽头引出套管与套管两只固定螺栓之间有严重放电现象（见图3-11），并形成明显的放电烧蚀通道。电容单元电容量测试正常，电磁单元内中间变压器和阻尼电阻等元件测试数据正常。

图 3-11　电压互感器内部放电

3. 结论

根据现场解体情况，认为故障原因是环氧浇铸的分压器抽头引出套管产品质量问题，故障套管在制造过程中可能存在气泡或杂质等，长时间运行引起套管内部放电，烧蚀环氧浇铸绝缘并逐步与套管固定螺栓形成贯穿性放电，造成C_2间隙性接地，使电压下降25%。电压互感器原理图如图3-12所示。

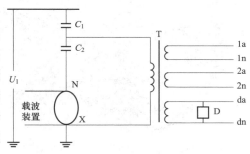

图 3-12　电压互感器原理图

4. 防范措施及对策

（1）加强对电容式电压互感器的运行巡检，检查电磁单元的油位是否正常，听到异常响声及时汇报。

（2）运行人员对所有电容式电压互感器注意检查其电压波形，有异常下降现象应及时分析汇报。

（3）排查同类产品，在近期内安排一次电磁单元油色谱试验，如有异常，安排退出运行。

【例18】　某500kV变电站220kV正母电压互感器重大异常

2005年3月9日晚21：45～10日凌晨3：18，某变电站220kV正母电压互感器四次出现电压瞬时失却，10日15：00运行人员对220kV正母电压互感器重点巡视时，听见CVT内部有一声强烈的放电声，同时伴随瞬间电压失却。

紧急停役后对CVT进行检查，电气试验均正常，油样色谱分析C相电压互感器的各项数据均严重超标（见表3-2），显示C相电磁单元内部存在放电故障。

表3-2　　　　　　　　220kV正母电压互感器油色谱试验数据　　　　　　/(μL/L)

气体	A相	B相	C相
甲烷	7.1	7.9	455.9
乙烷	0.6	0.9	50.2
乙烯	6.6	6.9	494.8
乙炔	0	0	4331.1
ΣC	14.3	15.7	5332
H_2	15	21	1096
CO	130	157	562
CO_2	772	880	1230

经现场解体检查，发现电容间电压引出端子有放电痕迹，油箱内有明显的游离碳，诊断为由该电压引出端子的环氧绝缘小套管材质不良引起。电压互感器环氧绝缘小套管如图3-13所示。

图3-13　电压互感器环氧绝缘小套管

该电压互感器为某电容器厂2003年7月生产的 TYD220/$\sqrt{3}$-0.001H型电容式电压互感器，2004年4月投运，运行未满1年。现已将该组CVT进行调换，并于2005年3月15日投入运行，运行人员及时发现这起严重的220kV设备缺陷，消除了事故隐患，避免了电网可能发生的重大损失。

【例19】　一起220kV电容式电压互感器事故分析

1. 异常经过

2004年7月12日下午17：33，220kV某变电站4633汪江线A相跳闸，901、602高频保护动作，901距离Ⅰ段动作，重合闸成功，测距为22.01km。同时，值班人员发现4633汪江线光字牌发"线路无电压"告警，立即巡视设备。巡视中发现该相电容式电压互感器的电容分压器上节瓷套三、四片部位炸裂出一个洞（见图3-14），地上有碎瓷片。

2. 原因分析

事故发生时，变电站所在地区有雷电活动，该事故设备在避雷器保护范围内，但变电站避雷器未动作。

图3-14　电容分压器上节瓷套三、四片部位炸裂

经高压试验，电容式电压互感器的上、下节电容量测试合格。与出厂电容值相比，误差在 1.5％以内，介质损耗值与出厂试验值基本一致，表明上、下节电容元件完好。上节瓷套内电容器油色谱分析发现，乙炔严重超标，表明在上节瓷套内发生了放电故障。

经解体检查，电容式电压互感器的电容分压器上节瓷套在内部芯子上部固定夹板（金属），所在位置炸裂出一个洞，在长方形夹板尖角相对处的瓷套碎片上，有明显的击穿痕迹，表面上有碳化痕迹（见图 3-15）。

电容器分压器上节瓷套内壁有 10cm 长的划伤痕迹（见图 3-16），可能为制造过程中安装不当导致。电容分压器的芯子表面无爬电、击穿痕迹，即电容分压器芯子完好。

图 3-15　瓷套碎片表面上有碳化痕迹　　　　图 3-16　瓷套内壁划伤痕迹

电容分压器下节的中压瓷套爆裂，与中间电压变压器高压绕组之间的连线断路（见图 3-17）。下节分压器中的油通过炸裂的中压瓷套漏入电磁装置的油箱中。

从故障录波图（见图 3-18）显示，汪江线跳闸后，电容式电压互感器二次侧电压 U_{xa} 仍有感应电压输出（幅值很小），但在随后的一个突然冒出的幅值较高的尖顶波后，示波图变成了一条平坦的直线。表明电容式电压互感器在线路跳闸后，并未立即发生爆炸。在断路器跳闸失去避雷器保护后，可能再次遭受雷电冲击，发生爆炸。幅值较高的尖顶波即为雷电压冲击波。

图 3-17　中压瓷套爆裂、
连线断路

造成电容式电压互感器分压器上节瓷套上部炸裂的原因，是由于长方形金属夹板的尖角造成电场过于集中。平时尖角对瓷套发生电晕放电，可能对瓷套造成绝缘损伤；雷电时，过电压在电容分压器瓷套壁内、外电压分布不一致，造成瓷套壁内外表面出现很大的电位差，而电容分压器芯子上夹板尖角处的电场最集中，使得此处瓷套壁内电场强度超过击穿场强而发生击穿，击穿点处的内应力发生变化使瓷套产生裂纹，雷电过电压的能量使裂开的瓷套炸开。

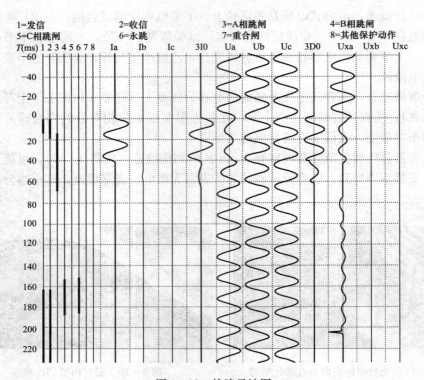

图 3-18　故障录波图

虽然说电容式电压互感器能耐受标准规定的 950kV，波形为 1.2/50μs 的雷电冲击耐压试验，但是长方形夹板的尖角造成电场过于集中，使得此处抗雷击的能力下降。因此夹板上的尖角造成电场局部集中是此次发生瓷套炸裂的内因，雷击则是外因。

虽然瓷套壁在型式试验中承受住 55kV/5min 的工频耐压试验，但瓷套可能在厂家安装过程中受到损伤，故不能排除这只瓷套本身存在电弱点的可能，这也是瓷套炸裂的内因之一。

在雷击时，分压器下节抽头处同样受到过电压的作用而使中压瓷套发生击穿炸裂。

3. 处理结果

值班员汇报上级后，于 18：45 将线路改冷备用，后改检修。2004 年 7 月 13 日中午 12：00，紧急调运同型号电容式电压互感器到达现场，相关部门立即组织进行交接试验和设备安装，15：30 汪江线恢复运行。

【例 20】　一起 10kV 电压互感器柜爆炸导致主变压器保护动作的事故分析

1. 事故前运行方式

35kV L 站正常运行方式如图 3-19 所示，变电站采用单线单变运行。35kV A

线 303 断路器带 35kV1 号母线，35kV B 线 305 断路器为出线线路，1 号主变压器及 10kV1 号母线运行，10kV101、115、113、111 断路器运行。10kV113 断路器线路为拉手断路器，1 号站用变压器 103 断路器带全站用电，1 号主变压器带 10kV 全部负荷运行，35、10kV 无备自投。

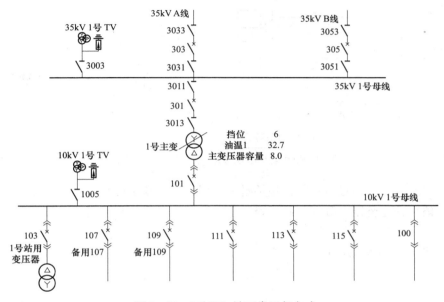

图 3-19　35kV L 站正常运行方式

2. 事故概况及保护动作情况

2015 年 4 月 9 日 06 时 15 分，35kV1 号主变压器高后备保护装置复合电压过电流 I 段 1 时限、复合电压过电流 II 段 1 时限保护动作跳闸，301、101 断路器跳闸，35kV 1 号母线、10kV 1 号母线失电。

事故处理中发现，35kV L 站交、直流全部失电，10kV 1 号母线 TV1005 电压互感器柜爆炸。在隔离和清理 10kV1 号电压互感器柜后，采用 113 断路器反送，恢复 10kV1 号母线及站用变压器供电。

3. 事故原因分析

(1) 主变压器高后备保护动作分析。主变压器高后备保护是差动保护和低后备保护的后备保护。当主变压器及系统存在相应的故障而差动保护或低后备保护拒动时，高后备保护延时跳开高、低压侧主变压器总断路器，切除故障。对于 35kV 双绕组变压器，由于主变压器容量和负荷较小，大多未配备低压侧后备保护，仅采用高后备保护作为主变压器后备保护；根据继电保护灵敏性要求，复合电压过电流保护的复合电压取自 10kV 侧母线 TV 电压。该 L 站高后备保护为复合电压过电流保护，原理如图 3-20 所示。

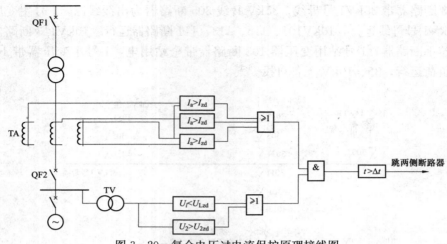

图 3-20 复合电压过电流保护原理接线图

三段式复合电压过电流保护包括过电流保护部分和复压闭锁部分，各段电流及时间定值可独立整定，分别控制投退。Ⅰ、Ⅱ、Ⅲ段可带复压闭锁，其中Ⅰ、Ⅱ段还可带方向闭锁，由配置字选择。

1）过电流保护的动作判据

$$\begin{cases} I_{\max} > I_{xzd} \\ t > T_x \end{cases} \quad (x = 1, 2, 3)$$

式中：$I_{\max}$为三相电流中的最大值；I_{xzd}为各段电流的整定值；T_x为各段时限。

2）复压闭锁判据

$$\begin{cases} U_1 > U_{1zd} \\ U_2 < U_{2zd} \end{cases}$$

式中：U_1为任意线电压值；U_{Lzd}为三段保护共用的低电压闭锁定值；U_2为负序电压值；U_{2zd}为三段保护共用的负序电压闭锁定值。

式（2）中两电压条件同时满足时，保护装置闭锁三段过电流保护，否则，开放三段过电流保护。

3）TV 断线对保护的影响。TV 断线期间，装置根据配置字可选择是暂时退出经方向或复压闭锁的各段过电流保护还是暂时退出方向及本侧复合电压闭锁。当10kV 母线 TV 断线时，高后备保护退出复合电压闭锁，仅由过电流保护控制。L站高后备保护整定值见表 3-3。

表 3-3   35kV L 站 1 号主变压器复压过电流保护整定值

定值名称	电流值/A	时间值/s
复合电压过电流Ⅰ段 1 时限	251/4.18	1.4
复合电压过电流Ⅱ段 1 时限	185/3.08	1.4

本次事故中保护装置显示动作电流为 1136.4A/18.94A，远大于装置整定值，主变压器高后备保护动作。将 35kV 侧一次电流值 1136.4A 换算成 10kV 电压等级约为 1136.4A×35/10＝3788A。L 站主变容量为 8000kVA，保护动作电流值远大于变压器在 10kV 母线接地短路电流（8000kVA/10kV＝800A）。

分析判断 TV 爆炸过程中可能包含 10kV 母线弧光短路故障，造成主变压器高后备保护动作。

（2）电压互感器柜爆炸原因分析。由于现场 UPS 电源在站用电失电时发生故障，导致后台故障录波及监控系统均未能记录故障时的信息，仅能通过 OPEN3000 系统进行检查分析。通过调出故障前的 SOE 信息，图 3－21 为 OPEN3000 系统查询的告警及异常信息图，发现 10kV 母线各相接地信息频发。

(a)

(b)

图 3－21　告警及异常信息图（一）

（a）图一；（b）图二

（c）

图 3-21 告警及异常信息图（二）

（c）图三

10kV 母线电压遥测曲线如图 3-22～图 3-24 所示，可知事故前各相电压均有较大波动。由于 OPEN3000 系统每 5min 采集一次电压信息，而故障时间段各相电压频繁波动，所以从该曲线无法得出具体电压波动情况。

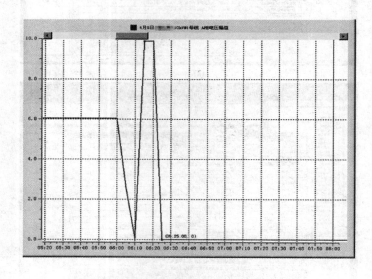

图 3-22 C 相电压幅值图

对告警信息进行整理，得到 L 站接地信息表，见表 3-4。

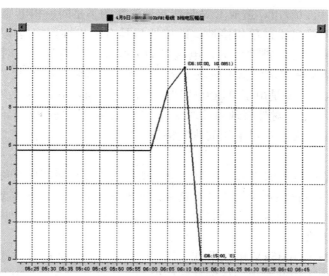

图 3 - 23 B 相电压幅值图

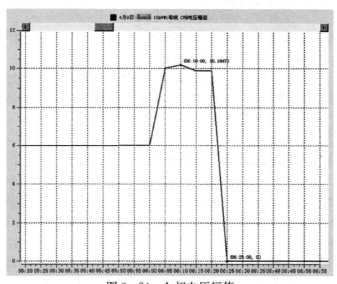

图 3 - 24 A 相电压幅值

表 3 - 4 　　　　　　　　　　L 站接地信息表

接地相	接地电压幅值/kV	接地信号发出时间	接地信号复归时间
C	0.627	06：01：15	06：01：20
A	3.551	06：01：25	06：01：40
A	0.633	06：01：55	06：02：20
A	0.135	06：09：55	06：12：50
B	2.655	06：14：45	06：14：55

从表 3-4 可以看出，造成 L 站母线接地告警的不是同一相电压，A、B、C 三相在故障段时间都发生过单相接地，即接地相具有随机性，接地电压幅值不为 0，造成主变压器高后备保护动作的过电流可能为弧光短路电流，同时事故造成母线 TV 爆炸，判断该种接地信息不应该为常规母线接地故障，而应为"虚幻接地"。

"虚幻接地"主要是由于电压互感器饱和程度不同，造成中性点电压位移（即中性点电压 $U_0 \neq 0$），对外表现为接地现象。"虚幻接地"是中性点不接地系统电压互感器饱和引起铁磁谐振过电压的典型特征。

4. 改进措施

（1）关于备用电源的改造。备用电源自动投入装置是保证供电可靠性的重要设备。备用电源备自投装置主接线方案是根据变电站主要一次接线方案设计的，与一次接线方案相对应，电源备自投装置主要有低压母线分段断路器、内桥断路器、线路三种备自投方案。

目前，L 站采用 35kV 单线单变、10kV 单母线的经济运行方式，不具有备用电源备自投条件，因此在主变压器高后备保护动作后造成全站失电的后果。建议 L 站所属电网对该变电站进行改造、扩建，引入 10kV 和 35kV 备用电源，保障电网运行的可靠性。

（2）关于交、直流电源和自动化装置的改造。L 变电站站用电源采用一台 10kV 站用变电站供电方式，直流系统采用"一电一充"方式（即一组蓄电池，一台直流充电机）。该次事故中，UPS 电源在站用电源失电时发生故障，运维和抢修人员在 30min 内赶到现场时，发现交、直流电源已全部失电，同时后台机未保存故障录波数据，严重影响事故处理和分析。

（3）关于限制和消除谐振的措施。

1）系统中性点加装消弧线圈。系统中性点经消弧线圈接地可以有效抑制单相弧光接地消失，导致电压互感器饱和而引发的分频铁磁谐振。这是因为消弧线圈的电感值远小于 TV 的励磁电感，对于中性点经消弧线圈接地系统，当系统发生故障产生零序电流时，相当于在 TV 励磁电感两端并联一个远小于其励磁电感的电感，打破原有参数匹配关系，TV 不容易工作在饱和状态，从而降低谐振发生的概率。

2）采用专门的消谐装置。在电压互感器开口三角两端接入专用消谐装置。在系统正常运行时，开口三角两端零序电压为零，当电网发生单相接地等故障时，开口三角两端零序电压升高。消谐装置根据其阻尼电阻的伏安特性，通过检测零序电压改变电阻阻值，能够在谐振尚未发生时，将谐振能量释放掉。

目前，L 站采用 TV 一次绕组端安装零序阻尼（即一次消谐器），开口三角安装白炽灯泡的方式，消谐效果较差。将白炽灯泡换为专用消谐装置，消谐效果将大为提高。

3）采用高特性电压互感器。选用励磁特性较好的电压互感器，使之不容易发生磁饱和，在这种情况下，必须要有更大的激发才会引起谐振，从而降低电网发生谐振的概率。

第四章

断路器事故或异常

第一节 断路器事故或异常处理概述

一、断路器事故处理概述

1. 断路器事故处理总则

（1）220kV断路器在正常送电或强送合闸过程中，发现拒合现象时，应立即拉开三相断路器，瞬间断开直流操作电源，汇报调度。通信失灵时，按上述原则处理，并将断路器改为冷备用，进行寻找拒合原因，并消除之，如无法消除，汇报领导派员检查处理。

（2）在单相重合闸动作过程中，发生非全相运行时，迅速汇报调度，并按令执行。通信失灵时，一般不得自行处理，应设法联系，等候处理（除调度明确的线路可以试合一次）。

（3）在操作合闸或重合闸动作后断路器拒合时，应瞬间断开直流操作电源，解除合闸自保回路自保持。寻找断路器拒合原因时，均应将断路器改冷备用，以防在寻找过程中，由于处理不当，引起断路器误合闸。断路器拒绝分闸故障未消除前，禁止投运。

（4）220kV断路器在发生拒分现象时均先汇报调度，听候调度处理，通信失灵时，设法与调度联系（调度明确处理原则的变电站，按原则处理）。220kV断路器在操作分闸断路器拒分时，应迅速瞬间切断操作电源，以免烧毁拒分相的分闸绕组。

（5）用220kV断路器进行并列或解列操作中，若因机构失灵造成一相断路器合上，其他两相断路器在断开状态时，应立即拉开合上的一相断路器，而不准合上断开的两相断路器。如造成一相断开，其他两相断路器合上状态时，应将断开状态一相断路器再合一次，若不成即拉开合上状态二相断路器。

（6）断路器故障跳闸后，不论重合闸与否，均应检查继电保护及自动装置动作情况，并对断路器外部及有关回路进行检查后汇报调度。重合成功者，检查该断路器切断故障次数是否已达到停用重合闸的次数，做好记录汇报调度。

（7）当断路器由于 SF_6 失压或操作机构失压而被闭锁且无法排除时，应按下述原则进行处理。断路器在分闸位置，应将其改为冷备用；断路器在合闸位置，可按以下操作方案将其从系统中切除。用旁路断路器与故障断路器并运行后，解除故障断路器防误闭锁回路，将断路器改冷备用；或将故障断路器所在母线其他元件倒至另一母线后，用两台相关的母联或分段断路器将故障断路器负荷电流切断后，解除防误闭锁回路或就地手动操作，将断路器改冷备用。

（8）上述操作方案的执行由调度根据系统及天气情况决定并发令操作。

2. 断路器拒分拒合

下列原因可能导致断路器拒分拒合。

（1）同期小开关未切至"1"。

（2）断路器机构箱内远方/就地选择开关未在"远方"位置。

（3）控制回路断线或接触不良。

（4）控制电源失却。

（5）跳闸绕组断线。

（6）压缩空气低气压或低油压闭锁。

（7）SF_6 低气压闭锁。

（8）同期装置闭锁。

（9）位置继电器或辅助接点切换不良。

值班人员可根据上述原因，结合伴随出现的其他信号和回路检查情况综合进行分析和判别。如不能排除且系统急需送电时可提请调度用旁路断路器代供（一又二分之一接线可合另一台断路器先行送电）。

3. 断路器慢分慢合或分合闸不同步

断路器由操作动力不足、机构卡涩等原因造成的慢分慢合，在故障跳闸或合闸于故障线路时将会造成断路器灭弧室燃弧时间过长而导致爆炸。

液压或气动机构的断路器由于失压原因造成的慢分，将会由于灭弧室长期燃弧造成断路器故障甚至导致爆炸。

断路器分合闸不同步会导致系统非全相运行或出现较大的零序和负序分量，对系统造成扰动。故障情况下，如果三相联动机构的断路器同一相的各个断口间出现不同步时，先断开的断口将承受全电压下的故障电流，使其不能灭弧而导致爆炸。

因此当正常运行中发现断路器有慢分慢合或分合闸不同步情况时，应立即对断路器及其操作机构进行检查，并向有关部门及领导报告，以便采取必要的措施。

4. 断路器发热和着火处理

（1）断路器的发热原因和处理方法。

1）断路器发热，主要原因为过负荷。断路器触头表面烧伤及氧化会造成接触不良，即接触电阻增大。接触行程不够使接触面积减小，接触压紧弹簧变形，弹簧失效等，都会导致断路器接触电阻增大而发热。

2）断路器内部发热，油温过高，油质会氧化，产生沉淀物使酸价升高，绝缘强度降低，灭弧能力变差；同时绝缘老化，弹簧退火失效，触头氧化加剧，会使发热更严重。发热严重时，灭弧室内压力还会增大，容易引起冒油。

3）在运行中如发现油箱外部变色，油面异常升高，焦烟气味，油色和声音异

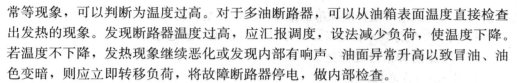

常等现象，可以判断为温度过高。对于多油断路器，可以从油箱表面温度直接检查出发热的现象。发现断路器温度过高，应汇报调度，设法减少负荷，使温度下降。若温度不下降，发热现象继续恶化或发现内部有响声、油面异常升高以致冒油、油色变暗，则应立即转移负荷，将故障断路器停电，做内部检查。

（2）断路器着火原因和处理方法。

1）断路器着火可能存在的原因有：①断路器进水受潮或绝缘污秽引起断路器对地或相间闪络；②油质劣化，失去灭弧能力；③断路器内部接触不良，引起过热；④分合速度过慢。

2）断路器着火处理包括几种情况（见表4-1），其处理过程及注意事项为：①切断断路器各侧电源，将着火断路器与带电部分隔离起来，防止事故扩大；②用灭火器进行灭火；③在高压室中灭火，应注意打开所有房门排气散烟；④在灭火时，如发现火势危及二次线路时，应切断二次回路的电源。

表4-1　　　　　　　　高压断路器着火在不同情况下的处理

故障现象	母线已失压	母线未失压
高压断路器着火	若着火断路器在失压母线范围，则立即检查故障断路器是否已在断开位置；同时应根据保护是否动作，来进一步判断故障性质及范围，以便有效地隔离故障点及着火断路器。灭火的同时，尽快恢复正常设备的运行	只将故障断路器与电源隔离，而不需将母线停电，待停电以后再进行灭火

5. SF_6 断路器不正常运行的处理

（1）SF_6 断路器的不正常运行故障见表4-2。

表4-2　　　　　　　　SF_6 断路器的不正常运行故障

运行中的不正常现象		
机　　构	气体压力	本　　体
机构建不起压力 断路器拒动 断路器合后即分 油泵打压时间过长 油泵起动频繁	油（气）压力异常升高 油（气）压力异常降低	断路器本体漏气

（2）SF_6 断路器的不正常运行主要分以下几种情况。

1）压力降至零。当运行中的 SF_6 断路器处于合闸位置而机构压力降到零时，在采取防慢分措施前严禁打压，可以先检查油泵电源是否正常，对断路器进行尝试性打压，排除断路器压力降为零是断路器油泵电源异常或不打压造成的，无法排除时立即向领导汇报以便组织专业人员进行处理。

2）气压降到第一报警值和第二报警值。当运行中的 SF_6 断路器，本体 SF_6 气体的气压下降到第一报警值和第二报警值时，应紧急充补 SF_6 气体至额定值。

3）当 SF_6 气体含水量超标，应申请进行干燥、净化处理。

二、断路器异常处理概述

1. 空气/液压系统泄漏

在日常运行中，断路器气动/液压操作机构不同程度的介质泄漏总是客观存在的。在空压机/油泵能自起动补压，操作机构压力能维持时被认为是可以容忍的。实际上，轻微的泄漏通过感官检查是难以发现的，但泄漏发展到一定程度，会反映为空压机起动次数和累计时间的明显增多或延长，因此，为防止操作机构超时工作降低其使用寿命和技术性能，值班人员应对达到一定程度的泄漏情况作出反应。衡量这个程度的阈值（每天允许的打压次数或时间）一般由制造厂家给出。值班人员一般通过抄录压缩机/油泵动作计数器在一定时间间隔内的动作数值来间接判断泄漏情况是否越限，发现越限后，应了解当前周期内有无断路器操作，如有则不作处理；如无应引起注意，必要时应缩短记录周期，以正确判断泄漏的严重程度及发展速度，据此填报缺陷或要求检修部门立即处理。

2. 操作机构低气/油压

大多气动或液压机构的检测回路都设有"重合闸压力异常"信号作为压力降低的告警信号，同时闭锁重合闸以防止因操作压力过低而慢合闸。

当出现"重合闸压力异常"信号且不能复归，现场气/油压表在额定压力以下时，即可判为操作机构低气/油压。造成操作机构低气/油压的原因主要有：

（1）操作机构严重泄漏，气/油泵的起动不足以维持系统压力。

（2）气/油泵控制回路故障，造成系统压力下降后不能正常起动。

（3）交流电源失却或故障。这时应参照以下方法进行检查处理。

1）如气/油泵能起动则应对油气管路进行检查，仔细倾听有无漏气声或检查有无油渍，尽可能确定泄漏部位。根据以往经验，这一情况以分合闸控制阀和空压机/油泵一、二级阀及密封件泄漏较为多见。前者可以征得调度同意后将断路器分合一次，如不能消除或属后一种情况，则应提请调度将该断路器停运并迅速请检修人员前来处理。

2）如气/油泵不能起动，则应首先检查其电源是否完好，熔丝是否熔断，电动机保护低压断路器是否跳闸，控制回路是否有断线、接触不良等情况，查明原因后迅速加以消除。不能消除时，如确认气/油泵完好可将其强行起动以维持压力，然后报告调度并急召检修人员前来处理；如属气/油泵或电动机故障则应密切监视压力下降情况，力争在断路器操作回路闭锁前将断路器改冷备用。

3. SF_6 低气压

当出现"SF_6 压力低报警"或其他补气信号时，装有 SF_6 压力表的，应到设备现场核对表计指示（应根据环境气温对照 SF_6 温度—压力曲线对指示值进行修正），并立即报告调度和有关领导，通知专业人员对 SF_6 压力进行校核。如确系压

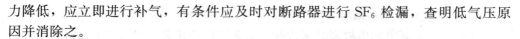

力降低，应立即进行补气，有条件应及时对断路器进行 SF$_6$ 检漏，查明低气压原因并消除之。

4. 断路器操作回路闭锁

当压缩空气压力、油压低于分合闸闭锁压力或 SF$_6$ 低于闭锁压力时，断路器操作回路将被闭锁，同时发出"SF$_6$ 压力低闭锁分合闸"或"分合闸闭锁"、"失压闭锁"等信号。此时，断路器已不能操作，在断路器合闸的情况下，由于防误闭锁回路的作用，两侧隔离开关的操作回路也被解除而不能操作。一旦出现这种情况时可按以下原则进行处理。

（1）如断路器在分闸位置，则立即向调度提出申请将该断路器改为冷备用。

（2）如断路器在合闸位置，500kV 系统允许在天气正常情况下（即无雷电、无雾）可解除故障断路器两侧隔离开关的防误闭锁回路，用隔离开关切开母线环流，将故障断路器从系统中切出。这时本串及相邻串断路器均应在合闸状态，确保至少有一条环路，但不改非自动，隔离开关的操作必须按遥控方式进行。

（3）断路器在合闸情况下，220kV 断路器可选择以下操作方案。

1）用旁路断路器与故障断路器并联后解除故障断路器的防误闭锁回路，用隔离开关将故障断路器切出。隔离开关操作时应尽可能采用远控操作方式，同时将旁路断路器改非自动。

2）将故障断路器所在母线的其他元件倒至另一母线后，用两台相关的母联或分段断路器将故障断路器负荷电流切断，然后解除防误闭锁回路或就地手动操作隔离开关，将故障断路器切出。上述操作方案的执行由调度根据系统及天气情况作出决定并发令操作。

5. 断路器跳闸绕组断线

当出现"跳闸绕组Ⅰ或Ⅱ断线"信号，同时相应跳闸绕组监视灯熄灭时，应立即检查该组控制电源是否失电；如两组跳闸绕组同时发出断线信号时，应检查断路器机构箱内"远方/就地"选择开关是否在"远方"位置，如不能找到原因并加以消除时，应立即申请将该断路器停役处理。

6. 断路器三相不一致

在操作断路器时或正常运行中发现"断路器三相不一致"信号，同时红绿灯熄灭，则可判定断路器"三相不一致"。此时，若是 500kV 断路器且未造成线路非全相运行时，值班人员应立即报告值班调度员听候处理。若无法联系时，可立即自行拉开三相不一致的断路器，事后汇报调度。若是 220kV 或 500kV 断路器造成线路非全相运行的，按系统非全相运行的有关要求进行处理。

7. 控制回路失电

当同时出现"控制回路断线"、"断路器分合闸闭锁"、"SF$_6$ 空气低气压"信号时，可判定为控制电源失电，此时应迅速检查跳闸绕组电源熔丝是否熔断，桩头是否松脱，并迅速加以排除。

8. 空压机或油泵电动机故障

空压机或油泵电动机故障时通常有"电动机保护开关跳闸"、"电动机打压回路故障"等信号发出，并可能伴有低气压、低油压、电动机起动超时等相关信号出现。此时应对电动机回路进行检查，如未发现明显的故障现象或故障点时可将电动机保护开关试合一次，试合不成时应及时通知检修人员进行处理，同时监视操作机构压力下降情况并作相应处理。

9. 空压机或油泵电动机控制回路故障

空压机或油泵电动机控制回路通常由压力接点、继电器接触器辅助接点及继电器等元件组成。故障时一般有"辅助开关或控制小开关跳闸"信号发出，并可能伴有低气压、低油压、电动机起动超时等相关信号出现。此时应对电动机控制回路进行检查，如未发现明显的故障现象或故障点时可将辅助开关或控制小开关试合一次，试合不成时应及时通知检修人员进行处理。当操作机构压力下降较多时，有空压机/油泵强行起动功能的断路器可使其强行起动以维持机构压力。

10. 油泵电动机起动超时

液压操作机构在其电动机起动一定时间后仍未达到预定压力或未完成储能时将发出"油泵电动机起动超时"信号，下列原因有可能导致此类信号动作。

（1）油系统泄漏。

（2）油泵电动机或控制回路故障。

（3）油泵电动机失却电源或电源故障。

（4）油泵电动机过负荷，热继电器动作。

（5）油系统过电压或失压闭锁动作。

值班人员可根据以上原因分别对油系统、交直流电源及熔丝、热继电器进行检查，故障排除后应拉合油泵电动机电源低压断路器一次，使打压超时闭锁解除。

11. 断路器运行监视的要点

（1）断路器 SF_6 气体的监视。SF_6 气体是目前应用最普遍的断路器灭弧介质，担负着灭弧和绝缘的关键作用，正常工作条件下其压力必须保持或略超过额定压力。当压力降低时，SF_6 的灭弧能力将降低，也即开断故障电流的能力降低，此时切断故障有可能造成断路器损坏，甚至爆炸。因此，值班人员应通过对压力表或密度继电器的指示和动作情况对断路器的 SF_6 气体压力进行密切监视。当发现压力降低或发出 SF_6 低气压信号时，应立即联系检修人员进行补气并检漏。如果 SF_6 压力降低至闭锁压力以下时，断路器操作机构闭锁，此时若发生故障，将不能动作跳闸，导致事故扩大。此时应立即提请有关调度将该断路器退出运行。

另外，含水率是 SF_6 气体的重要品质指标，对其灭弧能力的影响很大，有关检修部门应按规定进行定期检测，一旦发现超标应立即加以处理。

（2）断路器操作机构的监视。气动/液压操作机构是目前 110kV 及以上断路器应用最为普遍的类型，对其工作特性、工作状况的监视可从以下几个方面进行。

1) 工作压力监视。气动/液压操作机构的额定压力是保证断路器具有正常工作特性的重要条件，正常时必须保证达到或略超过额定工作压力。当其压力稍有降低时，操作机构的控制系统应能自动起动空压机/油泵进行补压。如空压机/油泵不能自动起动或虽起动但仍不能保持或恢复正常压力时，会严重影响断路器的工作特性和效率。此时操作断路器有可能造成慢分、慢合，对断路器造成很大危害，严重时，将造成断路器爆炸。因此，当发现操作机构低于额定压力而压缩机或油泵不起动时，应迅速查明原因加以排除；如压缩机或油泵较长时间起动仍不能恢复或保持额定压力时，应提请调度将其停运并进行抢修。

2) 工作介质泄漏监视。运行经验表明，操作机构工作介质的泄漏是造成操作机构异常的主要原因之一。通常表现为外漏和内漏两种形态。外漏是指工作介质在工作压力与外部大气压压差作用下从管路、阀门、接头等处产生的缝隙或破裂处逸出；内漏一般是指发生在油/气系统内部高低压管路或腔体之间的泄漏，通常是由工作介质中残留的微小固体颗粒卡、嵌于针阀、球阀一类的阀体中，造成阀体关闭不严形成的。

严重的介质泄漏会造成压力降低，气/油泵长时间运转。一般，较轻微的泄漏大多反映为气/油泵起动次数增加，时间加长，但气/油泵起动的频率和持续时间还受到环境温度、断路器操作等因素的影响，因此，必须通过对操作机构的检查，与历史数据对比分析等方法来对泄漏情况进行判断和评估。

判定泄漏后，寻找和确定泄漏点也是变电站值班人员必须履行的工作。一般而言，油系统的外漏泄漏点相对容易查找，而空气系统的泄漏点则可以通过听、辨、试等方法进行探查。听：是指仔细倾听漏气发出的"咝咝"声；辨：是认真辨别声音发出的方向和部位；试：是用轻质物体比如羽毛在可疑部位缓慢移动，观察其被吹动的情况或者在可疑部位涂抹肥皂沫，观察其起泡现象。至于内漏，除在某些情况下可以通过听的方法来检查判别外，几乎没有其他感官检查手段，但这种情况往往能自行消除，有条件时，可以要求调度同意将断路器操作一次，通过油/气流的运动消除内漏情况。

3) 操作机构工况监视。在断路器操作机构中，电动机、空气压缩机、油泵是运动机械且工作负担较重，是故障概率较高的部分。对其工况进行监视，及时发现其不正常情况并加以排除，对于确保操作机构的正常工作状态是十分必要的。这些部件可能发生的异常情况主要有发热、异常振动、异声、异味、活塞环磨损、逆止阀失灵等，可通过检查加以确认。

(3) 断路器控制回路的监视。在断路器的控制回路中，与开断故障关系最密切、最重要的就是跳闸回路及跳闸绕组，因此，对这部分回路和元件的监视是控制回路监视的重点。其要点为：

1) 具有就地近控操作功能的断路器，其"远方"/"就地"切换开关必须在"远方"位置。

当断路器控制箱内的远方/就地切换开关放置"就地"时，该断路器的远方操作回路包括保护跳闸回路被切断，断路器处于非自动状态，遇事故时，断路器不能跳闸，将导致扩大事故。所以，该切换开关必须经常放在"远方"位置。但断路器检修时，检修人员对断路器进行试分试合往往都使用就地操作功能，结束后恢复切换开关"远方"位置被遗忘的可能性很大。因此，值班人员在断路器检修后的验收中应注意检查控制箱内的远方/就地切换开关位置是否正确，并将此列入验收内容中。

2）出现断路器"控制回路断线"信号时，应立即查明原因加以消除，以保证断路器控制回路的完整。跳闸绕组是断路器跳闸的重要执行元件之一，事关故障时保护动作、断路器跳闸的成败，出现断路器"跳闸绕组断线"信号时，必须立即查明原因加以消除。如不能找到原因并加以消除时，应立即申请将该断路器停役处理。

12. 调度关于断路器异常处理规定

（1）断路器异常是指由于断路器本体机构或其控制回路缺陷而造成的断路器不能按调度或继电保护及安全自动装置指令正常分合闸的情况，主要考虑断路器远控失灵、闭锁分合闸、非全相运行等情况。

（2）断路器远控操作失灵。允许断路器可以近控分相和三相操作时，应满足下列条件。

1）确认即将带电的设备（线路，变压器，母线等）应属于无故障状态。

2）限于对设备（线路、变压器、母线等）进行空载状态下的操作。

3）现场规程允许。

（3）线路断路器正常运行发生闭锁分合闸的情况，应采取以下措施。

1）有条件时将闭锁合闸的断路器停用，否则将该断路器的综合重合闸停用。

2）将闭锁分闸的断路器改为非自动状态，但不得影响其失灵保护的启用。

3）采取旁路断路器代供或母联断路器串供等方式隔离该断路器，在旁路断路器代供隔离时，环路中断路器应改非自动状态。

4）特殊情况下，可采取该断路器改为馈供受端断路器的方式运行。

（4）母联及分段断路器正常运行发生闭锁分合闸的情况，应采取以下措施。

1）将闭锁分合闸的断路器改为非自动状态，母差保护做相应调整。

2）双母线母联断路器。优先采取合上出线（或旁路）断路器两把母线隔离开关的方式隔离，否则采用倒母线方式隔离。

3）三段式母线分段断路器。允许采用远控方式直接拉开该断路器隔离开关进行隔离，此时环路中断路器应改为非自动状态，否则采用倒母线方式隔离。

4）三段式母线母联断路器及四段式母线母联、分段断路器，采用倒母线方式隔离。

（5）断路器发生非全相运行，应立即降低通过非全相运行断路器的潮流，并同时采取以下措施。

1）一相断路器合上其他两相断路器在断开状态时，应立即拉开合上的一相断路器，而不准合上在断开状态的两相断路器。

2）一相断路器断开其他两相断路器在合上状态时，应将断开状态的一相断路器再合一次，若不成即拉开合上状态的两相断路。

（6）断路器非全相运行且闭锁分合闸，应立即降低通过非全相运行断路器的潮流，同时按以下原则处理。

1）系统联络线断路器，应拉开线路对侧断路器，使线路处于空载状态下，采取旁路代、母联串供或母线调度停电等方式将该非全相断路器隔离。

2）馈供线路断路器，如两相运行，在不影响系统及主设备安全的情况下，允许采取转移负荷、旁路代供及母联串供等方式隔离该断路器；如单相运行，应立即断开对侧断路器后再隔离该断路器。

3）双母线母联断路器。应采用一条母线调度停电的方式隔离该断路器。

4）三段式母线分段断路器。允许采用远控方式直接拉开该断路器隔离开关进行隔离，此时环路中断路器应改为非自动状态，否则采用调度停电的方式隔离该断路器。

5）三段式母线母联断路器及四段式母线母联、分段断路器。采用调度停电的方式隔离该断路器。

6）3/2断路器结线3串及以上运行时，可拉开该断路器两侧隔离开关，否则采用调度停电的方式隔离该断路器。

（7）运行中的母联断路器发生异常（非全相除外）需短时停用时，为加速事故处理，允许采取合出线（或旁路）断路器两把母线隔离开关的办法对母联断路器进行隔离，此时应调整好母线差动保护的方式。

第二节　断路器典型事故或异常实例

【例21】　某变电站35kV 363断路器着火事故

1. 异常经过

某变电站35kV正母线上接363、329、327、322、301、330断路器运行（见图4-1），35kV 363断路器发生了断路器着火异常，监控中心、操作班运行人员及时发现并进行了妥善的应急处理，有效地防止了异常的恶化。

14：31 35kV 363断路器过电流Ⅰ段动作，重合闸动作，重合成功。同时有"断路器SF_6气体压力低告警"及"35kV正母线C相单相接地"信号（35kV正母线A、B相电压升高至线电压，C相电压为零。1号消弧绕组补偿电流19.2A，电容电流18.7A）。35kV高压室有较浓的烟味，35kV363断路器C相底部着火。

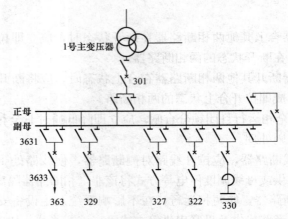

1号主变压器

301

正母
副母

3631

3633

363   329   327   322   330

图 4-1 某变电站 35kV 主接线图

14：37 值班员自行拉开 35kV 363 断路器，35kV 正母线单相接地信号复归。35kV 正母线 A、B、C 相电压恢复正常。

14：39 值班员穿绝缘靴对 363 断路器 C 相底部着火处进行灭火，灭火成功。

14：44 市调发令拉开 35kV 3633 出线隔离开关，至 14：55，操作结束。

14：47 35kV 329 断路器跳闸，过电流 I 段动作，重合闸动作，重合成功，外观检查情况正常。

14：56 "35kV 正母线 C 相发单相接地"信号发信（35kV 正母线 A、B 相电压升高至线电压，C 相电压为零。1 号消弧绕组补偿电流 11.4A，电容电流 9.1A，选线为 35kV 327）。

14：57 35kV 322 过电流 I 段动作，重合闸动作，重合成功，外观检查情况正常。

15：02 监控试拉 322 断路器。

15：06～15：11 监控试拉 327 断路器。

15：13～15：17 市调发令拉开 1 号主变压器 35kV 侧 301 断路器。

15：17 35kV 正母线单相接地信号复归。

15：16 35kV 甲组电容器 330 断路器低电压保护动作跳闸，外观检查情况正常。

15：18 市调发令拉开 35kV 3631 正母隔离开关。

15：29 值班员检查 35kV 正母线及 1 号主变压器 35kV 侧电缆外观情况，检查结果正常。

2. 原因分析

（1）现场检查情况。

（2）故障发展过程。363 断路器第一次分闸成功开断，但在分闸过程中或结束时，出现异常状况，造成内部气体压力较大把防爆膜冲破，从而在断路器重合后发出低气压报警信号。防爆膜被冲破后，绝缘降低，造成 C 相的绝缘拉杆对地短路（见图 4-2、图 4-3）并长时间放电（约 7～8min），导致环氧外壳起火。运行人员发现起火后第二次分闸，分闸成功（灭弧室内尚有少量 SF$_6$ 气体未漏完）。后363 出线间隔只拉开了出线隔离开关，母线隔离开关未拉开，断路器上桩头仍带额定电压，经过 19min 后，C 相绝缘再次击穿，发出单相接地信号，直至拉开 301 断路器后接地消失。

图 4-2　断路器 B、C 相防爆膜冲破　　　　图 4-3　C 相复合瓷套下部严重烧损

3. 经验教训

363 断路器只有 SF$_6$ 气体压力低告警信号，如断路器 SF$_6$ 气体压力继续降低到闭锁值，则没有闭锁信号，也不会闭锁断路器分合闸，因此在断路器着火及 SF$_6$气体压力低告警发信的情况下，拉开该断路器是不大适宜的。

安规规定变电站遇有电气设备着火时，应立即将有关设备的电源切断，然后进行救火。此次异常中，断路器拉开后即进行灭火，断路器母线侧仍有电，因此灭火时间不大适宜。

要对异常情况下的运行规定进行梳理、培训，做到人人掌握，如单相接地的检查及高压室起火有浓烟情况下的应对。

【例 22】　某变电站 2X51 断路器三相不一致误动跳闸事故

1. 现象

00：50 220kV 2X51 断路器三相跳闸，监控中心信号为：2X51 断路器 A 相分闸、2X51 断路器 B 相分闸、2X51 断路器 C 相分闸、220kV 事故总动作、2X51 断路器电动机运转、2X51 断路器机构压力异常，监控中心立即汇报调度并通知操作班。

01：25 操作班人员到达现场，进行检查检查结果为：2X51 断路器保护、母差保护均没有动作信号，操作箱上 TA、TB、TC 灯未亮，现场端子箱无异常。

02：30继保人员现场检查，结论为220kV 2X51断路器跳闸检查，保护无出口报告，操作箱无出口信号，断路器手分回路端子外观检查正常，测控装置无出口报告，外观检查正常。

04：47调度发令2X51断路器改检修。

2. 原因分析

05：30一、二次人员现场检查，结论为：由于近期晴雨交替，原用于封堵2X51断路器A相本体机构箱与断路器本体间的玻璃胶迅速老化，造成结合部密封不严，机构箱顶部渗水，断路器三相不一致辅助接点绝缘降低，三相不一致起动中间继电器误动，造成三相不一致出口跳2X51断路器（见图4-4、图4-5）。现在对三相机构箱外围用防水堵料封堵并用塑料布围挡，三相机构箱内部用玻璃胶封堵。经过处理，A相本体机构箱不再渗水。断路器本体机构箱内三相不一致辅助接点绝缘复测合格，可以投运。

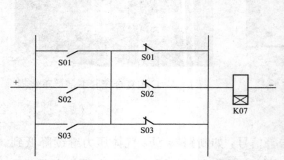

图4-4　断路器本体三相不一致图
S01、S02、S03—断路器辅助触点；
K07—失相（脱相）延时继电器

图4-5　2X51断路器机构箱内
继电器及端子排生锈照片

次日01：00 2X51断路器复役。

3. 防范措施

（1）对全公司所有同类型、同厂家的设备机构箱进行特巡并进行防水封堵及塑料布包扎。

（2）在实际运行中定期检查断路器及隔离开关机构箱渗水情况，提高对渗水的警惕性。

【例23】　10kV 123保护动作，断路器拒动事故

1. 现象

10kV 123断路器保护动作，123断路器未跳开，2号主变压器高后备保护动作，2号主变压器两侧断路器跳闸。

2. 原因分析

抢修人员到现场后先把现场保护动作报告记录下来，再做10kV 123保护传动试验。模拟速断动作传动 123 断路器时，发现断路器未跳开，检查发现装置 A19（KTR 接点）没有正电，确认是 KTR 接点不通（见图 4-6）。

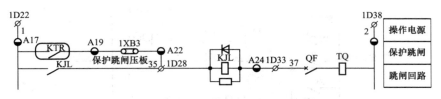

图 4-6　123 断路器跳闸回路图

经工区专职同意，将备用装置的操作插件更换到 123 保护装置，并模拟过电流动作传动断路器试验，保护动作正确，断路器动作正确，重合闸动作正确，信号反映正确。

【例 24】　某变电站 511 断路器异常

1. 异常现象

14：46 35kV 511 断路器跳闸，过电流 I 段动作，重合闸动作，重合成功。由于 1 号站用变压器接于 511 出线（见图 4-7），因此失压脱扣保护动作，1 号站用变压器柜内二次低压断路器及站用电屏上二次断路器同时跳闸，1 号站用变压器二次失电，35kV 部分交流环路电源失电，同时有"511 断路器弹簧未储能"信号。

14：47 监控中心通知现场值班员跳闸情况，现场值班员穿着雨具、绝缘靴至高压室检查断路器跳闸情况及站用变压器情况，在检查正常后，合上 1 号站用变压器柜内二次低压断路器，准备回主控室恢复站用变压器。

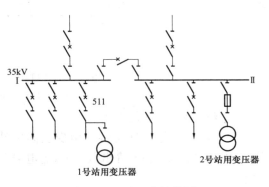

图 4-7　35kV 主接线图

14：55 35kV 511 断路器再次跳闸，过电流 I 段动作，重合闸动作，断路器未重合，同时有"控制回路断线"信号，当时现场值班员在 35kV 高压室回主控室途中。

2. 处理

14：57 现场值班员到达主控室，得知 511 断路器再次跳闸，没有重合后，立即将 1 号站用变压器二次翻至 2 号站用变压器供，35kV 部分交流电源即恢复。

16：24 511 断路器合闸，系统方式恢复。

3. 原因分析

由于 1 号站用变压器外接于 511 上，511 线跳闸后，站用变压器二次断路器失压脱扣保护动作，跳开站用变压器二次断路器，引起接于 1 号站用变压器二次的

35kV 交流环路电源失电，511 储能电源失却，造成 511 断路器只能做跳—合—跳三次动作（见图 4 - 8），故 511 线再次跳闸后，未能重合。

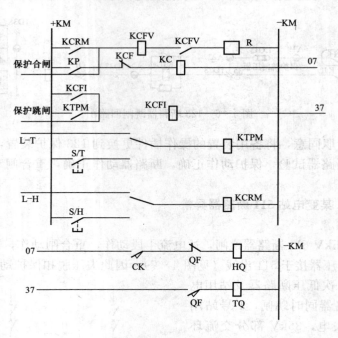

图 4 - 8　511 断路器控制回路图

CK—弹簧储能接点；QF—断路器辅助接点

4. 经验教训/防范措施

（1）对于类似这样一台站用变压器由站内电源供电，另一台站用变压器由线路供电（包括本变电站出线）的变电站，交流环路电源应接于站用变压器二次上。

（2）班组应对站用电失却预案进行培训。

【例 25】　一起并联电容器过电压引起的断路器放电

1. 经过

2005 年 2 月 5 日上午 11：10，某 220kV 变电站值班员发现 35kV 正母电压达 37.5kV，即汇报调度拉开 530 电容器断路器，然而却引起 1 号站用变压器运行于 35kV 正母线失电，控制室等照明失却。高压室浓烟滚滚，530 断路器已烧坏。经全面检查发现，35kV 1 号电容器 530 断路器上部（母线侧）三相桩头及上支持绝缘子、断路器框架顶部有严重放电痕迹，如图 4 - 9 所示。断路器本体真空泡支撑绝缘杆有严重放电痕迹，如图 4 - 10 所示。

图 4-9　支持绝缘子、断路器
框架顶部有严重放电痕迹

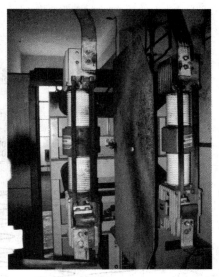

图 4-10　断路器本体真空泡
支撑绝缘杆有严重放电痕迹

2. 原因分析

（1）综合故障现场及试验结果推断。故障为断路器分闸时因 A 相动、静触头抖动而引起电容器操作过电压，使断路器本体上部对地绝缘击穿，引发断路器母线侧 AB 相间接地短路，继而发展成三相短路。1.3s 后 1 号主变压器 35kV 侧定时过电流动作跳开 35kV 总断路器 501，从主变压器 2501 断路器录波图（见图 4-11）中电压和电流的变化也对上述分析进行了印证。

（2）由于断路器分闸时因传动支点及 A 相真空泡失去稳定而造成 A 相动、静触头抖动，引起 A 相产生重燃电弧过电压。从现在情况看，重燃有两种，一种是真空泡自身问题产生的，一种是由操作机构产生的，主要是弹跳引起。分闸弹跳主要是机构调整不当，拐臂在使用中磨损使间隙过大造成。这部分引起的重燃常常会很频繁，危害较大。由于分闸时均在电容器组处于峰值电压时完成熄弧，一旦弹跳时间为 10ms 左右时，断路器断口的恢复电压将处于 $2U_m$，若这时发生重燃，则电容器组上的电压为

$$U_C = U_稳 + [U_稳 - U_{C(0+)}] = -U_m + (-U_m - U_m) = -3U_m$$

由于分闸弹跳是一种间隙击穿形成的重燃，多在电压峰值发生。因此这种重燃引起的结果正是过电压最严重的状态，对电容器组的破坏很大，应给予足够的认识和防范。

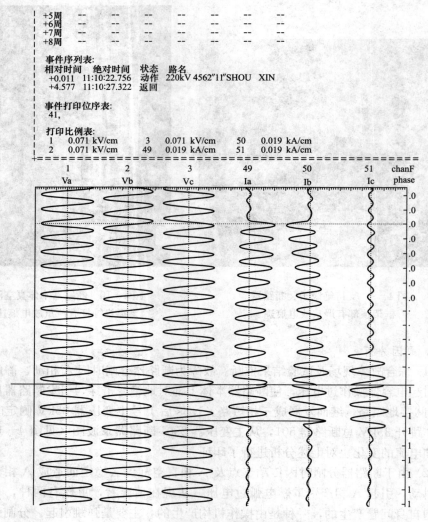

图 4-11　1号主变压器 2501 断路器故障波形图

3. 改进措施

（1）断路器选型。真空断路器具有灭弧室绝缘强度恢复速度快、不易重燃、触头耐磨损等优异的频繁操作特性，过去大量用作并联电容器组的操作断路器。对真空断路器而言，其真空度的保护对其绝缘、灭弧性能是至关重要的，由真空泡自身问题产生的非正常重燃率发生概率较高。而 SF_6 断路器具有更优良的灭弧性能，现在已经在新的并联电容器断路器中大量运用，使用效果良好。我们推荐使用 SF_6 断路器，建议在断路器试验不仅要测合闸弹跳，而且要测分闸弹跳，防止弹跳引起重燃。

（2）开展变电站谐波测试，对谐波超标的变电站装设滤波装置，注意合理选择滤波装置参数，使它保证用户谐波源产生的谐波限制在允许值范围内。

（3）操作时间间隔。电容器总断路器若带电容器组拉开后，一般应间隔15min后才允许再次重合，分断路器拉开后则应间隔5min后才能再次重合操作，以防止合闸瞬间电源电压极性正好和电容器上残留电荷的极性相反，损坏电容器。所以在合闸操作时，若发生断路器机构打滑、合不上等情况，不可连续进行合闸操作。对自动投切的电容器组必须在控制回路中增加延时闭锁，避免再投时发生电容器击穿。对装有并联电阻的投切断路器，连续多次操作还要考虑并联电阻的热容量，次数按制造厂规定，一般每次操作应间隔15min。

（4）加装过电压限制装置。推荐一种电容器组过电压限制装置，可有效地限制单相重、多相击穿时相对地过电压和断路器合闸弹跳时电容器组的极间过电压，其原理接线如图4-12所示。它是由线性电阻和金属氧化物非线性电阻片（MOV）串联组成的电阻性阻尼装置，并联于串联电抗器装置上。一旦有操作或故障发生，该阻尼装置投入，起到衰减各种暂态过程的作用，从而可限制各种操作过电压和过电流。

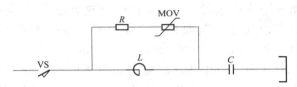

图4-12　限制过电压用的电阻性阻尼装置接线图

VS—真空断路器；L—串联电抗器；C—并联电容器；
R—线性电阻；MOV—金属氧化物非线性电阻片

【例26】　一起断路器单相拒分引起的220kV母差失灵保护异常动作实例

1. 事件经过

某变电站220kV接线如图4-13所示，2951、4567断路器接Ⅰ母运行；2952、2535、4566断路器、2号主变压器2502接Ⅱ母运行；4565、1号主变压器2501断路器接Ⅲ母运行；Ⅰ-Ⅲ分段2500、Ⅱ-Ⅲ母联2550、Ⅰ-Ⅱ母联2530断路器运行，旁路2520断路器接Ⅱ母运行。

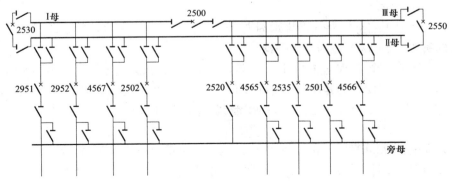

图4-13　某变电站220kV接线图

07：48，地调值班员发令：220kV ××线2951断路器从运行改为热备用（解环）。07：52，运行人员根据调度指令，在控制屏操作2951断路器。在分闸过程中，Ⅰ-Ⅱ母联2530，Ⅰ-Ⅲ分段2500断路器事故跳闸；2951断路器红绿灯全部熄灭，电流表计有指示（520A），故障前2951线负荷为250MW。运行人员立即汇报省调度，并到现场检查断路器实际情况，发现：2951断路器A相在合闸位置，B、C相在分闸位置；Ⅰ-Ⅱ母联2530、Ⅰ-Ⅲ分段2500断路器跳闸。07：58，运行人员根据省调口令再次拉开2951断路器，此时断路器A相分闸。08：24，省调调度员发令：合上220kV Ⅰ-Ⅱ段母联2530断路器（合环），合上220kV Ⅰ-Ⅲ段分段2500断路器（合环）。

2. 原因分析

2951断路器A相拒分后，A相电流表指示有500多安培电流。由于断路器处于非全相运行状态，保护中反映有较大的零序电流，LFP-901A保护中的后备三跳元件HB2动作（该保护逻辑为判断断路器处于两相分闸、一相合闸状态且零序电流大于10%额定电流，即延时100ms三跳），发出三跳后A相断路器仍然拒分。由于此断路器失灵电流的整定值为500A，此时满足失灵起动条件，造成失灵起动母差出口跳开2500和2530断路器。母线上其余线路没有跳开的原因经分析是由于母差保护跳线路断路器要经复合电压闭锁，跳母联及分段断路器不经复合电压闭锁，当时系统并没有故障，母线电压正常，复合电压闭锁元件不会开放，因此只将2500和2530断路器跳开。

2951断路器A相拒分的原因：远控分闸时分闸阀TC1、TC2同时受电，但是两个分闸阀都没有打开，这样的几率纯粹从机械卡涩的可能性来考虑也是极小的。从一级阀分解后情况看，两个分闸一级阀内部都有水渍，因此判断可能是有红宝石密封（一级阀密封面）面上覆冰把密封部位冻住后打不开，或者分闸一级阀阀芯运动的腔体内有小的冰碴阻碍阀芯的动作，导致红宝石密封（一级阀密封面）打不开。

3. 应对措施

（1）缩短压缩空气储气罐排水周期。为尽量减少罐内积水，建议将排水周期由原来的每10天一次缩短为7天一次。

（2）加装一个30W左右的电加热器，低于5℃常投，高于5℃加热器退出。

（3）2951线使用的是服役多年的ELFSL4-2型断路器，尽快更换。

【例27】 一起3AQ1型断路器N$_2$泄漏故障回路浅析

1. 故障现象

某变电站220kVⅠ、Ⅱ母联2530断路器故障前处于合闸位置。

2014年12月10日19时56分，2530断路器发"SF$_6$及N$_2$泄漏"告警信号。

12月11日02时33分40秒，2530断路器发"SF$_6$及N$_2$总闭锁"、"分闸总闭锁"信号。

12月11日03时30分26秒，调度下令将2530断路器改非自动（拉开2530断路器两路直流控制电源），"SF$_6$及N$_2$泄漏"、"SF$_6$及N$_2$总闭锁"复归。检修人员现场检查SF$_6$压力正常（0.64MPa），油压偏高（35.6MPa）。

12月11日04时48分41秒，调度下令将2530断路器改自动（合上2530两路直流控制电源），"分闸总闭锁"信号复归，"SF$_6$及N$_2$泄漏"又动作（注：SF$_6$及N$_2$泄漏、SF$_6$及N$_2$总闭锁为合并信号）。

2. 处理过程

（1）外观检查情况。12月11日，运行人员到现场进行检查。此时"SF$_6$及N$_2$泄漏"信号未复归。开关机构箱内无明显异常，SF$_6$压力0.64MPa，油压35.6MPa，开关机构箱内部结构如图4-14所示。

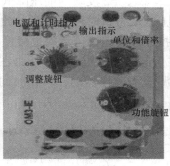
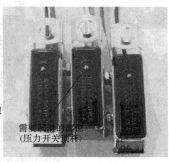

图4-14　开关机构箱内部结构图

（2）解体检查情况。由于N$_2$报警与SF$_6$报警共用一个端子，当解开N$_2$报警线头时，"SF$_6$及N$_2$泄漏"信号复归，接上该线头时，信号重新动作。初步判断为N$_2$泄漏报警。通过S4复位旋钮复归信号后，瞬间又发"SF$_6$及N$_2$泄漏"信号。12月11日20时左右，调度下令将2530断路器转为冷备用。

经检查，液压油压力开关接点B1/16-17存在粘连、卡涩现象。下面我们通过原理及回路分析来进行验证是否以上原因可以导致此次故障的发生。

3. 原因分析

（1）液压储能筒的工作原理。正常在开关投运时，液压储能筒活塞一侧预充N$_2$（20MPa左右），另一侧连高压油路。储能时油泵将油打入液压储能筒高压油一侧，预充N$_2$被压缩，达到设定压力（32MPa以上）时停止，液压储能筒活塞两侧压力动态平衡。当由于操作、内部泄漏、环境温度下降及N$_2$泄漏等因素使压力下降至压力监控器的动作压力（32MPa）以下时，油泵接通将油重新从油箱打入液压储能筒内，压力达到32MPa时，通过压力开关B1以及一只连着的时间继电器K15，在约3s后油泵停止。图4-15为断路器液压机构储能筒示意图。

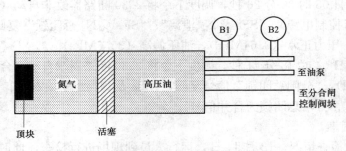

图 4 - 15　断路器液压机构储能筒示意图

（2）N_2 泄漏信号发出原理。根据图 4 - 15 分析得出：当发生 N_2 泄漏时，N_2 体积不变，压力降低，压力表 B1、B2 反映的油压降低，当压力低至油泵打压起动值 32MPa 时，油泵运转打压后压力暂时恢复正常，此时 N_2 体积缩小，即活塞向顶块方向移动，随着 N_2 的持续缓慢泄漏，活塞也慢慢靠近顶块，直至当油泵一打压会造成活塞与顶块碰撞在一起，此时压力表的压力在时间继电器设定的时间内迅速上升至 35.5MPa，N_2 泄漏压力监控器动作，在时间继电器得电之前油泵停止，并且发出"N_2 泄漏"信号，立即闭锁开关合闸，约 3h 后闭锁开关分闸。判断漏氮原理如图 4 - 16 所示。

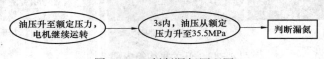

图 4 - 16　判断漏氮原理图

（3）油泵控制回路如图 4 - 17 所示。根据图 4 - 17 可知，动合接点 B1/16 - 17 在压力低于 32MPa 时闭合，接点闭合后，起动油泵打压时间继电器 K15/15 - 18 接点闭合〔图 4 - 17 为瞬时闭合，延时断开接点（继电器断电后，延迟 3s 断开）〕，起动油泵打压继电器 K9，其串入油泵的动合接点闭合，油泵起动，断路器开始打压。当压力回升到 B1/16 - 17 接点打开，此时油泵并没有马上停止工作，油泵打压时间继电器 K15 的 B1 端失电触发延时开始（一般为 3s），3s 后 K15/15 - 18 接点打开，油泵打压继电器 K9 失电，油泵停止工作，至此，一个补压过程结束。

（4）N_2 泄漏合闸总闭锁回路如图 4 - 18 所示。当发生 N_2 持续泄漏时，压力继续上升，当压力达到 35.5MPa 时，B1/20 - 21 接点闭合，在 K15/15 - 18（见图 4 - 17）接点未返回之前，继电器 K9 一直得电起动，K9/43 - 44（见图 4 - 18）接点闭合，N_2 泄漏合闸闭锁继电器 K81 得电起动，K81/10 - 12（见图 4 - 18）接点断开，合闸闭锁继电器 K12LA/LB/LC 失电，其串联在合闸回路中的动合接点打开，闭锁开关合闸且 K81/1 - 2 接点闭合，发 N_2 泄漏信号。当 K81 得电起动时，其 K81/

4－6动断接点打开，使油泵打压时间继电器 K15 失电，K9 失电，油泵停止运行（见图 4－17）。

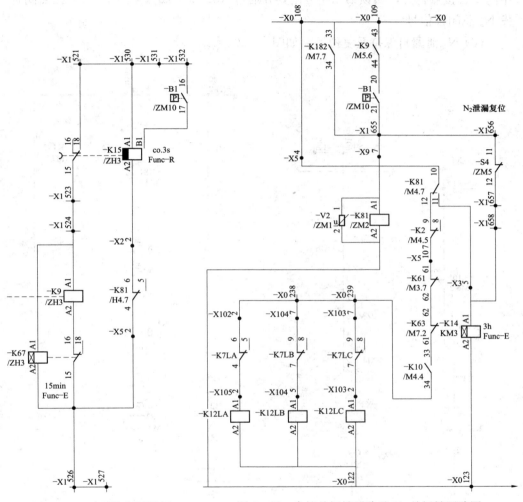

图 4－17　油泵控制回路图　　　图 4－18　合闸总闭锁回路及 N_2 总闭锁回路图

（5）N_2 泄漏分闸总闭锁回路。当继电器 K81 得电起动时，K81/10－11（见图 4－18）接点闭合，N_2 泄漏闭锁分闸时间继电器 K14 得电起动，延时 3h 后 K14/15－16（见图 4－19）接点断开，第一组分闸闭锁继电器 K10 失电，其串联在分闸 1 回路中的动合接点打开，闭锁第一路分闸，并通过 K14/25－28（见图 4－21）接点闭合发 N_2 泄漏信号。

当继电器 K81 得电起动时，K81/7－8（见图 4－20）接点闭合，N_2 泄漏复位继电器 K182 得电起动，其 K182/13－14（见图 4－20）接点闭合，使 N_2 泄漏分闸闭锁时间继电器K82（见图4-20）得电起动，经整定延时（一般3h）K82/15-16（见图4-19）接点断开，第二组分闸闭锁继电器K55失电，其串联在分闸2回路中的动合接点打开，闭锁第二路分闸，并通过K82/25-28（见图4-21）接点闭合发 N_2 总闭锁信号。

（6）N_2 泄漏自保持及复位回路如图4-20所示。

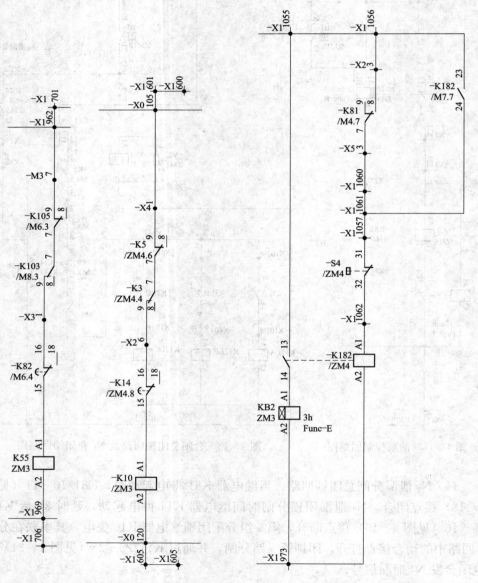

图4-19 N_2 泄漏分闸总闭锁回路   图4-20 N_2 泄漏复位

当继电器 K81 得电起动时，K81/7-8（见图4-20）接点闭合，N_2 泄漏复位继电器 K182 得电起动，其 K182/23-24（见图4-20）接点闭合，使得 K182 自保持；当压力下降到 B1/20-21（见图4-18）接点打开（35.5MPa 以下）时，继电器 K81 失电，K81/7-8（见图4-20）接点断开，此时可通过 S4 复位按钮，使继电器 K182 失电，K182/43-44（见图4-21）接点断开，复位 N_2 泄漏信号。

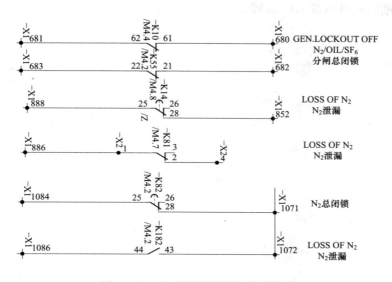

图 4-21　N_2 泄漏及闭锁监视回路图

4. 采取措施

由于昼夜温差较大，当气温下降压力降至油泵启动值（32MPa）时，油泵开始打压，正常情况下当压力回到 B1/16-17 接点打开值时，K15 继电器延时 3s 后断开油泵回路，油泵停止打压。但由于压力开关 B1/16-17 接点粘连，油压达到停泵接点未打开，K9 继电器仍得电继续打压，当压力达到 35.5MPa 后，压力接点 B1/20-21 闭合，N_2 泄漏报警回路被触发（此时发"SF_6 及 N_2 泄漏"告警信号），N_2 泄漏合闸闭锁继电器 K81 动作，强停打压回路，同时 N_2 泄漏闭锁分闸时间继电器 K14 动作，延时 3h 后闭锁分闸回路（此时发"SF_6 及 N_2 总闭锁"、"分闸总闭锁"信号）。

N_2 泄漏闭锁分合闸在实现上需要两个条件：油泵打压继电器 K9 得电且油压达到 35.5MPa（由压力开关 B1/20-21 控制）。所以故障原因其实可以归结为油泵应停而未停。从回路分析可得出，停泵过程有两种：①正常的补压结束停泵；②在 N_2 泄漏报警信号发出后的强制停泵。

对于正常的打压结束未停泵，则可以通过 S4 复位旋钮复归信号，手动泄压至油泵打压，压力达到 32MPa 后，拆除时间继电器 K15 的 B1 端子，即人为对 K15

失电触发信号，3s 延时后，如果停止打压，则故障为液压油压力开关 B1/16 - 17 接点粘连未打开；如继续打压，则故障为时间继电器 K15/15 - 18 接点粘连未打开。

当 N_2 泄漏报警后，如果打压不停，拆除时间继电器 K15 的 A2 端子，若停止打压，则判断 K81/4 - 6 接点黏合，更换 N_2 泄漏合闸闭锁继电器 K81；若继续打压，则判断时间继电器 K15 故障。

隔离开关事故或异常

第一节　隔离开关事故或异常处理概述

一、隔离开关事故处理概述

1. 隔离开关拒动

发现隔离开关电动拒动时，应首先认真检查隔离开关的操作条件是否满足，排除因防误操作闭锁装置作用而将隔离开关操作回路解除的可能，在此基础上对以下内容进行检查。

（1）控制电源是否正常（可根据有关信号判定），机构箱内的远方/就地切换开关是否在"远方"位置。

（2）断路器端子箱内操作电源熔丝是否熔断。

（3）断路器端子箱内有无交流电源，电动机保护低压断路器是否跳闸。

（4）隔离开关机构箱内电源断路器是否跳闸，接触器是否卡死。

（5）驱动电动机热继电器是否动作，缺相保护继电器是否跳闸。

（6）电磁锁锁栓是否复位（如有的话）。根据检查情况加以消除，不能消除时，在操作条件满足的情况下采用手动操作方式进行操作。

（7）运行中发现隔离开关接触不良或接线桩头松动引起发热时，应立即汇报当值调度员，要求减负荷或转移负荷。在情况允许时进行停电检修，在未处理前应加强对发热点的监视。

2. 隔离开关操作失灵处理

隔离开关操作失灵故障及处理措施见表 5-1。

表 5-1　　　　　　　　　　隔离开关操作失灵故障及处理措施

隔离开关操作失灵			
拒　　合	合闸不到位三相不同期故障处理	拒　　分	隔离开关电动分、合闸操作时中途自动停止
若接触器不动作，属回路不通 若接触器已动作，检查电动机转动是否因机械卡滞	出现隔离开关不到位，三相不同期时，拉开重合反复几次，操作动作符合要领，用力要适当	检查电动操作机构 检查手动操作机构	隔离开关在操作中，出现中途自动停止故障或接触不良 分合闸自保持回路出现异常

（1）拒合。电动机构的隔离开关拒合闸时，应观察接触器动作与否、电动机转动与否以及传动机构动作情况等，区分故障范围，并向调度汇报。电动机构故障的分析处理如下。

1）若接触器不动作，属回路不通，应做如下检查处理。

首先应核对设备编号、操作程序是否有误，操作回路被防误闭锁，回路闭锁，回路就不能接通，纠正错误操作。

若不属于误操作，应检查操作电源是否正常，熔丝是否熔断或接触不良。

若无以上问题可能是接触器卡滞合不上，应暂停操作，处理正常后继续操作。

2）若接触器已动作，应做如下检查处理。

问题可能是接触器卡滞或接触不良，也可能是电动机问题。

如果测量电动机接线端子上电压不正常，则证明接触器问题；反之，属电动机问题。

若不能自行处理，可用手动操作合闸，汇报上级，安排停电检修。

3）若检查电动机转动机构，如因机械卡滞合不上，应暂停操作，并做如下检查处理。

检查接地开关看是否完全拉到位，将接地开关拉开到位后，可继续操作。

检查电动机是否缺相，三相电源恢复正常后，可又继续操作。

如果不是缺相故障，则可用手动操作，检查机械卡滞的部位，若排除可继续操作。若无法操作，应利用倒运行方式的方法先恢复供电，再汇报调度。

4）合闸不到位、三相不同期的故障处理。隔离开关如果在操作时，不能完全到位，接触不良，运行中会发热。出现隔离开关不到位、三相不同期时，应拉开重合、反复合几次，操作动作符合要领，用力要适当。如果无法完全合到位，不能达到三相完全同期，应戴绝缘手套，使用绝缘棒，将隔离开关的三相触头顶到位，汇报上级，安排计划停电检修。

（2）拒分。

1）电动操作机构的检查及处理措施。若接触器不动作，属回路不通，首先应核对设备编号、操作程序是否有误，操作回路被防误闭锁，回路闭锁，回路就不能接通，纠正错误操作；若不属于误操作，应检查操作电源是否正常，熔丝是否熔断或接触不良；若无以上问题，可能是接触器卡滞合不上，应暂停操作，处理正常后继续操作。

若接触器已动作的情况下，其问题可能是接触器卡滞或接触不良，也可能是电动机问题。如果测量电动机接线端子上电压不正常，则证明接触器问题；反之，属电动机问题。若不能自行处理，可用手动操作分闸，汇报上级，安排停电检修。

检查电动转动机构，如因机械卡滞合不上，应暂停操作。检查电动机是否缺相，三相电源恢复正常后，可继续操作。如果不是缺相故障，则可用手动操作，检查机械卡滞、抗劲的部位，若难排除无法操作，汇报调度及工区。

2）手动操作机构的检查及处理措施。首先核对设备编号，看操作程序是否有误，检查断路器是否在断开位置；无上述问题时，可反复晃动操作手把，检查机械卡滞的部位；如属于机构不灵活、缺少润滑，可加注机油，多转动几次，拉开隔离开关；如果抵抗力在隔离开关的接触部位、主导流部位，不许强行拉开，应倒运行方式，将故障隔离开关停电检修。

（3）隔离开关电动分、合闸操作时中途自动停止时的故障处理。隔离开关在电动操作中，出现中途自动停止故障，如触头之间距离较小，会长时间拉弧放电。原因多是操作回路过早打开，回路中有接触不良而引起。拉闸时，出现中途停止，应迅速手动将隔离开关拉开，汇报上级，安排停电检修；若时间允许，应迅速将隔离开关拉开，待故障排除后再操作。

二、隔离开关异常处理概述

1. 操作机构卡涩

单就一把隔离开关而言，其操作频率是相当低的。在户外环境下，长时间的静止态会使操作机构发生锈蚀、润滑脂干涸、缝隙积灰粘连等情况造成操作时的卡涩现象。电动操作时就有可能因电动机过负荷发生熔丝熔断、热继电器动作等情况；或手动操作时，还会因用力过猛造成传动部件变形断裂。因此，当发现隔离开关有卡涩现象时，应暂停操作，对操作机构和各传动部件进行检查，防止在机械闭锁的情况下强行操作，损坏设备。如果隔离开关在电动操作过程中突然因熔丝熔断、热继电器跳闸而停止时，为避免触头间持续拉弧和隔离开关辅助接点在不确定状态对保护构成不利影响，应立即将其改为手动操作方式继续完成操作或返回起始状态，然后再对隔离开关操作机构进行检查处理。

2. 合闸不到位

当出现隔离开关操作机构因完成操作而停止，但主触头并未完全到位的情况时，为避免延误送电，可采用手动操作方式将其小幅度回复后再行合闸，必要时辅以绝缘棒顶推，使隔离开关合闸到位，操作结束后填报缺陷，报告有关领导，日后安排处理。

3. 辅助开关切换不良

双母线接线方式下，线路或元件的二次电压甚至母差保护的电流回路都是通过母线隔离开关的辅助开关切换的，如隔离开关操作时辅助开关切换不良将会导致"电压回路断线"、"隔离开关辅助接点监视"、"母差电流回路断线"等信号掉牌异常情况，此时可以征得调度同意后将隔离开关重复操作一次，若不能排除时应迅速汇报有关调度停用有关保护并通知检修人员进行紧急处理。

4. 隔离开关在运行中发热处理

隔离开关在运行中发热，主要是负荷过重、触头接触不良、操作时没有完全合好所致。接触部位过热，使接触电阻增大，氧化加剧，可能会造成严重事故。

（1）隔离开关发热的检查。在正常运行中，运行人员应按规定巡视检查设备，检查隔离开关主导流部位的温度不应超过规定值。可采用以下方法，检查主导流部位有无发热。

1）定期用测温仪器测量主导流部位、接触部位的温度。

2）怀疑某一部位有发热情况，无专用仪器时，可在绝缘棒上绑蜡烛测试。

3）根据主导流部位所涂的变色漆颜色变化判定。

4）利用雨雪天气检查。如果主导流部位、接触部位有发热情况，则发热的部位会有水蒸气、积雪融化、干燥现象。

5）利用夜间熄灯巡视检查。夜间熄灯时可发现接触部位，有白天不易看清的发红、冒火现象。

检查各种接触部位的金属颜色、气味，导流接触部位有无热气上升，可发现发热现象；但应注意是否有过去发热时遗留下的情况，应加以区分。接头过热后，金属会因过热而变色，铝会变白，铜会变紫红。如果接头外部表面上涂有相序漆，过热后漆色变深，漆皮开裂或脱落，能闻到烤煳的漆味。

（2）隔离开关发热的处理方法。发现隔离开关发热的主导流接触部位有发热现象，应汇报调度，立即设法减小或转移负荷，加强巡视。处理时，应根据不同的接线方式，分别采取如下相应的措施。

1）双母接线。如果某一母线侧隔离开关发热，可将该线路经倒闸操作，倒至另一段母线上运行。汇报调度和上级，母线能停电时，将负荷转移以后，发热隔离开关停电检修。若有旁母时，可把负荷倒至旁母代供。

2）单母线接线。如果某一母线侧隔离开关发热，母线短时间内无法停电，必须降低负荷，并加强监视，尽量把负荷倒备用电源带，如果有旁母，也可以把负荷倒旁母代路方式，可带一条重要负荷。母线可以停电时，再停电检修发热的隔离开关。

如果是负荷（线路侧）隔离开关运行中发热，其处理方法与单母接线时基本相同，应尽快安排停电检修，维持运行期间，应减小负荷并加强监视。

对于高压室内的发热隔离开关，在维持期间，除了减小负荷并加强监视外还要采取通风降温的措施。

5. 调度关于隔离开关异常处理规定

（1）隔离开关在操作过程中发生分合不到位的情况，现场值班人员应首先判断隔离开关断口的安全距离。当隔离开关断口安全距离不足或无法判断时，则应在确保安全情况下对其隔离。

（2）隔离开关在运行时发生烧红、异响等情况，应采取措施降低通过该隔离开关的潮流（禁止采用合另一把母线隔离开关的方式），必要时停用隔离开关处理。

6. 隔离开关运行与操作要点

（1）隔离开关操作前，应检查并确认其操作条件全部满足。隔离开关拒动、电动操作失灵或电磁锁打不开时应首先检查其操作条件是否满足。

隔离开关的主要作用之一是在检修设备与运行设备之间形成明显的断开点，原则上隔离开关不能开断负荷电流。因此在隔离开关操作前，必须检查其相应的断路器、接地开关的位置等操作条件是否满足。为了防止电气误操作，一般隔离开关的操作机构都加有电气闭锁、电磁锁回路或机械闭锁装置。当隔离开关拒动、电动操作失灵或电磁锁打不开时，应首先检查相应的断路器、接地开关的位置是否符合操作条件，排除防误闭锁装置作用的可能，再检查其相应的交流和直流控制回路。只有在确认操作条件满足的情况下，按解锁规定汇报有关领导并获同意后，方可解除闭锁进行手动操作。

（2）装有电气闭锁回路的隔离开关进行手动机械操作时，其防误闭锁功能失效，此时更应认真检查其回路和操作条件。隔离开关在不同接线方式下的操作条件是不一样的，其中尤以双母线带旁路接线中的母线隔离开关操作最为复杂。

以 25311 隔离开关为例，其操作条件逻辑图如图 5 - 1 所示。该隔离开关的操作条件如下。

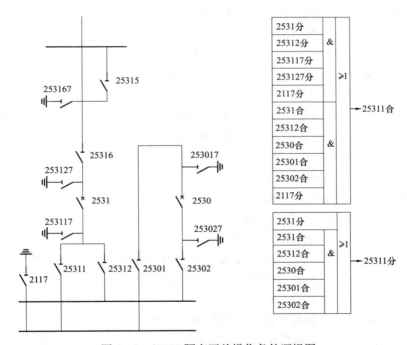

图 5 - 1　25311 隔离开关操作条件逻辑图

25311 隔离开关合闸的操作条件可分为两种情况，一种是设备停复役操作，其条件为：2531 分、25312 分、253117 分、253127 分、2117 分；另一种是倒排操作，其条件为：2531 合、25312 合、2530 合、25301 合、25302 合、2117 分。

为了保证操作人员的人身安全，对装有电动操作机构的隔离开关进行手动机械操作时，其电气操作回路将自动解除，此时电气闭锁回路可能失去作用。因此，这种情况下的操作必须遵守解锁操作的有关规定，汇报有关领导并获同意。操作前更应认真检查有关断路器、隔离开关（接地开关）位置与操作条件是否满足，严格执行操作前的"四对照"规定，在确认无误后，方可实施手动操作（500kV 的隔离开关一般不得带电手动操作）。

（3）合 500kV 接地开关，特别是合线路接地开关前应确认相应避雷器泄漏电流表和有关指示仪表无指示。

500kV 验电器在实际使用中存在可靠性差和使用不便等问题，因此许多 500kV 变电站通常通过间接方法进行验电的。由于 500kV 线路 CVT 和避雷器均安装在出线隔离开关线路侧，线路有无电压一般可通过避雷器泄漏电流表和线路电压表来监视。如果避雷器泄漏电流表和线路电压表均无指示时（必须确认线路停电前表计指示是正常的），可以认为该线路已无电压。

为此 500kV 验电可以按以下方法进行间接验电。合断路器两侧接地开关前应检查相应的隔离开关（明显的隔离点）确在分开位置。合线路接地开关前，除检查本侧有明显的隔离点以外，还要检查其避雷器泄漏电流表指示为零，同时其线路电压表指示为零后，方可执行操作。

（4）220kV 母线隔离开关操作后应检查并确认其母差互联回路切换良好。近年来，一种带有内联、互联回路的母差保护装置（如 BP‑2B）在双母线接线的 220kV 及以上变电站推广应用。这种母差保护的最大特点是不论何种方式的一次操作都无需对母差的电流回路和出口回路进行任何形式的配合操作，而是通过有关隔离开关的辅助接点构成相应的逻辑回路进行自动切换。也就是说，在对 220kV 母线隔离开关进行一次操作的同时，其二次部分自动进行一系列重要和复杂的切换操作。其内容包括：

1）断路器连接回路的切换。

2）倒排操作时互联回路的切换。

3）母联或分段断路器电流回路的切换。

因此，220kV 母线隔离开关辅助接点的动作质量对于上述切换操作的成败是至关重要的。如果切换不成功将闭锁某一段或全部母差保护，并发出 TA 断线或手动闭锁信号。为此，装置设有专门的隔离开关监视继电器和隔离开关切换继电器用以对隔离开关辅助接点的动作情况和切换回路的动作情况进行监视。凡 220kV 母线隔离开关操作后均应对相应的监视和切换继电器进行检查，特别是中央信号屏发出相关信号后应及时检查分析、查明原因并加以排除后再进行其他操作。

🔧 第二节　隔离开关典型事故或异常实例

【例 28】　一起隔离开关放电事故

某变电站 220kV 正母线停役的倒排操作中（一次系统简图见图 5‑2），合上

2532 副母隔离开关后再拉正母隔离开关时，发生正母隔离开关卡死，电动、手动合分闸机构均失灵，此时该隔离开关动静触头之间距离只有 3cm 左右，调度准备将 2532 断路器及正母改检修处理，调度发令拉开 2532 断路器，再拉开 2510 断路器时，由于正母线失电、25321 正母隔离开关两侧有较大的电位差，动、静触头之间发生放电起弧（见图 5－3），现场值班员当机立断将 2510 断路器合上使故障隔离开关两侧等电位消除放电。

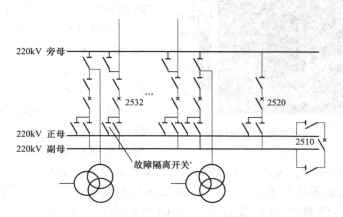

图 5－2　220kV 一次系统简图

图 5－3　隔离开关放电实景图

采用如下安全方法避免了放电及其他严重情况，先用旁路 2520 断路器正旁母代 2532 断路器运行，拉开 2532 的副母隔离开关（应将运行的 2520、2532 断路器、母联 2510 断路器改非自动后），发令对侧变电站拉开 2532 断路器，再将母联 2510 断路器改自动后拉开本站母联 2510 断路器，使故障隔离开关两侧同时失电，防止了闪络放电及事故发生。

【例 29】 一起 110kV 隔离开关接线桩头发热异常

1. 事件经过

某日 15 时，运行人员在测温时发现某变电站 1 号主变压器 110kV 侧 7011 隔离开关 C 相母线侧引线桩头为 115℃，A 相主变压器侧引线桩头为 86℃（见图 5-4）。

图 5-4 红外成像仪测温照片

7 月 26 日凌晨 2 时变电检修工区抢修人员对 7011 隔离开关 A、C 两相导电回路进行检查处理。

处理过程中检查 7011 隔离开关 A、C 相（GW5-110 型）原接线桩头（铸铝夹紧式）的螺栓为紧固状态，分解隔离开关接线桩头时发现 C 相隔离开关桩头导电铜杆外径与线夹内径的配合较松。当引线线夹与导电铜杆连接时（套在导电铜杆上），虽然夹紧螺栓已紧固，但接触面不够紧密，呈线接触状态。后来对 A 相隔离开关引线座铜导电杆和铝接线桩头接触面打磨加导电膏处理，对 C 相隔离开关引线座铜导电杆和铝接线桩头接触面处理后，并在铜导电杆上加包一层 0.5mm 厚的磷铜皮后紧固引线线夹螺栓，检查接触情况良好。送电后对 7011 隔离开关跟踪测温正常。

2. 原因分析

（1）隔离开关的铸铝线夹与导电铜杆接触不良。隔离开关导电铜杆与引线线夹连接时，正常情况下应该接触紧密为面接触。由于隔离开关桩头导电铜杆外径与铝接线桩头内的加工尺寸偏差较大，导致隔离开关导电铜杆与铝接线桩头连接时接触面不够紧密，呈线接触状态，导致了发热。

（2）设备结构不合理。线夹材质为铸铝，导电杆材质是铜，不同材质接触时接触面无任何处理措施。

（3）材质不合理。铸铝线夹材质比较脆，夹紧螺栓紧固时不能用力太大（螺栓太紧线夹很容易断裂），这样对接触面也有一定影响。

（4）检修质量管理不到位。检修人员对检修的隔离开关结构不熟悉，不能及时、正确判断设备存在的隐患，检修过程中对接触面处理不到位。

3. 防范措施

（1）对所有 GW5-110 型隔离开关进行检查，还在使用铸铝线夹的全部调换为铜质线夹。

（2）今后检修中对部分主变压器回路及大电流导电回路增加接触电阻试验。

（3）加强检修专业知识培训，提高检修人员对设备缺陷的技术分析和判断能力。

（4）加强红外测温工作，尤其在迎峰度夏期间，尤其对重负荷线路。

（5）对发热缺陷不处理不放过，不分析清楚原因不放过，没有采取改进措施不放过。

【例30】　某变电站隔离开关发热

值班人员测温时发现隔离开关与绝缘子连接处发热有 130℃，后仔细观察发现上绝缘子瓷质部分与铁件连接处有胶液，下绝缘子上有一节胶液堆积的柱状物（见图 5-5），后申请停电处理，更换绝缘子。

图 5-5　发热隔离开关外观图

【例31】　35kV 电容器接地开关无法操作

1．现象

当日工作需要停役 2 号主变压器，而某变电站的该 2 号主变压器 35kV 侧没有总断路器，所以要将 2 号主变压器 35kV 侧的所有设备都改为检修状态。之前的操作都顺利完成，当执行到将 2 号主变压器某号电容器断路器改检修的操作时，断路器接地开关电磁锁没电，无法继续操作。该 35kV 隔离开关为某公司生产的 GW4-40.5DW，接地开关操作机构为 CS17，通过手动方式操作，连锁为电气连锁结合电磁锁的方式，连锁回路图如图 5-6 所示。

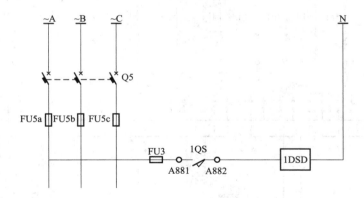

图 5-6　35kV 电容器接地开关连锁回路图

2．处理分析

由该接地开关的连锁回路图可以看出，导致该接地开关电磁锁没电的原因包括：①熔丝（FU5、FU3）熔断；②低压断路器（Q5）跳开；③与之有电气连锁的隔离开关辅助接点（1QS）处于分位或故障；④电容器网门没关好（电容器网门门控接点串接在电磁锁回路中）；⑤电磁锁故障。运行人员经过现场检查，确认电容器隔离开关处于分位且分闸到位，低压断路器 Q5 未跳开，测量 FU5、FU3 熔丝上下桩头均带电，电容器网门确已关好。疑点集中到辅助接点（1QS）和电磁锁上。经测量发现，A881 接点与零线间有电压差，而 A882 接点与零线间无电压差，证明隔离开关辅助接点（1QS）损坏，履行解锁手续后解锁操作。停电后经检修人员调换辅助接点后，该接地开关恢复正常。

【例 32】　一起母线隔离开关瞬间断流异常分析

1. 异常发现经过

某日，监控中心运行人员在对某 500kV 变电站监盘期间，敏锐地发现两条 220kV 同向双回路线路（这两条线路为图 5-7 中合环运行的 2K90、2K99 线）的三相电流负荷不平衡。通过分析电压曲线，发现 2K90 与 2K99 的 A、C 相电流基本平衡，2K90 线 B 相电流在某一时段内瞬间突降为 0A。与此同时，2K99 线的 B 相瞬时电流突升至原来的 1 倍，持续约数分钟后又自行恢复。监控中心马上通知操作班运行人员对这两条线路回路进行了特殊巡视，未发现明显异常，红外测温正常。针对这一情况，监控中心和操作班的运行人员加强了对该两条线路的监视。随后几天内，多次出现 2K90 线 B 相电流突降为 0A，2K99 线 B 相电流相应增大的现象（见表 5-2、图 5-8），但均能自行恢复。运行和检修人员对二次电流进行测量，确认该现象非测控装置误发信，对全回路进行红外测温，均未发现有异常发热点。

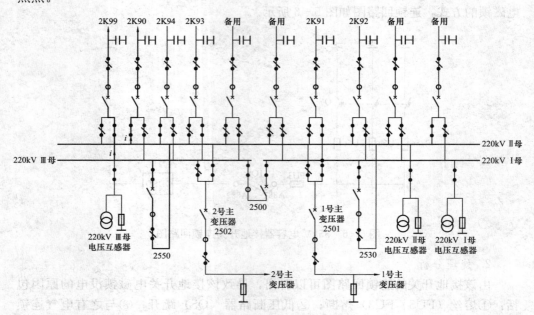

图 5-7　某 500kV 变电站 220kV 系统一次接线图

表 5－2 **2K90、2K99 线相电流不平衡数值表**

时　间		2K90 电流/A			2K99 电流/A		
		A 相	B 相	C 相	A 相	B 相	C 相
8 月 16 日	12：15	117.19	0	115.74	126.72	215.30	119.40
	14：35	152.36	152.36	162.58	155.26	154.57	150.15
8 月 17 日	8：00	62.25	0	61.49	66.69	113.52	63.70
	10：20	132.60	138.4	145.70	144.27	142.06	135.50
8 月 18 日	10：05	167.00	0	175.78	173.57	320.00	179.45
	10：15	172.12	176.5	186.77	183.87	180.9	172.88
8 月 20 日	11：10	158.23	0	158.24	171.36	290.76	164.80
	11：20	150.15	153.8	164.00	160.37	158.2	150.90
8 月 21 日	8：45	147.25	0	146.49	145.25	275.00	144.75

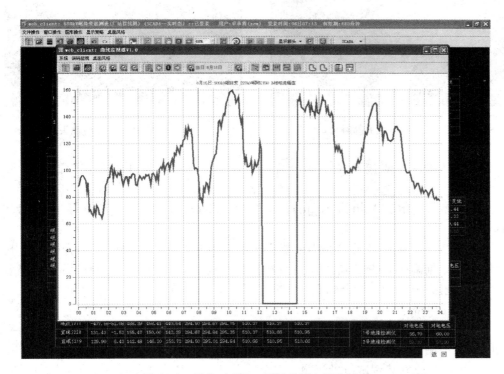

图 5－8　异常时 2K90 间隔 B 相电流曲线图

2. 异常的检查和处理

8月21日8：45，2K90线B相电流再次突变为0A，当时A相电流为147.25A，C相电流为146.49A，同时2K99线B相电流上升为275A，A、C相电流为145A左右。异常发生后，运行人员及时汇报调度，经过调度调整运行方式后，于当天中午将2K90线改为检修，变电检修工区、输电检修工区的技术人员对2K90线两侧变电站内的断路器、电流互感器、隔离开关等变电设备进行检查，并对线路进行了登杆检查。在对2K90间隔隔离开关外观检查中，首先发现2K902母线隔离开关（剪刀式GW16）B相动触头有烧蚀痕迹，2K903、2K906隔离开关（半插入式GW17）外观检查正常。随后，立刻向调度申请将220kV Ⅱ段母线停电，连夜对2K902隔离开关进行详细检查。

经检查发现：

（1）2K902隔离开关B相动、静触头有烧蚀痕迹，如图5-9、图5-10所示。

图5-9　2K902隔离开关静触头烧蚀痕迹　　　图5-10　2K902隔离开关动触头烧蚀痕迹

（2）对2K902隔离开关手动分合，发现A、B相隔离开关存在轻微合不足现象。

（3）接触电阻。A相为102$\mu\Omega$、B相为125$\mu\Omega$、C相为72$\mu\Omega$（标准不大于125$\mu\Omega$）。

确认2K902隔离开关B相因未能完全闭合引起烧蚀，接触电阻不合格。变电检修人员立刻调换2K902隔离开关B相操作拐臂和动、静触头。调换后，测得B相接触电阻为101$\mu\Omega$，符合标准（标准是不大于125$\mu\Omega$）。

3. 原因分析

（1）合闸不到位原因分析。在正常运行方式下，2K90、2K99线为到同一220kV变电站的同向双回路线路，负荷较小，电流不超过150A。2K902隔离开关B相由于产品或安装调试质量问题，未全部合足（剪刀动触头夹头在合闸状态下未夹紧，留有空隙），在风力、温度变化等外界因素的影响下，动触头夹头与静触头之间发生瞬间断流的现象（见图5-11、图5-12）。

2K902 隔离开关合闸位置检查有两个判据为：

1）常规检查隔离开关动触头拐臂应达到水平或垂直位置。

2）隔离开关在合闸位置时，拐臂与限位的距离应为 2～5mm（下面看应基本接触），具体位置如图 5-11、图 5-12 所示。

图 5-11　未合足的隔离开关拐臂与限位

图 5-12　合足的隔离开关拐臂与限位

（2）保护未发信原因分析。当 2K902 隔离开关发生瞬间断流时，保护装置并未发信，也未造成严重后果，具体分析如下。

1）2K90、2K99 线双回线路为合环运行，当发生瞬间断流时，2K90 线路 B 相电流突降为 0A，B 相电流流转至 2K99 线 B 相，使其电流增加 1 倍左右，但电流值小于 2K99 间隔设备的额定电流与线路的稳定限额。

2）异常发生期间，2K90、2K99 线一直为双回线路合环运行，未出现单回线运行的方式，所以该隔离开关 B 相多次发生等电位瞬间断流，未有严重后果；否则会发生隔离开关带负荷分闸的后果，烧毁隔离开关。

3）2K90 负荷较小，B 相断流后，最大零序电流只有 0.06A，未达到零序保护 IV 段的最小启动定值（0.1A），零序保护不会启动，故障录波器也不会启动。但此时，如果有相应的区外故障，保护有可能会误动。

4）2K90 线负荷较小，2K902 隔离开关在运行中，虽然接触电阻较大，但其发热不明显，有时电流会通过另外一条线路进行分流，导致了红外线成像测温不能及时发现其由于接触电阻大而造成的接点发热现象。

4. 解决措施和方法

首次发生异常之后，运行人员立即加强对电流曲线的监视，为避免故障恶化赢得了宝贵的时间。在找到异常发生的原因之后，全面组织对运行中的该类隔离开关（GW16 或 GW17 型）开展专项检查工作，重点对是否满足第二个判据进行排查，检查隔离开关合闸是否到位，存在疑问的拍照后汇报核实。

这次异常的发现和解决，得益于变电运行人员在日常监盘中能够熟练运用电流、电压曲线图，监视是否存在设备运行过程中出现电流、电压变化现象。但是，当前的监控系统对于这类异常无告警信号，可考虑在后台中设置增加电流、电压三相严重不平衡门槛的告警信号。

【例33】 某变电站500kV隔离开关进水异常

1. 事件经过

2005年10月23日，某变电站由于工作原因需要停500kV Ⅰ母线，在操作母线隔离开关时，运行人员发现母线侧SSP隔离开关内有积水滴下。运行人员相当谨慎，立刻向工区汇报了此情况，工区立即联系相关检修单位及厂家到现场检查确认，承认此隔离开关上节导电杆存在了不同程度的雨后积水现象。经过厂家确认，可以在该隔离开关上节导电杆下端的挂钩活塞处（防尘圈）外边钻一个直径为4～6mm的小孔，但是钻孔前，须保证所有的开孔没有被堵塞，尤其保证靠近挂钩处的一只孔没有被堵塞。

图5-13 工作人员钻孔场景

2. 事件处理

变电检修人员趁母线停电之际，快速完成了所有母线侧SSP隔离开关的钻孔工作。（图5-13为工作人员钻孔场景）。如果这次隔离开关导电杆内积水问题未及时发现和解决，气温降低，积水结冰膨胀，很可能对导电杆有伤害，甚至会爆裂。

【例34】 110kV接地开关抱箍断裂

1. 经过

操作班值班员在某220kV变电站巡视发现，110kV正母线侧接地开关抱箍断裂（见图5-14、图5-15）。

2. 处理

属于产品质量问题，填报Ⅲ类缺陷，结合停电处理。

【例35】 某变电站220kV 2K822隔离开关A相拒分异常

1. 事件经过

2009年12月12日凌晨，某变电站220kV倒母线操作，当操作到"拉开2K822隔离开关"时，发现A相隔离开关未分开，B、C两相已经分开。值班员立

图 5-14　110kV 接地开关抱箍断裂（一）

图 5-15　110kV 接地
开关抱箍断裂（二）

即合上 2K822 隔离开关，同时汇报专职，申请解锁进行手动操作。手动分闸 A
相仍未拉开，B、C 两相在分位，然后再手动合上隔离开关，汇报专职、省调，
省调要求恢复到操作前初始状态，值班员再根据操作票反步操作至初始状态，并
填报了一类缺陷。因之前分闸时，A 相隔离开关稍微动了一点，但动、静触头未
分开，恢复到初始状态后，仔细检查，2K822 隔离开关 A、B、C 三相均合闸到
位，考虑到该隔离开关（特别是 A 相）由于动过后，可能出现合闸不足现象，
值班人员每天 4 次特巡及跟踪测温，一直做到 12 月 16 日停电处理，均未发现
异常。

2. 原因分析

12 月 16 日，停电检查，发现
220kV 2K822 隔离开关 A 相动触
指因内部锈蚀导致触指无法打开而
引起 A 相无法分闸，锈蚀原因为
A 相触头 3 个泄水孔中有 2 个堵
塞，导致雨水无法及时排出，长久
积累，导致内部锈蚀。现已调换同
类型 A 相动触指，测量接触电阻
正常，现隔离开关电手动分合正
常，设备可以投运（见图 5-16～
图 5-18）。

动触指

图 5-16　2K822 隔离开关 A 相动触指

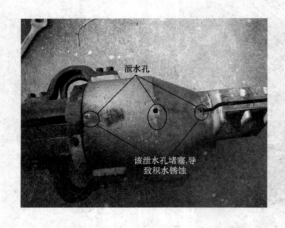

图 5-17　2K822 隔离开关 A 相泄水孔　　　图 5-18　2K822 隔离开关 A 相锈蚀图

3. 防范措施/经验教训

（1）该类型隔离开关新装时，提醒安装人员要将隔离开关触头出厂时进行的堵孔措施清除干净。

（2）值班员在发现隔离开关拒分时，要全面考虑到系统的运行方式，特别是母差为单母运行方式时，尽量缩短处理时间，及时汇报调度，恢复初始状态。

（3）值班员在恢复到初始状态后，一定要仔细检查故障隔离开关触头到位情况，并待有负荷后进行测温，确保隔离开关接触良好。

【例 36】　连锁回路异常而导致闸刀电动操作异常的实例

1. 某变电站闸刀连锁情况概述

220kV 某变电站其 110kV 闸刀为 AREVA 产品（母线闸刀为 SPVT 剪刀式，出线闸刀和 110kV 母联 7102 闸刀为 D300-126 型双柱单断口开断式），隔离开关都能够实现遥控操作，以上隔离开关的操作需同时满足后台"五防"逻辑、测控及电气连锁，对于不能实现遥控的接地开关，采用电气连锁结合电磁锁的方式（主闸刀与对应接地开关间存在机械闭锁），连锁示意图如图 5-19 所示。

2. 闸刀异常情况及分析

因辅助接点不好引起 110kV 闸刀无法操作。2008 年 11 月 12 日，新增 110kV ×× 出线间隔搭接投运，在将该间隔转为正母运行操作时出现母线侧 1G 闸刀由于连锁的原因无法电动操作。该间隔一次接线如图 5-20 所示。

该闸刀连锁为电气连锁结合监控闭锁的方式，连锁回路图如图 5-21 所示。

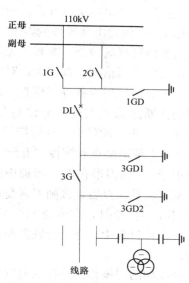

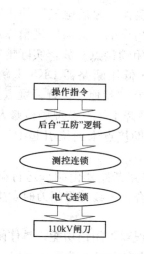

图 5 - 19 110kV 闸刀多层连锁示意图

图 5 - 20 110kV 间隔一次接线图

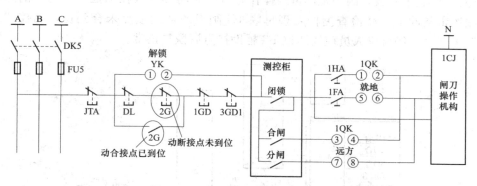

图 5 - 21 110kV 闸刀连锁回路图

由图 5 - 21 可以看出，导致该隔离开关电动不能操作的原因如下。

1）电气回路。熔丝（FU5）熔断，低压断路器（DK5）跳开，操作急停按钮 JTA 不好，开关在合位或辅助接点（DL）处于分位或不到位，接地开关辅助接点 1GD、3GD1 不到位，远近控切换开关未切至"就地"，闸刀操作机构 1CJ 内部回路故障。

2）监控防误回路。测控柜内防误闭锁接点未开放（防误逻辑未满足）。

测控连锁逻辑有以下两种。

① 断路器 DL 拉开—2G 拉开—1GD、3GD 拉开、正母母线接地拉开。

② DL 合—2G、3G 闸刀合上—母联状态（母联断路器、两侧闸刀均合上）。

由电气连锁图和 I/O 闭锁逻辑图看出，撇开闸刀电动机构内部接线不说，由

97

于闸刀电动回路中所串各类电气设备的辅助接点较多，某一个电气元件的辅助接点不好都是影响 1G 闸刀电动操作的因素。

运行人员经过现场检查，本着"**先后台，再测控，最后电气**"的排除法原则，运行人员检查后台遥信变位都正常，对监控系统后台的"五防"逻辑库进行检查，结果正常；再对测控层设备进行检查，结果测控闭锁接点开放，实际情况是遥信、遥测功能确认断路器确实处于分位且分闸到位；低压断路器 DK5 未跳开；测量 FU5 熔丝上下桩头，均带电，远近控切换开关确在"就地"位置。疑点集中到 2G 和 1GD、3GD1 辅助接点和测控"五防"是否有故障上了。经现场检修人员逐步检查后发现由于 2G 闸刀串在电气闭锁中的动断辅助接点未到位引起 1G 不能操作。检修人员调整辅助接点后，该闸刀恢复正常。

2008 年 12 月 13 日，在该变 110kV×××线路断路器由副母运行调至正母运行的倒母线操作过程中，合上母联断路器后，在合××线正母闸刀时发生闸刀电动不能操作。

该类母线侧闸刀操作回路存在电气和测控防误双重闭锁功能，具体闭锁回路如图 5-21、图 5-22 所示。通过前面所述的方法检查闸刀电动操作回路，发现测控"五防"接点未开放，因为是倒母线操作，有些时间疑点放在测控"五防"的热倒母线逻辑条件上，经检查测控发现母联 1G 闸刀的辅助接点未合到位，测控"五防"未开放，经检修人员现场调整 1G 辅助接点后恢复正常。

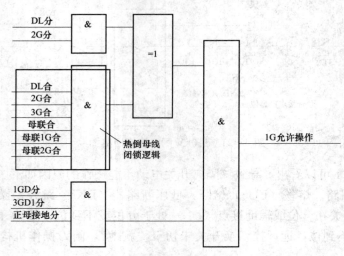

图 5-22　110kV 出线 1G 闸刀 I/O 闭锁逻辑

2008 年 12 月 24 日，运行人员操作一条 110kV 线路由运行转为检修操作，在将断路器拉开后拉开线路侧 3G 闸刀时，出现闸刀操作交流电源 A 相熔丝熔断。经检修人员现场检查发现，因线路侧接地闸中接入闭锁回路的 3GD2 接点因受潮引起绝缘不良造成 A 相交流接地短路。经调换另一对辅助接点后问题解决。而在当天该线路恢复送电操作时，在将母线侧闸刀 1G 合上后合线路侧 3G 闸刀时，出现 3G 闸刀电动不能操作。经检查为线路侧接地闸 3GD2 位置接点未到位，造成电气回路闭锁；同时，测控"五防"I/O 闭锁逻辑也未能满足开放。线路侧闸刀电气闭锁回路如图 5-23 所示。

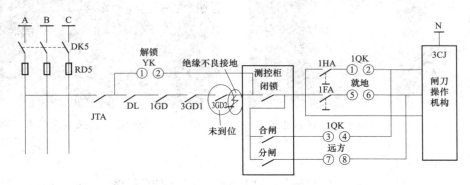

图 5-23　110kV 断路器 3G 操作闭锁回路图

由图 5-23、图 5-24 可以看出，影响线路出线侧闸刀 3G 的因素与 1G 稍有不同，主要与断路器和各侧接地开关之间存在闭锁，只有在断路器 DL 拉开，1GD、3GD1、3GD2 全部在分位时 3G 闸刀才允许操作。对该闸刀进行操作需同时满足、测控及电气连锁。

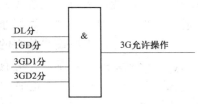

图 5-24　110kV 断路器 3G 测控 I/O 闭锁逻辑

以上所述的各类情况都因辅助接点异常引起闸刀拒动的情况，后经现场检查分析发现，由于闸刀辅助接点的转动轴片未被压紧，在多次操作后引起松动，从而使得闸刀辅助接点不能到位。闸刀辅助接点异常前后和造成原因，如图 5-25～图 5-28 所示。

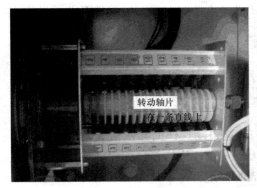

图 5-25　闸刀辅助接点异常状态之一

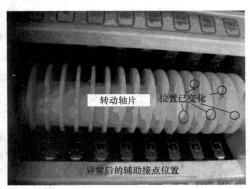

图 5-26　闸刀辅助接点异常状态之二

 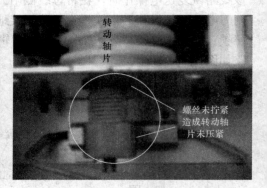

图 5-27　闸刀辅助接点异常状态之三　　　图 5-28　闸刀辅助接点异常状态之四

3. 对策及建议

（1）选择合适的闸刀连锁方式。闸刀连锁方式应本着可靠、经济、简单、高效的原则进行设计和建设，特别应注重产品和安装质量，并充分考虑变电站无人值班的现状及适应变电运行的发展模式方向。譬如对新建 220kV 及以上敞开式变电站中遥控操作的闸刀采用"计算机监控系统的逻辑闭锁＋本设备间隔电气闭锁"来实现防误操作功能，不再设置独立的微机防误操作系统；手动操作的接地开关，采用电磁锁进行防误操作控制，并应有动合、动断接点各一副接入 I/O 测控模块。

（2）确保闸刀逻辑条件正确。新建尤其是扩建工程的闸刀逻辑关系应该认真审核，严格执行国家电网公司和各网省公司的连锁文件规定。各电动隔离开关远方操作由监控系统实现软件逻辑闭锁；就地操作时，其中本单元逻辑通过电缆串接各电气元件辅助接点实现，涉及其他单元设备位置状态则由监控系统提供一副逻辑闭锁接点串入操作回路实现。现场都采用电气防误闭锁与测控逻辑闭锁相结合来实现。

1）电气防误闭锁。断路器处于分闸状态，断路器两侧接地开关断开，同时有一副母线侧隔离开关断开。此时，断路器辅助接点、断路器两侧接地开关辅助接点及断开的母线侧隔离开关辅助接点串联接通另一副母线侧隔离开关的控制回路，即可进行该副母线侧隔离开关的分合操作。

2）测控 I/O 逻辑闭锁。母联断路器联络正、副母线运行时，其断路器及隔离开关辅助接点及任一间隔母线侧处于合上位置的隔离开关辅助接点串联接通该间隔另一副母线侧隔离开关的控制回路。

（3）严把验收关。经上述几起引起闸刀不能电动操作的异常情况发现，由于闸刀电动操作回路所串电气元件较多，从闸刀端子箱、机构箱到测控屏，某一元件发生故障、二次小线接触不良等情况都将造成闸刀拒动，并且在正常运行时无法在线监控到该回路中的故障，只有在需要实际操作时才能发现。需要解决这类问题需要运行人员在新设备验收和日常维护检查中引起重视。

　　对闸刀的验收除了注意闸刀的外观、同期等，还要注意主刀和接地开关的辅助接点和闸刀机构箱的验收，尤其要对闸刀连锁方式进行全面验收，对后台、测控、电气连锁分层进行，验证闸刀与其他开关和闸刀的连锁关系，运行人员可以使用经过审批的验收卡进行验收。

　　（4）加强日常检查和维护。由于闸刀电动操作回路所串电气元件较多，从闸刀端子箱、机构箱到测控屏，某一元件发生故障、二次小线接触不良等情况都将造成闸刀拒动，并且在正常运行时无法在线监控到该回路中的故障，只有在需要实际操作时才能发现。

　　在投运前检查端子箱内的防潮、防水是否满足要求；在巡视过程中也应注意端子箱、机构箱的检查，及时开启防潮设备。

　　需要解决这类问题需要运行人员在新设备验收和日常维护检查中引起重视。

　　（5）出现异常查找方法。在实际倒闸操作中遇到闸刀拒分、拒合等异常时，运行人员应根据实际的闸刀连锁方式进行分层检查，一般按照"先后台，再测控，最后电气"的排除法进行。运行人员如果对现场设备熟悉，特别是对连锁回路熟悉，可以正确判断出闸刀异常的原因，从而查出问题，解决问题。

　　（6）严格执行防误解锁规定。在万不得已，必须要进行闸刀解锁操作的时候，必须严格按照各级安全规定上的要求，严肃解锁申请，办理解锁操作手续。到现场操作的时候，需再次核对隔离开关编号正确后进行操作。

　　（7）加强检修和运行人员对闸刀连锁回路的培训。综合自动化变电站中的闸刀连锁回路，有机械、电气连锁，也有测控和后台连锁，需要我们的检修人员和运行人员具有更全面的技能，必须加强"大二次"的学习，建议有关单位经常开展闸刀连锁回路培训。

第六章

补偿设备事故或异常

第一节　补偿设备事故或异常处理概述

一、补偿设备事故处理概述

1. 补偿设备概述

电力系统中采用的补偿设备主要用来补偿感性无功和容性无功，可分为电容器和电抗器两大类。电容器种类繁多，并联电容器主要作无功补偿或移相使用，大量装设在各级变、配电站里，它的主要作用是向电力系统提供无功功率，提高功率因数。采用就地无功补偿，可以减少输电线路输送电流，起到减少线路能量损耗和压降，改善电能质量和提高系统供电能力的重要作用。电抗器可分为串联补偿电抗器和并联电抗器，并联电抗器根据其所并接的电压等级分为高抗和低抗。

随着电网规模不断扩大，补偿设备在补偿系统无功和保证电压质量方面的作用越来越重要，因此对其运行的可靠性要求也越来越高。由于系统无功负荷经常波动变化，为将功率因数控制在较高水平，补偿设备的投切往往是比较频繁的。从实际情况看，补偿设备发生故障还是相当多的，日常抢修工作的很大一部分都是针对补偿设备的抢修，因此，有必要结合平时遇到的一些问题，对补偿设备的常见故障进行分析，以提高对补偿设备的检修、维护质量，保证设备健康水平，提高运行的可靠性。

2. 电容器爆炸

运行中电容器爆炸是一种恶性事故，当电容器内部发生极间或极对外壳击穿时，与之并联运行的电容器组将对它放电。由于放电能量很大，脉冲功率很高，使电容器油迅速汽化，引起爆炸，甚至起火，严重时可能使建筑物也遭到破坏。由于低压电容器内部一般均装有保护熔丝，因此这种事故多发生在没有安装内部元件保护的高压电容器组。为防止这种事故，除要求加强运行中的巡视检查外，可在每台电容器上串联适当的电抗器或熔丝，然后并联使用。另外，电力系统中并联补偿的电容器采用三角形接线虽有较多优点，但电容器采用三角形接线时，任一电容器击穿短路时，将造成三相线路的两相短路，短路电流很大，有可能引起电容器爆炸，这对高压电容器特别危险。因此，高压电容器组宜接成中性点不接地星形，容量较小时（450kvar 及以下）宜接成三角形。低压电容器组应接成三角形。

3. 电容器断路器自动跳闸

电容器断路器跳闸故障一般为速断、过电流、过电压、失电压、不平衡电压

（电流）保护动作。断路器跳闸后不得强送，此时首先应检查保护动作情况及有关一次回路，检查电容器有无爆炸、鼓肚、喷油，并对电容器的断路器、电压互感器、电力电缆等进行检查，判断故障性质。如果经过检查没有发现电容器故障，则可能是由于外部故障造成母线电压波动或受谐波分量的影响而使保护动作断路器跳闸，经各项电气试验和保护校验均正常后允许进行试合闸。

4. 变电站全站停电时电容器的处理

变电站发生全站停电的事故时，或接有电容器的母线失压时，应先拉开该母线上的电容器断路器，再拉开线路断路器，否则电容器接在母线上，当变电站恢复供电后，母线成为空载运行，含有较高的电压向电容器充电，电容器充电后，向电网输出大量的无功功率，致使母线电压更高。此时即使将各线路断路器合闸送电，母线电压仍会持续一段时间很高。另外当空载变压器投入运行时，其充电电流的三次谐波电流可能达到电容器额定电流 2～5 倍，持续时间约 1～30s，可能引起过电流保护动作。因此，当变电站停电或停用主变压器前应拉开电容器断路器，以防损坏电容器事故。

当变电站或空载母线恢复送电时，应先合上各线路断路器，再根据母线电压的高低，然后决定是否投入电容器。

5. 遇有下列故障之一者，应停用电容器组

（1）电容器发生爆炸。

（2）接头严重过热或电容器外壳示温片熔化。

（3）电容器套管发生破裂并有闪络放电。

（4）电容器严重喷油或起火。

（5）电容器外壳有明显膨胀，有油质流出或三相电流不平衡超过 5% 以上以及电容器或电抗器内部有异常声响。

（6）当电容器外壳温度超过 55℃或室温超过 40℃时。

6. 密集型电力电容器的故障类型及原因分析

密集型电力电容器的故障类型及原因见表 6-1。

表 6-1　　　　　　　　　　　密集型电力电容器故障类型及原因

故障情况	故障原因	分　　析
端子过热变色	端子安装接触不牢	密集型电力电容器的运行工况较其他负载重得多。故与电容器串接的导线和元件的截面载流量应比一般的大两个规格。连接部位应有足够的接触面和工作
漏油或喷油	（1）内部故障 （2）外部短路或接地 （3）密封不严或自然老化、外力等	如系套管端部喷油，应着重检查端子是否有烧伤或发热、变色痕迹

续表

故障情况	故障原因	分　析
套管损伤或爆炸	(1) 内部故障或外部沿面闪络 (2) 外力	在预防性试验中应注意检查套管是否有裂纹等。套管裂纹会在运行中导致绝缘下降而发生击穿事故
油箱变形或损伤	(1) 内部故障 (2) 环境温度过高或外力	—
异常声音	(1) 内部故障 (2) 高次谐波侵入或投入电流过大 (3) 外部短路接地	因高次谐波侵入与电容器串联之电抗器也可能引起声音异常
异臭	内部故障或绝缘油劣化	
温度异常	(1) 内部故障 (2) 环境温度过高或测量表计不准 (3) 过电压或高次谐波	为防止系统操作过电压损坏电容器，应配置相应电压等级的电容器专用避雷器且其保护距离不能超过 150m

上述这些情况，基本涵盖了电容器组在运行过程中可能出现的各类故障，而在对故障电容器进行处理过程中，除了必要的安全措施之外，对于故障电容器本身还应特别注意，即其两极间可能会有残余电荷。这是因为故障电容器可能是内部断线或熔断器熔断，也可能是引线接触不良，这样在自动放电或人工放电时，它的残余电荷是不会放尽的。所以，检修人员在接触故障电容器前，还应戴好绝缘手套，用短路线接故障电容器的两极，使其放电，然后方可开始拆卸。总之，因为电容器的两极具有残余电荷的特点，所以必须从各方面考虑将其电荷放尽，否则容易发生触电事故。

7. 电抗器断路器跳闸的处理

电抗器故障跳闸后，应首先检查是否有保护动作，自动投切装置是否动作，并对电抗器水泥支柱、支持绝缘子、绕组等进行外观检查。套管的瓷件表面有无污垢、破损、裂纹及闪络、放电痕迹；检查电抗器绕组有无凸出、接地现象；水泥支柱、引线支柱绝缘子是否断裂以及电抗器部分绕组是否烧坏等现象。电抗器故障后，运行人员应立即隔离故障点，使母线恢复正常运行，并加强监视，注意安全。由于接在母线上各断路器的额定切断容量不够，在短路故障时，可能使断路器爆炸，造成母线停电事故。电抗器断路器跳闸后若未查明原因，禁止送电，应报告工区由检修人员处理合格后，才可投入运行。

8. 电抗器运行中遇有下列情况之一时，立即将其停电并汇报调度

(1) 高压电抗器内部有强烈的爆炸声和严重放电声。

(2) 压力释放装置向外喷油或冒烟。

(3) 严重漏油使油位迅速下降且无法堵住。

(4) 套管有严重的破损和放电现象。

(5) 电抗器着火。

（6）在正常电压、电流条件下，电抗器温度显著变化并迅速上升。

二、补偿设备异常处理概述

1. 电容器瓷绝缘表面闪络

由于电容器在运行中缺乏清扫和维护，其瓷绝缘表面因污秽可能引起放电。在污秽严重地区，尤其是在天气条件恶劣（如雨夹雪等）或遇有各种内、外过电压和系统谐振的情况下，均可造成瓷绝缘表面污秽闪络事故，造成电容器损坏和保护动作跳闸。因此，对运行中的电容器组应定期进行清扫检查，对污秽严重地区应采取其他适当措施，如采用室内设计等。

2. 电容器外壳膨胀

电容器油箱随温度变化膨胀和收缩是正常现象，当电容器组运行电压过高或断路器重燃引起的操作过电压以及电容器本身绝缘问题将会引起内部发生局部放电，绝缘油将析出大量气体。这些气体在密封的外壳中将引起压力增加，并引起外壳膨胀。所以，电容器外壳膨胀是电容器发生故障或故障前的征兆，在运行过程中若发现电容器外壳膨胀，应及时采取措施进行处理，膨胀严重者应立即停止使用，以免事故扩大。另外，当环境温度超过 40℃，特别是在夏季或负载重时，应采用强力通风以降低电容器温度，如果电容器发生群体变形应及时停用检查。

3. 电容器渗漏油

电容器是全密封装置，密封不严，则空气、水分和杂质都可能侵入油箱内部，其危害极大。因此，电容器是不允许渗漏油的。

电容器渗漏油的主要原因有：①在电容器的运输、安装过程中搬运方法不当，比如提拿瓷套管，致使其法兰焊接处产生裂缝；②施工过程中接线时拧螺钉用力过大，造成瓷套焊接处损伤以及产品制造过程中存在的一些缺陷；③电容器投入运行后温度变化剧烈，内部压力增加；④长时间运行后，可能造成电容器外壳漆层剥落，铁皮锈蚀。

当电容器发生渗漏油时，则应减轻负载或降低周围环境温度，但不宜长期运行。电容器在运行中出现渗漏油现象是比较严重的缺陷情况，若运行时间过长，浸渍剂减少，外界空气和潮气将渗入元件上部，使电容器内部绝缘降低，甚至将电容器绝缘击穿。值班人员发现电容器严重漏油时，应汇报工区并停用、检查处理。

4. 电容器温升过高

电容器周围环境的温度不可太高，也不可太低，一般以 40℃ 为上限，而根据不同的电容器介质和性质，其环境温度下限一般在 -45～-20℃ 之间。但由于电容器室设计、安装不合理造成通风条件差，电容器组长时间过电压运行以及由于附近的整流器件造成的高次谐波电流影响，致使电容器过电流等，均可使电容器超过允许的温升。另外，由于电容器长期运行后介质老化，介质损耗不断增加，也可能使电容器温升过高。电容器长期在超过规定温度的情况下运行，将严重影响其使用寿命，并会导致绝缘击穿等事故，使电容器损坏，因此，在运行中应严格监视和控制其环境温度，并采取加强通风等措施使之不超过允许温度。如采取措施后，温度仍然异常升高的，应将电容器组停止运行，进行必要的检修。

5. 电容器异常响声

电容器在正常运行情况下无任何声响，因为电容器是一种静止电器，又无励磁部分，不应该有声音。如果在运行中发现电容器有"吱吱"声或"咕咕"声，则说明其外部或内部有局部放电的现象。"咕咕"声是电容器内部绝缘崩溃的先兆，因此，发现此类现象应立即停止运行，查找故障电容器。

6. 电容器的电压过高

电容器在正常运行中，由于电网负载的变化会受到电压过低或过高的作用。当负载大时，则电网电压会降低，此时应投入电容器，以补偿无功的不足；当电网负载小时，则电网的电压升高，如电压超过电容器额定电压 1.1 倍时应将电容器退出运行。另外电容器操作也可能会引起操作过电压，此时如发现过电压信号报警，应将电容器拉开，查明原因。

7. 电容器过电流

电容器运行中，应维持在额定电流下工作，但由于运行电压升高和电流电压波形畸变，会引起电容器的电流过大。当电流增大到额定电流的 1.3 倍时，应将电容器退出运行，因为电流过大，将造成电容器的烧坏事故。

8. 电抗器局部过热

电抗器为电感元件，正常运行时会产生热量，干式低压电抗器表面涂层应无变色、龟裂、脱落或爬电痕迹。当发现电抗器有局部过热现象，则应减少电抗器的负荷，并加强通风，必要时可采取临时措施，如加装风扇吹风冷却，并应用红外测温仪或红外成像仪进行检测和观测，查找发热点，由于干式电抗器工作电流大，频繁投切造成其冷热变化剧烈，在其内部及连接点上反映为应力变化大，加之低抗工作时震动力的作用，极易造成表面涂层龟裂和接点松动发热。若无法消除严重过热，则应停电处理。各连线接头应无松动、无发红、冒水汽、冰雪融化等过热现象，外壳及铁心接地良好。

9. 电抗器油位异常

运行中若发现电抗器油位过高或过低信号，应立即到现场，检查是否有呼吸器呼吸不畅或大量喷油、漏油，是否因信号回路误发信号，油位计中有无潮气。电抗器的压力释放装置应无渗漏油，无喷油痕迹，动作标杆不突出。如确系油位过高或过低，应立即汇报调度和工区。

10. 电抗器温度过高

当电抗器发出超温告警，应检查电压、电流及环境温度变化情况，油浸低压电抗器的温度计指示应正常，可进行相互比较或用手触摸外壳的温度与同等环境下相鉴别，温度计中有无潮气。当确系电抗器温度异常升高而不是测温装置故障，立即汇报调度及工区，按调度指令进行处理，在电抗器未停役前，应进行特巡。干式低压电抗器无局部过热现象，散热气道通畅，辐射形中心点温度一般不超过 150℃。

11. 电抗器渗漏油

当电抗器发生渗漏油时，则应减轻负载或降低周围环境温度，但不宜长期运行。电抗器在运行中出现渗漏油现象是比较严重的缺陷情况，若运行时间过长，浸渍剂减少，外界空气和潮气将渗入元件上部，使绝缘降低，绕组绝缘容易被击穿，并引起发热。值班人员发现电抗器严重漏油时，应汇报工区并停用、检查处理。

12. 电抗器异常响声

电抗器正常运行时声音正常，无异常的振动及放电声，必要时测量噪声应在 77dB 左右（离油箱 0.3m 处）。

13. 电抗器过电流

过电压运行时要特别注意电流的变化情况、温度和接头的过热情况以及有无异常声音及油位变化等情况。

14. 电抗器气体保护动作

电抗器轻瓦斯动作告警，应查明是否因电抗器检修，油处理过程中残流空气所引起，并通过气体继电器排气阀收集少量气体进行初步检查。如气体无色、无味、不可燃，可能是漏入空气；如气体黄色不易燃，可能是木质闪络故障；如气体灰白有臭味且可燃，可能是油中发生放电使油分解。对于其他气体继电器内气体，除确实证明是空气外，对于其他气体大部分应保存不放出，等候专业部门进行取样分析化验。

第二节　补偿设备典型事故或异常实例

【例 37】　并联电容器干式放电线圈爆炸实例分析

1. 事故经过

2008 年 2 月 12 日 8：19，某变电站合上乙组电容器 340 断路器；8：21，乙组电容器不平衡电流动作，跳开 340 断路器，经检查，乙组电容器放电线圈外壳炸裂（见图 6-1）。

2. 故障分析

图中放电线圈是某互感器厂生产的 FDGZEX8/12 型干式放电电压互感器，2003 年 9 月 16 日投运。由故障录波动作报告（见图 6-2）分析原因为：投电容器时瞬间产生操作过电压，峰值电压超过放电线圈的耐压，造成放电线圈绝缘损坏，产生短路电流，发热以后，使环氧树脂外壳炸裂。

图 6-1　爆炸的放电线圈

低压保护设备　　　　172.20.35.78
故障录波：
保护类型:PSC642电容器保护
模拟量通道:
Ia=4.00A/格
Ua=60.00V/格
CI0=1.00A/格
开关量通道:
1=跳位
5=合闸

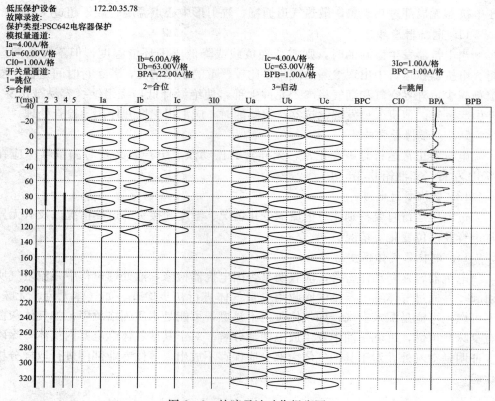

图6-2　故障录波动作报告图

3. 防范措施

对于接在母线上的电容器组设备，在母线失电或停电时，应先停用。送电时，在其他设备送电后，根据母线电压情况，决定电容器投退。

放电线圈的放电电流通常是衰减的振荡波，其放电时间为

$$t = 4.6 \frac{L}{R} \lg \frac{U_{cnmax}}{U_{ca}}$$

式中　U_{cnmax}——放电开始时电容器上的电压，V(一般取 $U_{cnmax} = 1.4 U_{cn}$，U_{cn} 为电
　　　　　　　容器组额定电压)；

　　　　U_{ca}——安全电压（即放电的残压），一般取 50V；

　　　　t——放电到 U_{ca} 时所需的时间，s；

　　　　R——放电线圈的电阻，Ω；

　　　　L——放电线圈的电感，H。

由上式可以看到放电线圈放电需要有一定的时间，电容器组在断开后，应经充分放电后才能再行合闸。投退电容器组时要间隔3～5min，待电容器组充分放电后再进行送电合闸操作，防止合闸瞬间电源电压极性正好和电容器上残留电荷的极性

相反，损坏电容器；也可以防止放电线圈承受的电压叠加，峰值电压超过放电线圈的耐压，最后导致放电线圈爆炸的可能。

在电容器组实际运行过程中，其不平衡电压保护的开口三角由于零序分量的存在具有一定的电压值。当各谐波源分别注入电容器的谐波电流为一定时，由于实际上谐波分量相位、幅值的不确定性等因素，在3次谐波幅值经叠加后差异较大，并经电容器放大后，从开口三角反映出的零序电压幅值也随着变大，超过门坎值时，会造成保护动作，导致电容器组不能正常投入运行。针对这种情况的处理，一方面需要加强对系统中用户的管理，另外，在电容器装置电抗率的选择上应根据电力系统谐波的实际情况进行合理选择，以尽量避免可能发生的谐波放大问题；此外，对保护定值也应进行仔细的整定计算，使其既能避开正常运行中的偶然极端情况，又不影响当电容器确实出现故障时的正确动作。

选用性能良好的断路器及防止谐波。在合闸操作时，若发生断路器机构打滑、合不上等情况，值班员切不可连续进行合闸操作。对自动投切的电容器组必须在控制回路中增加延时闭锁，避免再投时发生类似情况；对装有并联电阻的投切断路器，连续多次操作还要考虑并联电阻的热容量，次数按制造厂规定，一般每次操作应间隔15min。

【例38】 并联电容器油浸放电线圈爆炸实例分析

1. 事故经过

2008年12月18日，某110kV变电站连接于10kV电容器组AC相的1台放电线圈炸毁，电容器室、断路器室多处铁门被气浪冲坏，运行方式如图6-3所示。

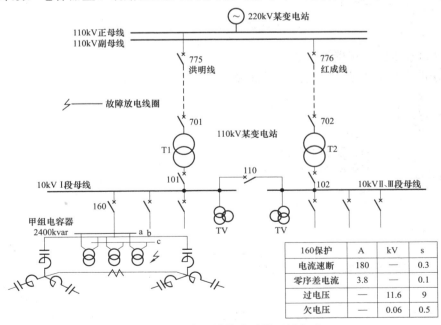

160保护	A	kV	s
电流速断	180	—	0.3
零序差电流	3.8	—	0.1
过电压	—	11.6	9
欠电压	—	0.06	0.5

图6-3 某变电站故障时的运行方式

109

事故后经查，放电线圈的二次出线在器身安装层部位的大部分外皮烧化，二次线的连接与设计图纸不符。爆炸的放电线圈器身内部绝缘油烧去大半，仅剩小半，露出油外的线圈烧毁，铁心变形，器身外部箱体变形，高压套管炸飞，AB、BC相放电线圈套管打坏。事故的最终检查来看，可确认是放电线圈接线错误。

2. 故障分析

从图6-4中可见，放电线圈一、二次都接成三角形，一次相序为AXBYZC，二次相序为aybzcx。一次AC相间放电线圈相序接反，三相电压向量和不等于零，在AC相放电线圈上产生$2U_\phi$；二次线圈接成闭合三角形，导致放电线圈组二次△接线内有2倍相电势下的环流。该电流导致放电线圈持续发热，绝缘烧坏发展成放电线圈器身内相间直接短路而爆炸。

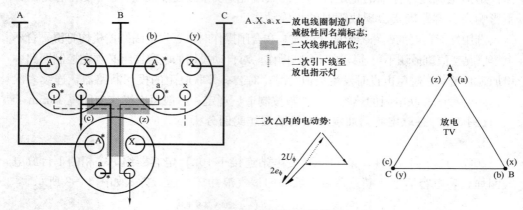

图6-4 放电线圈组接线

放电线圈的不正确接线如图6-5所示。在图6-5（c）接线图是禁用的，因为这种方式放电速度慢，安全性能无保障。而图6-5（a）、（b）两种接线方式在实

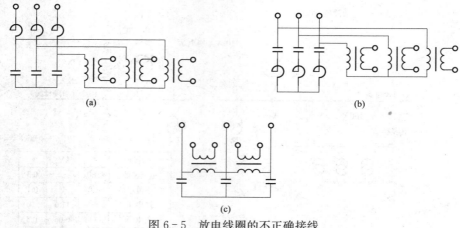

图6-5 放电线圈的不正确接线

（a）接线一；（b）接线二；（c）接线三

际使用中出现过多次电容器触电事故，并有过使人致病、致残的记录。这两种接线方式要完成放电所必须的条件是电容三相对称、三相电压平衡、三相同时开断，否则就要大打折扣。

3. 防范措施

《并联电容器装置设计规范》（GB 50227—1995）4.2.7 项要求："放电器宜采用与电容器组直接并联的接线方式"。一般放电线圈首末端必须同电容器首末端相连（即电容器与放电线圈先并联后接成星形接线），禁止使用放电线圈中性点接地方式。

放电线圈的正确接线如图 6 - 6 所示，这两种接线不论电容器的状态如何，如三相对称与否，三相电压是否平衡都不影响放电效果。因为这样的接线，其效果各相是可以相互独立完成的，能保证任何条件下，电容器脱离电源后，可将电荷放干净，并给出正确的指示和保护信号，达到保证人员和设备安全要求。

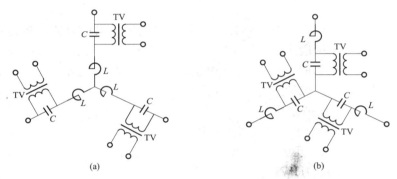

图 6 - 6　放电线圈的正确接线

(a) 接线一；(b) 接线二

加强巡视，放电线圈运行中工作环境比较恶劣，经常要承受操作过电压，值班员不能忽视对放电电压互感器的巡视。同时电容器回路的避雷器也需要重视，观察操作过电压是否使避雷器计数器动作。考虑到值班员不得进入运行电容器室巡视，可以考虑将放电电压互感器指示灯引到电容器室外面，值班员可以方便检查放电线圈工作状况。

【例 39】　低抗压力释放装置误动跳闸的故障实例分析

1. 事故经过

2006 年 7 月，持续大暴雨过后，天气闷热，温度 32℃。14：01 控制室监控系统发现 2 号主变压器 35kV 1 号低压电抗器 321 断路器事故跳闸音响。监控系统一次接线图上显示 2 号主变压器 35kV 1 号低压电抗器 321 断路器跳开（见图 6 - 7）。光子牌和后台告警栏发出压力释放动作跳闸信号，事故前变电站的运行方式为一台容量为 750MVA 的自耦变电压等级为 500/220/35kV，其中 35kV 系统有 4 台低压电抗器，分别连接在 35kV 母线上。运行人员在现场仔细查看后发现 1 号低压电抗器 321 断路器已跳开，断路器跳闸次数为 172（跳闸前为 171），1 号低压电抗器外观完好无喷油

111

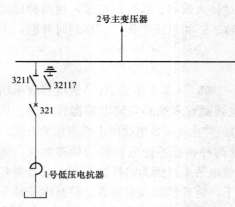

图 6-7　低压电抗器一次系统简图

痕迹，油温 47℃，线温 53℃，油位 5.7，与其他正常运行的低抗油温、线温、油位比较无明显差异。在跳闸第一时间首先向网调进行初步汇报。经仔细检查低抗现场和保护装置后，通过分析再次将保护详细动作情况向网调汇报，并同时向市调和工区领导进行汇报，然后通知变电检修相关人员，同时分析检查压力释放装置有哪些存在误动的可能。在等检修人员过来之前，运行人员已提前做好了低抗转检修的准备工作，并填写事故跳闸记录和缺陷记录。

2. 原因分析

本站低压电抗器保护为某厂 NEP987 数字式电抗器保护装置，都配有差动保护、差动速断保护、两段式过电流保护、过负荷保护和非电量保护。35kV 电抗器自动投切装置为某厂 NEP986D 数字式电抗器自动投切保护装置。

低压电抗器跳闸后保护故障信息显示为：

1 号低压电抗器保护显示为：

13：51：19：944　压力释放接点动作

13：51：19：944　压力释放动作

13：51：19：969　HWJ 返回

13：51：20：014　TWJ 动作

低压电抗器自投切装置：

14：01：19：957　闭锁电抗器投切接点动作

14：01：19：958　电抗器投切闭锁

由于现场无压力释放动作痕迹，主保护差动和重瓦斯均未动作且 1 号低压电抗器的油温、线温及油位与历史运行数据及其他运行低压电抗器相比没有明显差异。

加上最近的持续暴雨，低压电抗器上面一定较为潮湿，很有可能使上面绝缘受潮。同时结合根据监控系统报警窗、光子牌及保护动作情况确定为压力释放装置接点或二次回路受潮短路从而引起这次装置误动作。

根据图纸及平时运行经验进行分析、查找、判断。由于压力释放装置输出接点是从低压电抗器上部通过接点插头（见图 6-8，当时无法查看）

图 6-8　霉变的压力接点输出插头

经电缆线（见图6-9）连接到终端连接盒（见图6-10），再通过走向管道到低压电抗器端子箱（见图6-11、图6-12），最后由电缆经电缆沟到低压电抗器保护屏后端子排给保护装置输入保护动作开入量的。保护装置至低压电抗器端子箱内雨水无法侵入且低压电抗器终端盒至低压电抗器端子箱内也有专用走向管道，工作环境较好，因此排查的重点应该为低压电抗器装置输出接点至终端接线盒内。而低压电抗器此时不在检修状态，因此运行人员向网调说明情况后，网调同意将1号低压电抗器转为检修，许可压力释放动作处理以检查低压电抗器动作情况。16：40变电检修人员经过登上低压电抗器顶部，查看发现压力释放装置动作输出接点存在严重受潮霉变，继保人员测量压力释放输出接点（见图6-12）正对地电压为55V，正常情况下应该为0V。测量低压电抗器保护屏内压力释放保护输入开入量一直导通，至此，运行人员的判断得到了证实。变电检修人员在进行了简单的玻璃胶封堵、烘干后测得压力释放输出接点正对地电压仍为13V，最后定性为要求联系厂家更换已霉变的输出接点插头方可投运。由于此次压力释放装置本身就存在设计缺陷，因为横向布置的接点插头没有任何遮挡和密封，在正常环境下很容易受到雨水的侵蚀，建议外加防雨装置。

图6-9　输出抽头连接好的样子
（建议在此加一个坡度防雨罩）

图6-10　终端接线盒（线框的地方建议封堵且有破损痕迹）

图6-11　电缆管道进入低抗端子箱部分

图6-12　低压电抗器端子箱接线盒特写

图 6-13　加装了有坡度的
防雨罩压力释放插头

经过运行人员的仔细分析原因，检修人员的现场检查，最后确定了此次压力释放误动作是由于压力释放装置接点受潮使保护误动作。这次误动作与连日的阴雨天气有直接关系，而且压力释放装置的输出接点也存在设计缺陷，由于是插入式连接且为横向布置，无任何防雨设施，密封相当不严，在潮湿的天气情况下容易受潮进水，从而导致接点触头霉变，使绝缘强度降低，保护误动。

3. 防范措施

由于此站 4 台低压电抗器存在相同的问题且处在梅雨地区，天气更加潮湿，因此更易发生类似误动作情况，需一并处理此类可能再次导致压力释放装置误动的隐患。从经济运行的角度建议在输出抽头连接处加装一个坡度防雨罩以保护此处不再受潮（见图 6-13），以杜绝因为输出抽头连接处受潮导致压力释放装置误动的事故再次发生，确保电网安全可靠运行。

【例 40】　电容器串联电抗器故障实例分析

1. 事故经过

2009 年 5 月 8 日 16：49，某变电站 363 电容器速切动作，保护记录为 AB 相间短路，二次电流为 41.35A，363 电容器组电流互感器变比为 300/5，折算到一次电流约为 2.5kA，经检查为电容器内串联电抗器故障引起保护跳闸，型号为 CK-SCKL-576/35-6，出厂日期为 2004 年 4 月，安装方式为三相叠装。

2. 故障分析

2009 年 5 月 8 日故障发生当天，天气为晴天，排除因外部过电压造成的故障。电抗器情况为：该电抗器结构上采用 4 个包封并联，户外、前置，安装方式为三相叠装，A 相在上，依次为 B、C 相。各相的损坏情况为：A 相下部星形铝排与绕组连接的引线有放电现象，连接处的四个包封上均有烧损现象；端部星形铝排旁第 1 封包上有鼓包现象，故障情况如图 6-14～图 6-19 所示。

3. 故障的过程分析

A 相端部星形铝排旁第 1 封包处的故障最为明显，包封出现鼓包现象，限于现场条件，不能解体查看绕组内部情况，还是可以大致判断此点为故障起始点。检修人员怀疑此处为匝间短路，串联电抗器在运行时的匝间电压很低，电击穿的可能性很小，最大的可能还是热击穿。高温使得部分铝熔化，在 A、B 相间形成放电通道，导致 A、B 相间闪络、短路。从保护装置上的故障电流来看，电流约为 2.5kA，印证为相间闪络、短路，而非相间有直接贯通的短路通道。故障起因分析如下。

首先分析过电压引起的电击穿，过电压分两类，一类为外部过电压，一类为内部过电压。5 月 8 日当天天气晴好，未有任何雷电活动现象，排除外部过电压。内

鼓包处

图 6-14　电抗器故障（一）

图 6-15　故障电抗器（二）（B 相情况，第四封
包端部受损较为严重，星形铝排表面有
放电痕迹，玻璃纤维因受热发黑）

图 6-16　故障电抗器（三）
（引线处树脂有融化）

图 6-17　故障电抗器（四）
（A、B 电抗器间的复合绝缘支柱
铁件有轻微的放电痕迹）

图 6-18　故障电抗器（五）（A、B 相间区域内，上下部均有较为明显的放电点，
判断此处为 AB 相间闪络的路径，最终造成相间短路，速切动作）

部过电压，当断路器合闸瞬间，由于系统参数的影响，电抗器包封内因过电压产生
爬电。从后台调出的情况来看，2009 年 5 月 8 日 08：05：37 无功自动调压系统遥
控该变电站363（3 号电容器）断路器合闸。八个多小时后，2009 年 5 月 8 日 16：
49：31 速切动作，363（3 号电容器）断路器跳闸。电容器组合闸瞬间的冲击电压

图 6-19　故障电抗器（六）

引起的电抗器包封内爬电导致电抗器损坏可能性很小。

其次，电抗器在运行时的匝间电压很低，运行中电击穿的可能性很小。同时现场未发现电抗器表面的任何树枝状爬电。综上所述，电抗器因过电压引起的损坏概率很小，主要还是怀疑为包封绕组局部过热导致击穿。

4. 防范措施

该串抗返厂处理，重新绕制 A 相串抗。产品质量不过关，需加强出厂验收和监造，特别是在现场交接过程中的电气试验项目要齐全，数据要合格。

【例41】　一起电容器滤波电抗器击穿事故的分析

1. 事故经过

2009 年 4 月 4 日 16：57 分，某变电站值班员听到电容器室有异常声响，迅速赶到电容器室查看，发现 2 号电容器基本组中相电抗器发生烧损事故，立即汇报调度拉开 206 电容器断路器。

检查结果是 3 次滤波装置 B 相电抗器表层中间有过热烧损痕迹，其支柱绝缘子沿面有电弧灼伤痕迹，A、C 相电抗器、避雷器等均没有任何异常的现象，经检查试验一切正常（事故电抗器现场照片见图 6-20）。

在检查过程中，现场人员分别对 3、5 次滤波支路的电容、电抗用专用 QRC 电桥进行了复测，除 3 次滤波电抗器中相（故障相）外，其余测量结果与原始数据基本相符，无明显变化。此外，未烧损的 A、C 两相电抗器外观检查无任何发热变形和损坏现象，试验检查数据也均正常，符合运行要求，试验数据见表 6-2、表 6-3。

图 6-20　事故电抗器照片

表 6-2　　　　　　　　　　　电抗器测试数据表　　　　　　　　　　　/mH

	3 次电抗器		5 次电抗器	
	原测试数据	现测试数据	原测试数据	现测试数据
A 相	43.23	41.49	8.27	8.28
B 相	41.35	12.73	8.22	8.24
C 相	43.03	43.48	8.07	8.06

表 6-3	电容器测试数据表	/μF

	3 次电容器	5 次电容器
A 相	25.87	49.34
B 相	25.89	49.40
C 相	25.81	49.52

2. 原因分析

(1) 事故发生当日为雷阵雨天气，闷热潮湿。而当日该地区先后有两条 10kV 线路雷击跳闸，重合成功。在封闭的室内环境中，电抗器在特定的大气条件下运行一段时间后，其表面会有污物沉积，湿度使得电抗器的绝缘降低，使发生故障的概率增加。同时表面喷涂的绝缘材料也会出现粉化现象，形成污层，导致表面泄漏电流增大，产生热量，引起局部表面电阻改变。电流在该中断处形成很小的局部电弧，逐步形成电树枝。所谓电树枝，是由于绝缘材料、绝缘结构和制造工艺等多方面的原因，主要是由于绝缘发空，即绝缘中存在或大或小的气隙。在交变电场的反复作用下，即放电时电子、离子的撞击下导致绝缘老化，并可能出现裂纹。放电痕迹由裂纹发展到绝缘表面，随着时间的增长，电弧将发展并发生合并，在表面形成树枝状放电烧痕，形成沿面树枝状放电；而匝间短路是树枝状放电的进一步发展，即短路线匝中由于雷击电流剧增，温度升高到使线匝绝缘损坏并在高温下导线熔化而形成。

(2) 事后对事故电抗器又进行了解剖分析，根据解剖结果，该电抗器事故点已击穿，击穿点无任何接头，是漆包线上下层绝缘击穿造成匝间短路，由于电抗器匝间短路（非相间短路）造成的短路电流不足以引起 2 号电容器 206 断路器不平衡电流保护动作，因此，206 断路器仍在运行状态，而滤波器仍能正常运行，但由于短路匝间的涡流使线圈急剧发热造成烟雾，并致使邻近线圈绝缘破坏（邻近四匝漆包线已露铜）。解剖结果也说明了这点（见图 6-21）。

图 6-21　事故电抗器内部图

(3) 温升对电抗器影响。电抗器运行温度偏高。设计选择的绝缘材料耐热等级偏低也是造成故障的原因之一。干式空心并联电抗器组特点之一是由多个并联的包封组成，但由于设计和制造工艺上的问题，会造成各包封电流密度不一致，导致运行中部分包封温度高。由于运行中热点温度高，加速了聚酯薄膜老化，丧失了机械强度，不能裹紧导线；形成温升的主要原因有：温升的设计裕度取得很小，使设计值与国标规定的温升限值很接近；还有制造的原因，如绕制绕组时，线轴的配重不够、绕制速度过快和停机均可造成绕组松紧度不好和绕组电阻的变化。另外，接线

117

端子与绕组焊接处的焊接电阻是由于焊接质量的问题产生的附加电阻，该焊接电阻产生附加损耗使接线端子处温升过高。另外，在焊接时由于接头设计不当、焊缝深宽比太大，焊道太小，热脆性等原因产生的焊缝金属裂纹都将降低焊接质量，增大焊接电阻。

3. 防范措施

此次故障主要由于电对"树枝"的作用，在雷击条件下，线圈介质结构完全破坏，线圈局部击穿使得匝间短路；而短路线匝中电流剧增，温升高到使线匝绝缘损坏并在高温封闭的条件下导线熔化而形成，故采取以下几点措施加以防范。

（1）首先，改善工艺条件，提高工艺水平，减少人为因素的影响。应尽可能地保持包封绝缘的整体性，消除或最大限度地减少绝缘中的气隙，改进电抗器匝间绝缘结构，保证在运行条件下绝缘不产生开裂现象。适当降低电流密度，提高绝缘耐热等级是改善电抗器运行特性的根本措施。

（2）选择合理的耐热等级绝缘材料、设计运行温度更合理的干式电抗器，从根本上解决电抗器运行安全性较低的问题，以增加其使用寿命。改善电抗器上部引线与线圈的密封，改善通风条件，改善电抗器运行的环境温度。

（3）由于该变电站已纳入电网无功电压优化集中控制系统，电容器自动投切较手动投切频繁，投切次数的增加无疑将影响到设备的使用寿命，因此，要求运行人员加强设备巡视和检查，同时在 VQC 控制系统中设定日动作次数限额，保证设备的健康水平和运行寿命。

（4）设备检修单位应重视检修质量，按周期试验及检修维护，平时应加强绝缘材料开裂和绝缘表面树枝放电情况的检查。由于电容器设备极易积灰过热，应保证电容器室通风良好，并根据逢停必扫原则，对设备进行清扫除尘，保证设备散热。

（5）根据电抗器的运行环境，表面污物沉积及湿度使得电抗器的绝缘降低等情况，可以采取喷涂 RTV 绝缘涂料，以防止电抗器线圈受潮和加强电抗器的表面绝缘。

【例 42】 **110kV 主变压器间隙保护动作与 10kV 电容器充气柜电缆仓起火的复故障分析**

1. 故障描述

如图 6-22 所示，正常运行方式：110kV Ⅰ、Ⅱ 段母线分列运行，710 母联断路器在热备用。1、2 号主变压器在运行（主变压器中性点不接地），1 号主变压器代 10kV Ⅰ、Ⅲ 母线，2 号主变压器代 10kV Ⅱ、Ⅳ 母线，110、210 母联断路器在热备用，10kV 所有出线均在运行，1 号（105 断路器）、2 号（205 断路器）电容器在投入状态。

2012 年 5 月 26 日 22 时 26 分，110kV XG 变电站 10kV 1 号电容器充气柜发生

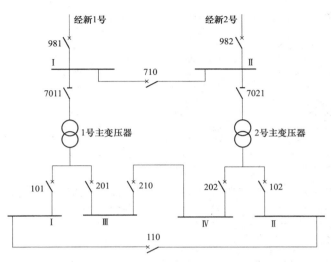

图 6-22　XG 变电站故障前运行方式

故障，1 号主变压器低后备保护跳开 201 断路器，造成 10kV Ⅲ、Ⅳ 段母线失电。22 时 32 分，运维人员接到监控电话。22 时 54 分，当班运维人员赶到现场，发现监控后台机失电、黑屏，10kV 开关室冒浓烟，电容器开关柜烧毁且火势蔓延至母联间隔，人员无法进行进入，消防报警响，后台机重启后，在后台机检查发现 10kV Ⅲ、Ⅳ 段母线均失电。23 时 07 分，2 号主变压器高后备 Ⅱ 段间隙保护动作跳闸，110 备自投动作。当天天气情况良好。

2. 现场检查结果

(1) 监控系统主要信息（监控后台机失电，重启后查阅数据）：

监控后台上 201、102、202、982 断路器跳闸，10kV Ⅲ、Ⅳ 段母线电压为 0，2 号主变压器及 10kV Ⅳ 段母线上出线电流为 0，相关动作信号如图 6-23 所示。

22：31：22—22：31：37，10kV Ⅲ 段（Ⅰ 段）母线接地动作（多次）	23：07：50.368，2 号主变压器 Ⅱ 段间隙保护动作
22：34：50.330，201 Ⅰ 段复压方向过电流动作	23：07：50.952，主变压器闭锁 110kV 备自投动作
22：34：51.930，201 事故总信号动作	23：07：51.004，变电站一侧 982 事故总动作
22：34：51.957，闭锁 10kV 2 号备自投（210）动作	23：07：51.009，202 事故总动作
22：34：52.268，201 断路器分闸接点动作	23：07：51.012，102 事故总动作
22：35：20.158，2101 气箱气压异常动作	23：07：51.021，982 跳位接点动作
23：07：35.672，202 Ⅰ 段复压方向过电流动作	23：07：51.038，102 跳位接点动作
23：07：37.271，202 事故总信号动作	23：07：51.062，202 跳位接点动作
23：07：50.074，982 母线 TV 断线告警动作	23：07：51.080，10kV 1 号备自投动作
23：07：50.074，110kV 母线 710 母线接地告警动作	

图 6-23　报警信号窗（一）

2012年05月26日22时34分52秒260	10kV Ⅰ段母线电压接地 动作(SOE) (接收时间 2012年05月26日22时28分40秒)
2012年05月26日22时34分52秒291	201 Ⅱ段复压过流动作 复归(SOE) (接收时间 2012年05月26日22时28分40秒)
2012年05月26日22时34分52秒292	201 Ⅰ段复压过流动作 复归(SOE) (接收时间 2012年05月26日22时28分40秒)
2012年05月26日22时34分52秒300	201事故总信号 动作(SOE) (接收时间 2012年05月26日22时26分40秒)
2012年05月26日22时34分52秒308	210过负荷闭锁备自投告警 复归(SOE) (接收时间 2012年05月26日22时28分40秒)
2012年05月26日22时34分52秒320	主变闭锁10kV#2备自投 复归(SOE) (接收时间 2012年05月26日22时28分40秒)
2012年05月26日22时34分50秒330	201 Ⅰ段复压过流动作 动作(SOE) (接收时间 2012年05月26日22时28分40秒)
2012年05月26日22时34分50秒331	201 Ⅱ段复压过流动作 动作(SOE) (接收时间 2012年05月26日22时28分40秒)
2012年05月26日22时34分52秒433	10kV Ⅰ段母线电压接地 复归(SOE) (接收时间 2012年05月26日22时28分40秒)
2012年05月26日22时34分50秒95T	10kV Ⅰ段母线电压接地 复归(SOE) (接收时间 2012年05月26日22时28分40秒)
2012年05月26日22时34分50秒95T	10kVⅢ段母线电压接地 复归(SOE) (接收时间 2012年05月26日22时28分40秒)
2012年05月26日22时34分51秒95T	主变闭锁10kV#2备自投 动作(SOE) (接收时间 2012年05月26日22时28分40秒)
2012年05月26日22时34分50秒998	210过负荷闭锁备自投告警 动作(SOE) (接收时间 2012年05月26日22时28分40秒)
2012年05月26日22时34分52秒020	消弧线圈Ⅰ段母线接地故障 复归(SOE) (接收时间 2012年05月26日22时28分42秒)
2012年05月26日22时34分54秒874	所用电#1交流电源故障 复归(SOE) (接收时间 2012年05月26日22时28分42秒)
2012年05月26日22时34分54秒912	2101气箱气压异常 动作(SOE) (接收时间 2012年05月26日22时28分42秒)
2012年05月26日22时34分52秒263	#1主变低压侧201 分闸(SOE) (接收时间 2012年05月26日22时28分43秒)
2012年05月26日22时35分02秒155	2101交流微断跳闸 动作(SOE) (接收时间 2012年05月26日22时28分49秒)
2012年05月26日22时35分13秒395	2101气箱气压异常 复归(SOE) (接收时间 2012年05月26日22时29分00秒)

图 6-23 报警信号窗（二）

(2) 保护装置主要信息。

1) 1 号主变压器 201 低后备保护（ISA388G）：

◆ 指示灯：“动作”红灯亮

◆ 信息：22：34：50.330

Ⅲ段复压方向过电流动作 ABC

$$I_b = 36.73\text{A}（一次值 18363\text{A}）$$

2) 2 号主变压器 202 低后备保护（ISA388G）：

◆ 指示灯：“动作”红灯亮

◆ 信息：22：39：05.539（装置时间）

Ⅰ段复压方向过电流动作 ABC

$$I_b = 36.56\text{A}（一次值 18280\text{A}）$$

3) 2 号主变压器高后备保护（ISA388G）。

◆ 指示灯：“动作”红灯亮。

◆ 信息：23：07：50.368。

$$3U_0 = 250.62\text{V}$$

间隙保护动作。

4) 备自投。闭锁 210 备自投，合 110。

(3) 处理情况。扑灭明火后，经检查，10kV 开关室内 2101 隔离开关隔离柜、105、131、132 开关柜烧毁。1、2 号主变压器外观检查正常，电容器外观检查正

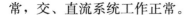

常，交、直流系统工作正常。

26 日 22：32，监控通知，201 断路器事故跳闸。

22：40，姚某汇报班长陈某。

22：54，夏某三人带灭火器、呼吸器等到现场后，发现后台机失电，恢复启动后台机，抄录保护动作信息。

23：00，汇报市调、配调现场情况。

生技、安监、检修、运维工区相关领导抢修人员到场后，制定灭火方案，安排运维、抢修人员借用消防人员装备进入 10kV 开关室手动分开 2011、2021 隔离开关，将 10kVⅢ、Ⅳ段母线隔离，同时联系配调转移 10kVⅢ、Ⅳ段母线上出线负荷，将 10kVⅢ、Ⅳ段母线上出线停电。在 10kVⅢ、Ⅳ段母线隔离后，运维、检修、抢修人员通力协作，将火源扑灭。

27 日 19：30 XG 变告发现经新 2 号线 982 线路 3 号塔搭头 A 相断开，即告输电运检工区带电查线。22：58 XG 变电站 2 号主变压器送电（未带负荷）。

3. 原因分析

（1）故障后系统方式。图 6-24 为故障时的 open3000 监控图，故障后 201、202、102、982 断开，110 合上，10kVⅢ、Ⅳ段母线失电。图 6-25 为 1 号电容器 A 相电流和 10kVⅢ段母线电压值，可以看出，从接地故障发生时，22：31 分开始，1 号电容器相电流升高最高至 550A，此时电压降为 0。

（2）故障一：10kV 开关柜故障原因分析。XG10kV 开关柜采用 PWR 电气有限公司的 N2X-24 柜式气体绝缘金属封闭开关设备（简称 C-GIS），额定电流为 630A，于 2010 年 2 月投运。

现场检查发现 10kVⅢ、Ⅳ段母线（10kV 1 号电容器 105 间隔附近）部分充气柜损坏，如图 6-26 所示，其中 10kV 1 号电容器 105 间隔充气柜电缆仓左侧板、上盖板及仓内隔板（靠近 A 相电缆头）部分烧损，电缆仓前面板变形，电缆仓后背板鼓起，TA 外绝缘全部烧毁，本间隔气室防爆膜未动作。A 相电缆头及附件完全烧毁，105 间隔电缆沟封堵冲开，沟内部分电缆表面有灼伤。

因初步分析故障起始点在 TA 上方，在 105 电容器保护范围外且 105 间隔充气柜电缆仓 A 相电缆和桩头（见图 6-26）接触不良，导致桩头长期发热，将复合绝缘烧融后导致 A 相对金属箱体放电，发展成相间故障，最终由 1 号主变压器低后备保护跳开 201 断路器，切除故障电流。因本次故障已发展至充气柜二次室，故障电流切除后二次电缆延烧，造成 105 间隔左右相邻间隔二次部分损坏较严重，将故障蔓延至母联 210 间隔，在 2 号变压器低后备保护范围内，因此造成 2 号主变压器 202 复压方向过电流间歇性动作（现场每隔 1.9s 就动作然后返回）。

究其原因，充气柜故障着火蔓延且未有线路告警信号主要有以下两个方面。

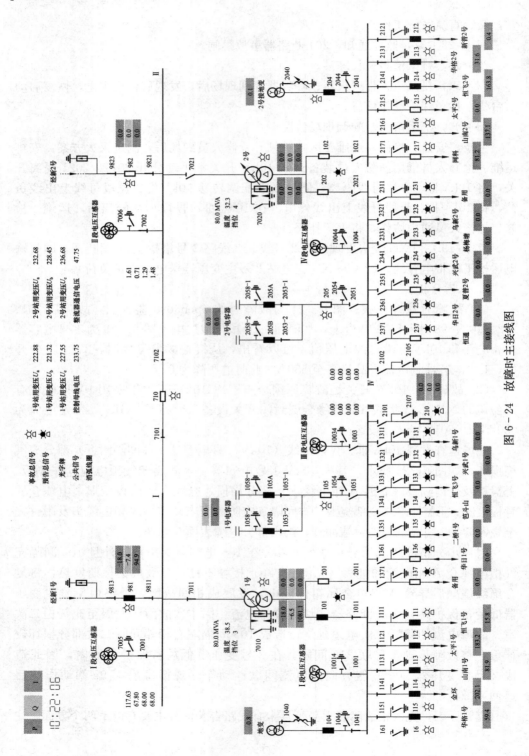

图 6－24 故障时主接线图

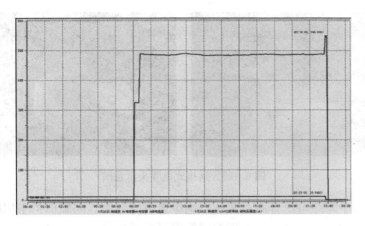

图 6 - 25　1 号电容器故障录波图

图 6 - 26　开关柜内外烧伤痕迹图

1）充气柜电缆采用插拔式设计（见图 6 - 27）。电容器开关因为设计到 VQC 无功调节的问题，需要频繁开合，再加上更高本身安装工艺较箱式柜大可能存在问题，使得电缆仓的电缆和桩头经常插拔容易接触不良。一旦有接地故障容易引发至电缆头对开关柜内壁的放电，引起故障。

2）充气柜相间及对地的间距较小。零序 TA 在柜体下方，是三根电缆从 TA 中间穿过，由于充气柜本身设计的特殊性，零序 TA 和开关本体距离较一般开关柜远，使得开关与 TA 之间的死区故障范围增大，死区范围内零序保护不能正确反映跳闸。

（3）故障二：2 号主变压器高后备 II 段间隙保护动作原因分析。

1）间隙保护动作原理。按照《关于小电源并网后有关变压器 110kV 中性点接地问题的管理办法》中规定，110kV 中性点不接地运行方式选用氧化锌避雷器作为冲击过电压保护，同时应加装并联棒间隙。配置间隙保护的目的，是为了防止非

图 6-27 插拔式电缆头示意图

有效接地系统中零序电压升高对变压器绝缘造成的危害。间隙保护采用的方法是在变压器中性点加装间隙电流互感器形成间隙过电流保护，并与母线开口三角零序过电压保护共同组成或门逻辑关系并带一定时限。

间隙保护的电流电压回路如图 6-28 所示。可以看出，零序过电流保护和间隙零序过电流保护电流取自不同 TA 的二次绕组，零序过电流保护 TA 安装在中性线上，间隙零序过电流保护 TA 安装在中性点间隙下端。

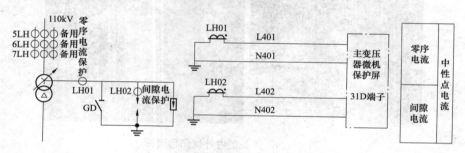

图 6-28 间隙保护的电流回路图

下面以无穷大系统一次等效图为例计算单相接地时的 $3U_0$。图 6-29 中 L_1 为输电线路，K_1 为单相接地故障点，T_1 为主变压器。

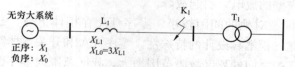

图 6-29 无穷大系统一次示意图

当线路 L_1 末端发生单相接地故障 K_1 时，系统值电抗为

$$X_{1\Sigma} = X_1 + X_{L1} \tag{6-1}$$

$$X_{0\Sigma} = X_0 + X_{L0} = X_0 + 3X_{L1} \tag{6-2}$$

式中：$X_{1\Sigma}$ 为系统等值正序电抗；X_1 为无穷大系统正序电抗；X_{L1} 为线路 L_1 正序电抗；$X_{0\Sigma}$ 为系统等值零序电抗；X_0 为无穷大系统零序电抗；X_{L0} 为线路 L 零序电抗。

由于系统不断扩大，X_1 与 X_0 数值接近，当线路 L_1 长度达到一定程度后，系统 X_1 和 X_0 可忽略不计，则由式（6-1）及式（6-2）得出

$$X_{1\Sigma}=X_1 \qquad (6-3)$$

$$X_{0\Sigma}=3X_1 \qquad (6-4)$$

则
$$X_{0\Sigma}/X_{1\Sigma}=3$$

当线路末端发生单相接地故障 K_1 时，其复合序网图如图 6-30 所示。

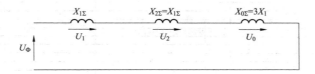

图 6-30　单相接地故障的复合序网图

$X_{2\Sigma}$ 为系统等值负序电抗；U_Φ 为系统等值电势；U_1 为故障点对地正序电压分量；U_2 为故障点对地负序电压分量；U_0 为故障点对地零序电压分量。由图 6-30 可知 $U_0=0.6U_\Phi$，则

$$3U_0=1.8U_\Phi \qquad (6-5)$$

由于 K_1 故障发生在线路 L_1 的末端，并且 110kV 线路保护一般不配置快速切除全线故障的保护，只能由接地距离 II 段或零序电流 II 段来切除故障。线路使用重合闸时，三相断路器合闸和跳闸如不同期，总有几毫秒时间使线路末端站变压器中性点承受过电压，非全相运行时，间隙将保持放电状态。

2）XG 变间隙保护动作原因。110kV XG 变电站 2 号主变压器型号为 SZ11-80000/110，投运日期 2010-01-05；2 号主变压器保护型号为 ISA388G，厂家为深圳南瑞科技有限公司，投运日期 2010-01-05。110kV 进线无保护，2 号主变压器高后备保护定值单如图 6-31 所示，中性点不接地时高后备采用间隙过电流保护和间隙过电压保护，XG 变电站间隙 II 段不带方向元件，间隙 II 段保护动作时间 0.6s，达到电压定值为 150V（二次），跳各侧并闭锁 710 备自投。

26 日 22 时 19 分，220kV JG 变电站经新 1 号线 982 断路器保护动作跳闸，后重合成功；23：07 分，2 号主变压器高后备 II 段间隙保护动作，跳主变压器两侧，10kV XG 变电站 10kV 分段备自投启动，后经查发现经新 2 号线 982 线路 3 号塔搭

定值名称	定值1	定值2	跳闸对象	TA变比	备注
相电流越限电流定值	500A/2.08A			1200/5	
复压闭锁低压定值	70V（二次值）				线电压，取110kVTV
复压闭锁负序电压定值	4V（二次值）				相电压，取110kVTV
本侧复压输出接点投退	投入				
复压闭锁动作告警投退	投入				
邻侧复压闭锁投退	投入				
主变空载退复压闭锁	退出				
Ⅰ段复压过电流投退	投入				
Ⅰ段复压过电流复压元件	投入				
Ⅰ段复压过电流电流定值	630A/2.63A			1200/5	
Ⅰ段复压过电流时限	2.2″		跳各侧开闭锁110kV备自投		
Ⅱ段复压过电流投退	退出				
Ⅱ段复压过电流复压元件	退出				
Ⅱ段复压过电流电流定值	/				
Ⅱ段复压过电流时限	/				
Ⅲ段复压过电流投退	退出				
Ⅲ段复压过电流复压元件	退出				
Ⅲ段复压过电流电流定值	/				
Ⅲ段复压过电流时限	/				
零序无压元件电压定值	0V				
Ⅰ段零序过电流投退	退出				
Ⅰ段零序过电流电流定值	/				
Ⅰ段零序过电流时限	/				
Ⅱ段零序过电流投退	投入				
Ⅱ段零序过电流电流定值	120A/2.00A			中性点套管TA：300/5	现场提供TA变比
Ⅱ段零序过电流时限	2.5″		跳各侧开闭锁110kV备自投		
Ⅰ段间隙保护投退	退出				
Ⅰ段间隙过电流定值	/				
Ⅰ段间隙过电压定值	/				
Ⅰ段间隙保护时限	/				
Ⅱ段间隙保护投退	投入				
Ⅱ段间隙过电流定值	100A/1.67A			间隙TA：300/5	
Ⅱ段间隙过电压定值	150V（二次值）				
Ⅱ段间隙保护时限	0.6″		跳各侧开闭锁110kV备自投		
过负荷告警投退	投入				
过负荷告警定值	504A/2.10A			1200/5	

图 6-31 XG变电站2号主变压器高后备保护定值单

注：主变压器中性点不接地时，间隙过电流、间隙电压保护投入；
主变压器中性点接地时，间隙过电流、间隙电压保护退出。

头A相断开。现场三相电压及$3U_0$录波图如图6-32所示。

录波图可以分为四个阶段：第1阶段（0～150ms），U_a很小，U_b、U_c维持正常；第2阶段（150～1154ms），三相电流电压均为零；第3阶段（1154～1784ms），U_a较小；第4阶段（1784ms以后），三相电压保持在上一个阶段的数值不变。联系到JG线的接地故障和经新2号线路保护的动作行为，4个阶段应分别对应于：经新2号线A相接地故障、经新2号线跳闸、经新2号线重合闸成功以及XG2号主变压器两侧跳闸。故可初步判断经新2号线为A相先接地后断线的故障。由于XG变电站2号主变压器中性点间隙产生过电压，主变压器间隙击穿，$3U_0 = 250.62V$满足>150V，经0.6s后间隙保护动作跳闸。

因此，故障过程可以描述成：

1号电容器105间隔充气柜故障—1号主变压器低后备保护跳开201断路器—蔓延至210间隔、1号主变压器低后备保护动作—2号主变压器高后备Ⅱ段间隙保护动作跳主变压器两侧—1号备自投动作成功，10kVⅠ、Ⅱ母联110断路器合上。10kVⅢ、Ⅳ段母线失电。

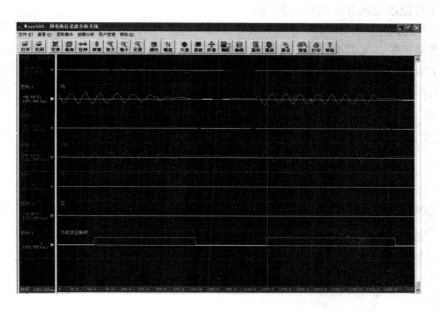

图 6 - 32　现场三相电压及 $3U_0$ 故障录波图

4. 防范措施

（1）加强"母线多次单相接地"信号的预警。新港变电站在开关柜开始故障时多次发"10kVⅢ段（Ⅰ段）母线接地动作"告警信号，总结其他变电站类似开关柜烧毁事故，发现也发"母线多次接地"信号。因此频繁的单相接地此类信号应当引起监控和运行人员的高度重视。现在很多变电站采用消弧线圈并联中电阻的方法使单相接地也跳闸。

（2）在发生站内主变压器保护动作时，查找故障点不仅是站内设备，还需要加大站外设备和线路的排查。

（3）XG 变电站 10kV 1 号电容器 105 间隔充气柜电缆仓起火，10kVⅢ、Ⅳ 段母线失电。分析原因为 10kV 1 号电容器 105 间隔充气柜电缆仓 A 相电缆和桩头接触不良，导致桩头长期发热，将复合绝缘烧融后导致 A 相对金属箱体放电，发展成相间故障。开关柜散热不良，长期温升超标导致柜内设备绝缘材料老化而逐渐失去其绝缘特性，进而缩短设备使用寿命。建议在开关柜上加装温升在线监测仪，并在柜顶配置一定功率的散热风机，风机与监测仪配合实现自动起动、停止功能，从而有效控制开关柜的温升且温升仪与中控室自动报警装置配合。对同一批次的开关柜应加强温升监视，必要时应缩短预试时间。另外，可以在充气柜电缆仓前柜门安装红外测温窗口，同时加强红外测温力度，对有隐患的部位加强巡视监察。

（4）避免电缆沟积水潮气进入开关柜内，应将开关柜底部密封，尽量缩短电容器组开关柜过电流保护的整定时间。

（5）建议生产厂和安装公司对该型全密封高压开关柜在设计、选材、生产各个环节严格把关。尤其要注意经常开合的电容器开关柜电缆仓的绝缘头等关键部位，防患于未然。为减少大负荷间隔开关柜温度较高对设备绝缘的影响，建议尽量避免大负荷间隔并排一起运行。

第七章

避雷器事故或异常

第一节　避雷器事故或异常处理概述

一、避雷器事故处理概述

1. 避雷器基本知识

变电站多为电力系统的枢纽点，一旦遭受雷击损坏，将会造成大面积、长时间的停电。为防止直击雷对变电站电气设备和建筑物的损害，均装有足够数量的避雷针；为防止沿输电线侵入的雷电行波造成过电压危害电气设备，带电导线与地之间，与被保护设备之间还并联装有一定数量的避雷器。避雷器是一种能释放雷电，兼能释放电力系统操动过电压能量，保护电气设备免受瞬时过电压危害，又能截断续流，不致引起系统接地短路的电气装置。当过电压值达到规定的动作电压时，避雷器立即动作，流过电荷，限制过电压幅值，保护设备绝缘；电压值正常后，避雷器又迅速恢复原状，以保证系统正常供电。

避雷器的主要作用是保护变电站设备免遭雷电冲击波袭击，也用于限制因系统操作产生的过电压。当沿线路传入变电站的雷电冲击波超过避雷器保护水平时，避雷器首先放电，并将雷电流经过良导体安全的引入大地，利用接地装置使雷电压幅值限制在被保护设备雷电冲击水平以下，使电气设备受到保护。

避雷器按其发展的先后可分为：①保护间隙：是最简单形式的避雷器；②管型避雷器：也是一个保护间隙，但它能在放电后自行灭弧；③阀型避雷器：是将单个放电间隙分成许多短的串联间隙，同时增加了非线性电阻，提高了保护性能；④磁吹避雷器：利用了磁吹式火花间隙，提高了灭弧能力，同时还具有限制内部过电压能力；⑤氧化锌避雷器：利用了氧化锌阀片理想的伏安特性（非线性极高，即在大电流时呈低电阻特性，限制了避雷器上的电压，在正常工频电压下呈高电阻特性），具有无间隙、无续流残压低等优点，也能限制内部过电压，被广泛使用。

2. 避雷器事故处理要点

（1）运行中避雷器突然爆炸，若尚未造成系统接地和系统安全运行时，可拉开隔离开关，使避雷器停电；若爆炸后引起系统接地时，则严禁用拉隔离开关的方法进行隔离，必须用断开断路器的方法将设备停电。

（2）运行中的避雷器接地引下线连接处有烧熔痕迹时，可能是内部阀片电阻损坏而引起工频续流增大，应停电使避雷器退出运行，进行电气试验。

（3）避雷器接地不良，阻值过大，应停用尽快处理。

（4）避雷器内部有放电声。在工频电压下，避雷器内部是没有电流通过的，因此，不应有任何声音。若运行中避雷器内有异常声音，则认为避雷器阀片间隙损坏失去了防雷的作用，而且可能会引发单相接地故障。一旦发现此种避雷器，应立即将其退出运行，予以更换。

（5）运行中避雷器有异常响声，并引起系统接地时，值班人员应避免靠近，断开断路器，使故障避雷器退出运行。

二、避雷器异常处理概述

1. 运行中避雷器瓷套有裂纹

（1）若天气正常，可停电将避雷器退出运行，更换合格的避雷器；无备件更换而又不致威胁安全运行时，为了防止受潮，可临时采取在裂纹处涂漆或粘接剂，随后再安排更换。

（2）在雷雨中，避雷器尽可能先不退出运行，待雷雨过后再处理，若造成闪络，但未引起系统永久性接地时，在可能条件下，应将故障相的避雷器停用。

2. 运行中避雷器有下列故障之一时，应停用检修

（1）严重烧伤的电极。

（2）严重受潮、膨胀分层的云母垫片。

（3）击穿、局部击穿或闪络的阀片。

（4）严重受潮的阀片。

（5）非线性并联电阻严重老化，泄漏电流超过运行规程规定的范围。

（6）严重老化龟裂或严重变形，失去弹性的橡胶密封件。

（7）瓷套裂碎，避雷器绝缘底部瓷质裂纹。

（8）雷电放电后，连接引线严重烧伤、断裂或放电动作记录器损坏。

（9）避雷器的上、下引线接头松脱或折断。

（10）内部有响声。

3. 雷击及过电压发生后的处理要点

（1）雷击时禁止进行倒闸操作和在系统上检修工作。

（2）雷击后应检查避雷器及计数器，做好雷电观察记录及其他设备有无闪络等异常情况的记录。

（3）避雷器（针）接地线、引下线应良好，应无烧断情况等。

（4）若在雷雨天因特殊需要巡视或操作高压设备时应穿绝缘靴，并不得靠近避雷器（针）的设备。

4. 变电站避雷器装置的运行要求

（1）雷季中，35～220kV线路若无避雷器者则不宜开路运行（若必须开路运行，应选择无雷电活动时且拉开线路侧隔离开关）。母线不应无避雷器运行，并且现场应规定进、出线的最少运行回路数。

（2）雷季中，220kV母线电压互感器避雷器停用时，应将所有设备倒向另一母

线运行（带有母线电压互感器避雷器）。

（3）雷季中，线路重合闸不应退出运行，并且蓄电池直流操作电源正常、可靠，确保重合闸动作。

（4）主变压器投运后向 35kV 母线充电时，为防止产生铁磁谐振过电压，因此充电前应做到：母线上应先投入一条线路或将充电主变压器的中性点经消弧线圈接地。

（5）主变压器在 220kV 侧或 110kV 侧避雷器退出运行期间不宜切除空载主变压器。为防止内部过电压损坏变压器，非雷季运行时，110kV 及以上的变压器装设的阀型或磁吹避雷器不得退出运行。

（6）为了防止两台及以上 220kV 断路器断口电容与母线电压互感器产生铁磁振过电压，220kV 母线停电时，应将线路及母联断路器改为冷备用，操作中不宜先将所有断路器改热备用，然后再全部由热备用改为冷备用。母线送电操作亦应逐一由冷备用改为运行。

（7）110、220kV 断路器断口电容与母线电压互感器发生谐振过电压，此时110、220kV 母线电压表指示将异常升降，值班员不得拉开母线电压互感器隔离开关或重新合上所拉开的带电断路器，而应立即拉开所有热备用中带断口电容断路器的电源侧隔离开关（母线侧隔离开关不得操作）。

5. 氧化锌避雷器泄漏电流异常处理要点

氧化锌避雷器的泄漏电流分为内部泄漏电流和外部泄漏电流，内部泄漏电流主要是通过避雷器内部、上底座、引线接入泄漏电流表内；外部泄漏电流主要是通过避雷器瓷套外部、屏蔽环、绝缘衬套、下底座引入地下。因此正常情况下，泄漏电流表监视的是内部泄漏电流，当内部出现受潮导致绝缘被击穿或下降时，泄漏电流表会异常增大，甚至满偏，并伴有异常声响。此时若不立即停运避雷器，就会扩大为事故。但有时氧化锌避雷器的泄漏电流不是异常增大，而是异常减小，甚至为零，这就为运行人员正常监视避雷器带来了困难，因为这时如果出现内部故障，泄漏电流增大，正好会出现在正常范围内，会造成值班人员的误判断。

6. 避雷器其他异常情况处理要点

（1）潮湿天气会使得内部受潮、绝缘下降、泄漏电流指示增大，但由于底座的绝缘也会降低，分流作用会使得读数接近正常值，产生误判。由于电阻绝缘受潮降低的先后顺序以及电流表电阻和绝缘电阻在数量级上的差别，造成了电流表读数在雨雪天气下可能会出现先降低、后升高的现象。

（2）避雷器底座绝缘降低（绝缘衬套受潮或脏污），电流表测得的电流降低。

（3）避雷器屏蔽环软线的滑落。为了使避雷器的外绝缘爬距降低不多，屏蔽环多加在最末一级磁裙下，由于固定不良，使得屏蔽环可能会滑落碰触避雷器底座造成毫安表短接，泄漏电流表指示降低或无指示。

（4）泄漏电流表表计卡涩、引排断裂。由于电流表机械机构问题，造成卡涩，或引排断裂都可能使得泄漏电流表指示为零或指示没有变化。

（5）避雷器内部绝缘受潮。氧化锌避雷器内部受潮，会造成绝缘下降，泄漏电流表指示异常增大或满偏。

第二节　避雷器典型事故或异常实例

【例43】　避雷器阀片受潮击穿接地的实例分析

1. 事故经过

2004年4月26日小雨，某电厂1、2号机组正常运行，8：36，1号主变压器110kV侧C相避雷器击穿接地，1号主变压器差动动作，1601、1621、机1、MK、厂10断路器跳闸，1号机组被迫停机，厂用系统备用电源自投良好。历史数据记录接地故障电流1196A。1号主变压器110kV侧C相避雷器外部无放电现象，内部击穿现象明显，在线监测仪烧损。

2. 原因分析

此避雷器为某厂1998年生产，型号Y10W1-100/260W，1998年4月3日更换并投入运行，1998年10月设备检修并涂RTV。2003年10月2日对1号主变压器110kV侧C相避雷器进行预试，直流1mA电流下的电压为150kV，0.75倍直流1mA电压为112.5kV，泄漏电流为19mA（规程标准不大于50mA）。通过试验数据未反映故障避雷器泄漏电流有异常现象。避雷器泄漏电流故障前避雷器在线监测电流正常（700μA），在规程规定范围内（不高于750μA），110kV电压记录，未发现电压异常。2004年4月16日某电气试验院对此进行的红外成像测试，未发现该避雷器有异常发热现象。通过分析认为此次避雷器故障击穿的原因是避雷器密封不严，在小雨天气下氧化锌阀片受潮，故障发展较快，造成击穿接地。

3. 防范措施

加大有关设备检修质量控制、定期试验、技术监督、运行管理工作的力度；运行人员做好在线泄漏电流的记录工作，并做到时间、检查人、数据记录准确；在大雾、毛毛雨等恶劣气候条件下，应增加设备巡视次数，发现放电情况或泄漏电流异常时，应立即汇报；对于老旧设备，要增加测试次数并做好试验数据分析；结合母线停电，对相应母线避雷器各密封面采取必要的密封措施，并对支柱绝缘子本身及与金属结合部进行全面检查；接地铝排、接地线无松动、脱焊，泄漏电流无异常；雨季汛期到来时，尤其是室外电气设备，应加强防雨、防潮、防漏电等的全面检查和管理。

【例44】　避雷器接地引线断裂的实例分析

1. 事故经过

2006年4月12日，220kV某操作班运行人员在巡视、抄录避雷器泄漏电流表过程中，及时发现并处理了35kV洪明312线B相避雷器接地引排断裂隐患

（见图 7 - 1），避免了一起可能发生的避雷器爆炸事故。

2. 原因分析

接地引下排截面偏细，安装位置不合理，受力不均衡，接地排未采取铜排防腐措施。

3. 防范措施

改变安装结构，减少引排的长度，使引排受力均衡；采用较宽截面积的铜排，及时采取油漆等防腐蚀措施。

图 7 - 1 避雷器接地引线排断裂

【例 45】 避雷器发热引起击穿的实例分析

1. 故障经过

2007 年 10 月 9 日，某 220kV 变电站 35kV 丙组电容器合闸操作后，系统报单相接地信号，经试拉该电容器组回路，系统恢复正常，确定系统单相接地故障点在该电容器组回路，停电检查发现该组电容器组避雷器 A 相绝缘电阻为零，确定为避雷器绝缘击穿。该避雷器型号为 Y5WR - 51/134，为某厂 2003 年 7 月生产，由电容器组供货厂配套提供，2004 年 11 月投运，为查找避雷器故障原因，对避雷器进行了解体分析。

2. 原因分析

查看外观，该避雷器光洁无积污，瓷套外表和底座表面无放电痕迹（见图 7 - 2），避雷器上下盖板中间略有鼓起，防爆膜未动作（见图 7 - 3）。根据绝缘电阻为零，判断为内部绝缘击穿。对避雷器缓慢松开上部盖板紧固螺钉，发现有大量气体涌出，判断避雷器内部有高温灼伤。待气体释放完后，揭开盖板检查盖板密封完好，上部弹簧压紧情况良好，无明显受潮痕迹。抽出避雷器阀片柱检查发现整体受损严重（见图 7 - 4），表面几乎全部烧毁并呈炭黑色且有 6 片阀片已经碎裂，测量阀片整体绝缘电阻为零。

图 7 - 2 瓷套外观图

图 7 - 3 上盖板防爆膜鼓起

图 7 - 4 阀片整体情况

该避雷器阀片总计 17 片，阀片为饼式结构且直径 50mm，内有金属垫块 4 片调节。该避雷器所选用的阀片根据电容器组设计要求，保护该电容器组的避雷器通流容量要求不小于 800A，显然，选用阀片直径偏小。同时，该避雷器的阀片柱分三节安装，由 4 根直径 10mm 左右的绝缘杆固定（见图 7-5），每节阀片柱之间用导电金属薄片进行隔离固定并且每节阀片两端金属片用螺栓与绝缘杆固定。分析认为，这种结构的阀片上端通过已经螺栓固定的金属片对整体进行弹簧压紧，压紧效果存在问题。一般，避雷器阀片固定结构采用两端用弹簧压紧并进行整体固定的压紧方式（见图 7-6）。而故障避雷器阀片由于金属片与 4 根绝缘杆之间螺栓的紧固作用，上部压紧弹簧只能对上面第一节上的阀片有压紧作用，下面两节靠金属片用穿孔螺栓固定，解体中也发现中、下节阀片松动特别明显。

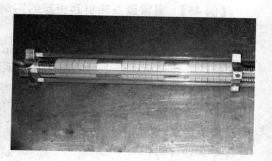

图 7-5　阀片固定支架　　　　　　　　图 7-6　固定支架安装方式

3. 防范措施

根据对避雷器的解体和对照比较，分析造成这起避雷器故障的原因是避雷器阀片组装结构设计不合理，避雷器阀片直径选用过小，在合闸过电压作用下由于泄漏电流增加，其通流能力由于未能达到设计要求而导致阀片发生热崩溃，导致了避雷器绝缘击穿。通常要求将电容器极对地电压限制在 4（p.u.）以下，据此选用的避雷器额定电压过低，在运行中将会加速阀片的老化，需按照电容器极对地电压选取避雷器的持续运行电压、操作波残压、直流 1mA 参考电压、方波通流能力等参数。并联补偿电容器组是一种需要频繁投切的设备，运行经验表明用避雷器限制过电压效果明显，但避雷器的各项技术参数要求与其他场所的避雷器技术要求不同，应在设备选用上引起注意，应加强设备的验收工作，以限制价格便宜但质量低劣的避雷器进入电网，防止一般规格的避雷器应用于电容器组保护，造成设备事故和经济损失。

【例 46】　避雷器泄漏电流超标的实例分析

1. 事故经过

2006 年 8 月 9 日，110kV 旁路母线避雷器 C 相泄漏电流表指数偏高，由 0.6mA 额定值升高至 1.5mA。泄漏电流表型号为某厂 JC1-10/600，避雷器型号为 Y10W - 100/260W，某氧化锌避雷器厂生产，投运日期为 2000 年 8 月 26 日。因为怀疑是避雷器问题，需结合停电处理，向调度申请同意后，于当日 12：00 旁路停电，对避雷器及泄漏电流表进行检查。经专用泄漏电流表测试仪试验，泄漏电流表正常。高压试验测试避雷器，泄漏电流值过大，认定内部有局部击穿，故调换 C 相避雷器。检查另外两相避雷器及泄漏电流表均正常。

2. 原因分析

分解避雷器，发现内部氧化锌与外部瓷质间隔离隔板确有放电痕迹（见图 7-7），疑近日雷雨天气，水汽进入避雷器内部，内部干燥剂来不及干燥，水汽凝结于隔板，导致绝缘下降，隔板表面闪络。至于进入水气的原因，经分解查证，认为底部或顶部密封圈配合不紧密导致。

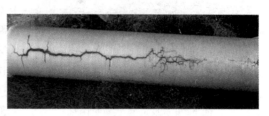

图 7-7　内部氧化锌与外部瓷质
隔离隔板间放电痕迹

3. 防范措施

更换 C 相避雷器，泄漏电流表指数异常，分指数偏小或偏大，以偏大性质较严重。经统计，该缺陷多数为泄漏电流表自身损坏，避雷器损坏情况较为少见。

【例 47】　避雷器内部绝缘损坏的实例分析

1. 事故经过

2009 年 7 月 4 日 10 时，天气晴好，操作班运行人员在正常巡视时发现 110kV 旁母避雷器 C 相的泄漏电流明显高于另两相（A：0.7；B：0.7；C：1.5）且数值有规律地上下波动。运行人员判断此非避雷器表计问题，而是避雷器本身绝缘有问题，需要立刻进行处理，于是立即汇报调度、工区专职，并填报危急缺陷，协同检修人员于当日 13：16～15：16 完成了 110kV 旁母避雷器 C 相的调换工作。由于运行人员设备巡视认真，对此危急缺陷做到了及时发现汇报，上级主管部门及时安排处理，将一起事故遏制在了萌芽状态。

2. 原因分析

通过变电检修专业人员对该组避雷器进行的停电检查测试，发现 C 相避雷器已经存在击穿现象。停电检查试验数据见表 7-1。

表 7-1　　　　　　　　　　避雷器停电检查试验数据

测试数据	A	B	C
总电流（有效）/mA	0.887	0.856	超量程（3mA）
阻性电流（峰）/mA	0.196	0.180	无法调节
交流参考电压/kV	104.7	105.4	—

图7-8 避雷器下端紧固件

解体检查，发现避雷器隔弧桶外侧有明显的树状放电痕迹，约占隔弧桶长度的1/2。避雷器下端阀片支撑紧固件已有明显锈痕（见图7-8、图7-9）。避雷器下端阀片压紧弹簧已有明显铜绿（见图7-9），避雷器上端铜盘有明显的锈迹（见图7-10）。检查两端连接片的密封圈，发现水汽已全面进入第一道密封圈，第二道密封圈内也有受潮痕迹；检查抽气孔，未发现明显的进水受潮痕迹。由此可见，该避雷器内部受潮是因为上部压板的密封圈密封不良引起。

图7-9 阀片拉杆紧固螺钉

图7-10 阀片压紧弹簧锈痕

该类避雷器由非线性氧化锌电阻片叠加组装，密封于高电压绝缘瓷套内，无任何放电间隙。在正常运行电压下，避雷器呈高阻绝缘状态，当受到过电压冲击时，避雷器呈低阻状态，迅速泄放冲击电流入地，使与其并联的电气设备上的电压限值在规定值内，以保证电气设备的安全运行。该避雷器设有压力释放装置，当其在超负荷动作或发生意外损坏时，内部压力剧增，使其压力释放装置动作，排除气体。氧化锌避雷器内有密封板，密封板的作用一是密封避雷器内部，二是防止避雷器通过雷电侵入波时使避雷器内部压力增大而引起的避雷器爆炸。而对于进水受潮的C相避雷器来说，如此时遭受过电压（操作过电压或大气过电压），则避雷器将发生击穿爆炸事故。避雷器内部阀片受潮，其非线性特性较差，当阀片受潮后使避雷器的恢复电压大于其灭弧电压，这使得在雷击后第一个半波内间隙中的电弧已熄灭，但在后继的恢复电压作用下重燃，工频续流再度出现，连续多次重燃使阀片烧坏，引起避雷器爆炸。

3. 防范措施

（1）做好设备的巡视工作，加强监护，尤其是雷雨过后的巡视应特别关注避雷器泄漏电流的变化。每次巡视应记录泄漏电流表数值，注意同组 MOA（避雷器）三相数值的差异，超过 0.2mA 的应查明原因，发现电流异常增大时应立即上报并检查处理。

（2）对运行中的 MOA 带电测试中发现数据超过规程规定或与同类设备有明显差异的，应进行停电检查试验。

（3）避雷器绝缘在线监测装置很少有成熟的数据上传功能，测试数据还需要运行人员在巡视过程中进行大量的抄录和分析工作，应在技术改造和基础建设中加大这方面工作投入和应用，积累经验，真正实现避雷器设备状态的在线监测。

（4）应按照红外检测管理标准积极开展氧化锌避雷器红外热像仪温度检测工作。

【例 48】　避雷器接地排发热的实例分析

1. 事故经过

2003 年 4 月 8 日对一、二次设备进行例行红外线监测时，发现 3423 避雷器 A 相接地扁铁南侧绝对温度为 70.1℃，A 相北侧绝对温度为 44.87℃；B 相北侧绝对温度为 24.19℃，环境温度参照体 8.03℃，过热点最高温升 62.07℃。发现问题后进行分析，首先排除了避雷器缺陷的可能性，因为避雷器的泄漏电流正常，放电计数器未动作，母线电压正常；但避雷器离电抗器围栏较近，约 0.5m，考虑可能是由于电抗器的漏磁在此接地扁铁上形成闭合回路而造成了过热。经过现场分析、测试，最终找到了漏磁在接地扁铁上构成回路造成过热的原因。

2. 原因分析

正常情况下，电抗器的漏磁是通过电抗器围栏屏蔽且围栏是不闭合的，每段围栏有一个单独的接地，这样在整个围栏上不能形成闭合回路，不会造成过热，对 3423 电抗器围栏接地及避雷器底座接地电流进行了测试，结果如下。

（1）电抗器围栏接地电流 $I_1=413A$，$I_2=92A$，$I_3=317A$；避雷器接地扁铁接地电流 $I_{A北}=189.3A$，$I_{A南}=402A$；$I_{B北}=206.2A$，$I_{B南}=22.66A$；$I_{C北}=73.8A$，$I_{C南}=61.7A$。

（2）拆开围栏 1 号接地后测量。电抗器围栏接地电流 $I_2=200A$，$I_3=202A$；避雷器接地扁铁接地电流 $I_{A北}=89A$，$I_{A南}=0$；$I_{B北}=98A$，$I_{B南}=53A$；$I_{C北}=112A$，$I_{C南}=29A$。

（3）拆开围栏 1、2 号接地后测量电抗器围栏接地电流 $I_3=0$。

由以上测试结果可初步判断：围栏应有两处断口，而实际并未断开。1 号接地未直接与主地网相连，而是直接连接到 3423 避雷器 A 相南侧接地扁铁上，而避雷器 A 相南侧接地扁铁未直接与地网相连。电流是通过围栏 1 号接地流向 A 相南侧接地扁铁，顺 A 相南侧接地扁铁向上到避雷器底座槽钢上，再经过 A 相北侧接地扁铁、B 相南北侧接地扁铁、C 相南北侧接地扁铁进入地网。这样，造成了 A 相南侧接地扁铁过热严重且其他相接地扁铁均有不同程度的过热。

3. 防范措施

断开围栏断口，1号接地直接同主地网相连，3423避雷器A相南侧接地扁铁直接同主网相连。断开围栏断口，用扁铁短接围网门（可消除网门锁打火现象并避免伤人），取消1号接地，3423避雷器A相南侧接地扁铁直接同主网相连。红外线测试人员在测试设备过程中要仔细认真，充分发挥红外线测温的特长，捕捉一切过热的设备，并认真分析，不放过任何疑点，确保设备安全运行。基建施工人员要严格按图施工，特别是像接地装置这样的隐蔽工程更要严格监督把关，不要给运行单位留下事故隐患。

【例49】 金属氧化物避雷器故障实例分析

1. 故障现象

2009年10月20日，运行人员巡视避雷器，发现顶部锈蚀严重，如图7-11所示。

在预防性试验中，检修人员发现三只避雷器均有不同程度直流1mA参考电压U_{1mA}下降，75%U_{1mA}下泄漏电流偏大，绝缘电阻降低现象，试验结果见表7-2。从表7-2可以看到，三相避雷器的下节75%U_{1mA}下泄漏电流均达到180μA以上，C相甚至达到305μA。通过对比各节避雷器直流1mA参考电压，也可以发现C相下节该值明显较小。

图7-11 避雷器顶部锈蚀情况外观图

表7-2 2009年10月某变电站2号主变压器高压侧避雷器预试试验结果

相别		A		B		C	
节号		上	下	上	下	上	下
直流1mA参考电压U_{1mA}：（kV）		145.3	145.6	146.7	141.3	147.6	132.9
75%U_{1mA}下的泄漏电流（μA）		22	186	24	185	26	305
绝缘电阻（MΩ）	本体	12 000	12 000	18 000	18 000	15 000	6200
	底座	4000		4000		5000	

注 实验时环境条件：2009.10.21；温度：28℃；湿度：45%，晴。

根据《江苏省电力公司输变电设备交接和状态检修试验规程》，直流1mA参考电压U_{1mA}初值差要小于5%，75%U_{1mA}下的泄漏电流初值差小于30%，或小于50μA。从实验结果与试验规程的要求对比可以看出：该组避雷器的泄漏电流已经超过规程要求的上限。此外，试验规程要求与该组避雷器的历史数据进行对比，查阅了2005年的预防性试验记录（见表7-3）。

表7-3   2005年11月某变电站2号主变压器高压侧避雷器预试实验结果

相别	A		B		C	
节号	上	下	上	下	上	下
直流1mA参考电压U_{1mA}：（kV）	152.1	151.6	151.6	152.4	152.2	152.4
75%U_{1mA}下的泄漏电流（μA）	21	19	23	22	25	23
绝缘电阻（MΩ） 本体	50 000	50 000	50 000	50 000	50 000	50 000
绝缘电阻（MΩ） 底座	5000		5000		5000	

注 实验时环境条件：2005.11.30；温度：18℃；湿度：40%，晴。

通过对比计算得到该组避雷器试验数据的变化表，见表7-4。

表7-4   某变电站2号主变压器高压侧避雷器试验数据变化率

相别	A		B		C	
节号	上	下	上	下	上	下
U_{1mA}变化率（%）	−4.47	−3.96	−3.23	−7.28	−3.02	−12.80
75%U_{1mA}下的泄漏电流变化率（%）	4.76	879	4.35	741	4.0	1226

从表7-4中可以看出，C相下节避雷器U_{1mA}下降了12.8%，B相下节避雷器U_{1mA}下降了7.28%，超出了规程中要求的初值差小于5%的规定。A、B、C三相下节避雷器75%U_{1mA}下的泄漏电流增加均超过700%，严重超出了规程的要求。

2. 原因分析

正常情况下影响避雷器试验结果的原因有：高压连接导线的影响、湿度的影响、仪器仪表之间误差的影响。

对避雷器在各种条件下进行多次试验，采取了如下措施：增加导线对地距离，采用带屏蔽的连接导线，对试品外表面进行擦拭，用标准表进行仪器比对试验。通过试验发现试验结果没有较大的变化，可以排除上述原因的影响。

在排除试验条件的影响之后，对泄漏电流最严重的C相避雷器下节进行解体，检查是否内部构造出现问题。对该节套管内部的结构（见图7-12）进行直流1mA电压试验及测试75%该电压下的泄漏电流测量，通过试验测得$U_{1mA}=150.2$kV，75%U_{1mA}下泄漏电流为25μA，与历史数据对比发现其差值为8.7%，小于试验规程要求的≤30%。

为了进一步确认避雷器内部阀片的性能状况，到厂家对避雷器的单个阀片进行同样的测试（见图7-13），发现单个阀片在额定电压下泄漏电流较小，并且测量了U_{1mA}，两者都符合产品技术条件的要求。

图7-12 避雷器套管内部结构试验图　　　图7-13 避雷器内部阀片测试图

对避雷器的密封情况进行深入检查，发现内部的受潮对避雷器绝缘电阻和泄漏电流的影响很大。本次故障中，避雷器的密封出现老化，导致避雷器的泄漏电流显著增加和直流1mA参考电压的下降，这也是这次故障的直接原因。此外，在多次消缺过程发现，避雷器密封情况劣化造成的避雷器故障，比阀片性能老化的概率大得多。

3. 防范措施

（1）除提高运行人员巡视质量外，运用对避雷器设备进行红外诊断等新技术，结合MOA结构及传导热能的途径，分析MOA缺陷及故障状态下的热场及温升，并参考其他测量结果，诊断MOA有无内部或外部故障的方法。

（2）按照设备的试验周期，对避雷器进行预防性试验。预防性试验是有相应规范的MOA故障诊断方法。在现场通常按规程进行全部或部分项目试验，将试验结果与以前或出厂试验结果进行对比，实现对MOA的故障诊断。

（3）对避雷器在线监测。使用避雷器在线监测器监测其在线漏电流，当某一相泄漏电流与其他相相比出现明显变化，或与历史数据相比有较大的变化，应该密切关注其变化趋势，增加监视频率。或采取对MOA进行带电测试，测量避雷器泄漏全电流中阻性分量和容性分量的含量比例。

母线事故或异常

第一节 母线事故或异常处理概述

一、母线事故处理概述

1. 母线失电的处理

母线失电是指母线本身无故障而失去电源，一般由于系统故障、继电保护误动或该母线上的出线、变压器等设备故障本身断路器拒动，而使该母线上的所有电源越级跳闸所致。判别母线失电的依据是同时出现下列现象。

（1）该母线的电压表指示消失。

（2）该母线的各出线及变压器负荷均消失。

（3）该母线所供的站用电失却。

2. 调度关于母线失电处理的规定

（1）如因线路断路器拒动、越级跳电源断路器或主变压器保护动作断路器跳闸，经对越级跳断路器外部检查正常后，可以立即拉开故障线路断路器，利用主变压器或母联断路器对失电母线充电。

（2）如所有保护及断路器均未动作，在确定母线失电原因不是本变电站母线故障所引起时，终端变电站则仅拉开电容器断路器，其他不作处理，等待来电。

（3）对多电源变电站母线失电，为防止各电源突然来电引起非同期，现场值班人员应按下述要求自行处理。

1）单母线应保留一电源断路器，其他所有断路器（包括主变压器和馈供断路器）全部拉开。

2）双母线应首先拉开母联断路器，然后在每一组母线上只保留一个主电源断路器，其他所有断路器（包括主变压器和馈线断路器）全部拉开。

3）如停电母线上的电源断路器中仅有一台断路器可以并列操作的，则该断路器一般不作为保留的主电源断路器。

3. 母线故障的处理

（1）在变电站的母线上，可能发生单相接地或者多相短路故障。发生故障的原因有：①母线绝缘子和断路器套管的闪络；②连接在母线上的电压互感器及装设在断路器和母线之间的电流互感器发生故障；③连接在母线上的隔离开关或避雷器、绝缘子的损坏。

（2）当某一段母线故障，相应母差保护动作跳闸时，值班人员应在确认该母线上的断路器全部跳开后对故障母线及连接于母线上的设备进行认真检查，努力寻找故障点并设法排除。切不可在故障点尚未查明的情况下贸然将停电线路冷倒至健全母线，以防止扩大故障。只有在故障点已经隔离，并确认停电母线无问题后，方可对停电母线恢复送电。

（3）若找到故障点但无法隔离时，应迅速对故障母线上的各元件进行检查，确认无故障后，冷倒至运行母线并恢复送电（与系统联络线要经同期并列或合环）。

（4）母线恢复来电后，按调度指令逐路送出或在确认线路有电的情况下自行通过同期装置合环或并列。

4. 调度规程关于母线事故的处理规定

母线事故的迹象是母线保护动作（如母差等）、断路器跳闸及有故障引起的声、光、信号等。当母线故障停电后，现场值班人员应立即汇报值班调度员，并对停电的母线进行外部检查，尽快把检查的详细结果报告值班调度员，值班调度员按下述原则处理。

（1）不允许对故障母线不经检查即强行送电，以防事故扩大。

（2）找到故障点并能迅速隔离的，在隔离故障点后应迅速对停电母线恢复送电，有条件时应考虑用外来电源对停电母线送电，联络线要防止非同期合闸。

（3）找到故障点但不能迅速隔离的，若是双母线中的一组母线故障时，应迅速对故障母线上的各元件检查，确认无故障后，冷倒至运行母线并恢复送电。联络线要防止非同期合闸。

（4）经过检查找不到故障点时，应用外来电源对故障母线进行试送电，禁止将故障母线的设备冷倒至运行母线恢复送电。发电厂母线故障如条件允许，可对母线进行零起升压，一般不允许发电厂用本厂电源对故障母线试送电。

（5）双母线中的一组母线故障，用发电机对故障母线进行零起升压时、用外来电源对故障母线试送电时或用外来电源对已隔离故障点的母线先受电时，均需注意母差保护的运行方式，必要时应停用母差保护。

（6）3/2接线的母线发生故障，经检查找不到故障点或找到故障点并已隔离的，可以用本站电源试送电，但试送母线的母差保护不得停用。

二、母线异常处理概述

1. 软母线、管母线中存在的异常

软母线、管母线出现的异常随着时间的推移都会引起母线的故障，因此在日常巡视中应及时发现其中的问题，及时汇报调度，安排母线停电检修工作，保证设备的安全稳定运行。

（1）软母线引线有断股、散股、烧伤痕迹。

（2）母线上有异物挂落。

（3）母线接头处有发热现象。

（4）母线及其引线风偏摆动比较大。

（5）母线支柱绝缘子可能存在裂纹、裙边有外伤或破损现象，底座锈蚀情况。

（6）母线异常声响，可能是与母线连接的金具松动或铜铝搭接处氧化引起。

2. GIS、充气柜设备母线、铠装式开关柜母线中存在的异常

因为 GIS 及充气柜设备母线都是密闭在充有 SF_6 气体的母线筒中，而开关柜设备母线是封闭在铠装式母线室中，运行人员都是无法直接看到的，因此通过听声音、闻气味、看仪表等方式观察母线是否存在异常；发现问题应及时汇报调度，安排母线停电检修工作，保证设备的安全稳定运行。

（1）GIS、充气柜设备母线 SF_6 绝缘气体有泄漏，引起绝缘降低。泄漏地点可能在气室间的封口或设备 SF_6 气体压力表连接管螺母及表计连接口。

（2）铠装式开关柜有放电声音，可能是潮气严重，开关套管支柱表面放电电压降低，导致三相表面爬电甚至发生闪络。

（3）定期对 SF_6 进行微水测试，若数据超标，可能气室有电弧燃烧现象。

3. 谐振过电压

（1）电网中的感性、容性元件在进行操作或发生故障时，在一定条件下可能会形成谐振回路，谐振过电压严重时会造成设备损坏。引起谐振过电压的原因有：

1）母线充电时，电磁式电压互感器与母线对地电容引起谐振过电压。

2）断路器断口并联电容在断路器热备用时，与不带电母线电磁式电压互感器引起谐振过电压。

（2）谐振过电压的特征表现均为一相、二相或三相电压越过线电压，其他相电压降低。

（3）处理谐振过电压事故的关键是破坏谐振条件。发生谐振过电压时，应根据系统情况、操作情况迅速作出判断和处理。

1）严禁合上其均压电容参与谐振的带电源断路器。

2）可以在空母线上合一台空载变压器或一条无源线路，也可以拉开断路器电源侧的隔离开关。

3）凡是经受过数分钟的谐振过电压的电压互感器，即使试验合格也应退出运行。参与谐振的均压电容器及与电压互感器并联的避雷器，应加强检查和监视。

4）运行中突然发生谐振过电压，可试拉一条不重要负荷的线路，以改变参数来消除谐振。

4. 35kV 系统单相接地

（1）单相接地时，接地相电压为零或降低，另外两相电压升高，发出接地信号，永久性接地时不能复归。

（2）空充母线时可能造成接地假象，不需处理，待送出线路后自行消失。

第二节　母线典型事故或异常实例

【例 50】　220kV GIS 母线故障实例

2009 年 3 月 22 日，220kV 某变电站发生 GIS 设备支撑绝缘子击穿，造成

220kV 正母线故障，正母线上所有出线断路器、主变压器断路器跳闸事故。该 GIS 设备为某高压断路器有限公司产品，变电站于 2009 年 1 月 15 日投运。

1. 事故经过

2009 年 3 月 22 日 11：03，变电站 220kV 母差保护动作，1 号主变压器 2501、2X51、220kV 母联 2510 断路器跳闸，同时，对侧变电站 2X51 线断路器跳闸。

运行人员检查发现：本变电站是 220kV 正母线差动保护动作，跳开正母线上 220kV 母联 2510、1 号主变压器 2501、2X51 断路器，检查保护动作范围内设备未发现问题。对侧变电站 2X51 线 RCS－931A 收到远跳信号，初步判断为 220kV GIS 正母设备出现短路故障，导致了事故发生。

事故发生后，检修人员即对 220kV 正母线气室进行 SF_6 气体成分测试，发现正母线北气室硫化氢、二氧化硫成分超标；同时，根据调度命令将变电站 220kV 正母、1 号主变压器 2501 断路器、2X51 断路器、220kV 母联 2510 断路器改至检修，由检修人员通过试验查找故障点。2009 年 3 月 23 日 2：00，试验人员通过耐压检测，检查出 220kV 正母线 GIS 北气室支撑绝缘子击穿，其余设备完好。2009 年 3 月 23 日 04：09，变电站 1 号主变压器、2X51 断路器改接副母运行恢复送电。GIS 气隔剖面示意图及支撑绝缘子指示如图 8-1 所示。

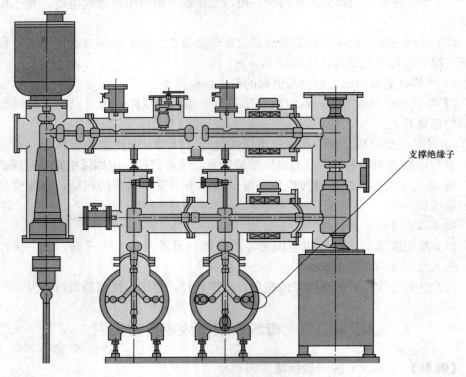

支撑绝缘子

图 8-1　GIS 气隔剖面示意图及支撑绝缘子指示图

2. 原因分析

经检修人员试验确认，本变电站 220kV GIS 设备正母线北气室支撑绝缘子击穿（见图 8-2），220kV 母线 C 相绝缘故障引发 C 相对地绝缘击穿，之后发展为A、B、C 相三相短路，引起 220kV 母线差动保护动作，跳开接于该母线上的 1号主变压器 2501 断路器、2X51 断路器、220kV 母联 2510 断路器。专家分析后认为：可能是运输途中或吊装过程中的震动引起细微而无法检测的内部损伤（见图 8-3），经设备长期带电运行后引发。2X51 线路配置了 603、931 双微机线路保护，这两套保护装置中，931 具有远跳功能及回路，603 保护装置的远跳回路在本变电站未接线，而在对侧变电站 603 保护装置远跳回路完整。当本侧 220kV 正母线母差保护动作时，起动了对侧变电站相应母线上的 2X51 线路 931 保护的远方跳闸功能，对侧 931 保护收到远跳信号后跳开其站内的2X51 断路器。

图 8-2 损伤的母线支撑绝缘子　　图 8-3 损伤的母线支撑绝缘子上的裂纹

（1）本侧变电站保护动作分析。由于是 220kV 正母线故障，所以 BP-2B 母差保护差动动作。正母小差复式比率动作、大差复式比率动作、正母差动复合电压动作开放闭锁，切除母联和正母线各单元及线路。

从 BP-2B 母差保护故障波形图（见图 8-4）可以看出，大差电流 C 相及正母小差 C 相先有差流，随后 A、B 相也出现差流，大差、小差均动作。复压闭锁元件动作，跳开母联和正母所有断路器。

从 2X51 线 RCS-931A 波形图（见图 8-5）可以看出，C 相先有故障电流，过十几毫秒到 20ms，A、B 相相继出现故障电流，电压也随之出现跌落，出现零序电压。本侧变电站 2X51 线 931A 在 26ms 发出远跳信号。

（2）对侧变电站保护动作分析。从 2X51 线 RCS-931A 波形图（见图 8-6）可以看出，对侧变电站 2X51 线 931A 在 46ms 收到远跳信号。95~97ms 间，对侧变电站的 2X51 断路器 A、B、C 出口跳闸。

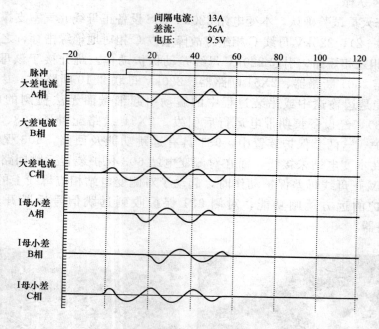

图 8-4　BP-2B 母差保护故障波形图

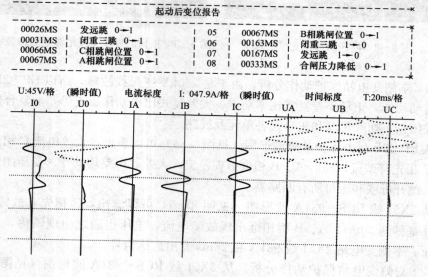

图 8-5　2X51 线 RCS-931A 波形图

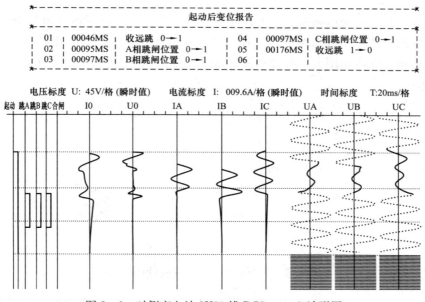

图 8-6 对侧变电站 2X51 线 RCS-931A 波形图

3. 防范措施/经验教训

（1）GIS 设备最容易发生故障的时间是投运后的第一年，即 GIS 设备的"婴儿期"，过后趋于稳定。因此在这段时间运行人员尤其要加强管理，加强巡视检查工作。

（2）在对 SF_6 压力表巡视时，随时做好各气室压力指示读数的准确记录，定期核对一段时期内各气室的压力指示变化，而不能只看压力指示是否在额定压力范围内，以便尽早发现和处理泄漏故障。

（3）GIS 设备发生故障后由于全部是密封气室，所以很难查找故障，需通过分析 SF_6 气体成分及打耐压等方式来实现。为此，在 GIS 设备发生故障后，外观检查只是检查的一部分，不能作为判定有无故障点的依据，运行人员在向调度汇报时应具体说明。

（4）由于 GIS 由各个气隔组成，气隔间绝缘距离较短，所以耐压试验时存在很大风险，为此在 GIS 设备内部进行试验时应考虑全停以确保人员与试验设备的安全。

（5）保护远跳回路在各变电站中不一致，有的变电站回路接线完整，有的变电站回路接线不完整，因此不能实现远跳功能，需要提前进行排查。

【例 51】 35kV 母线短路故障实例

随着电网的不断发展，10、35kV 设备已大量采用室内开关柜形式布置，因其占地面积小，操作灵活方便，得到越来越多使用。但高压开关柜在运行中时有事故发生，分析其原因，多发生在绝缘、导电和机械方面。

1. 事故经过

甲变电站当时为单侧电源供电，220kV乙变电站356线供甲变电站全部负荷，分段370断路器运行（无保护），347线供110kV丙变电站35kVⅡ段母线，35kV备自投停用。两台站用变压器分别接于356线路与10kV母线上，系统接线图如图8-7所示。

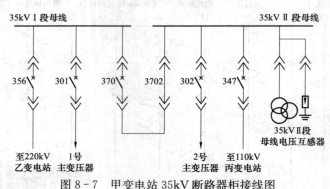

图8-7 甲变电站35kV断路器柜接线图

当日23：50，乙变电站356线过电流Ⅰ段保护动作，乙变电站356断路器跳闸，重合未成。值班员立即前往跳闸线路对侧35kV甲变电站，到达变电站后，全站一片漆黑，该变电站电源全部失电（包括站用电）。根据乙变电站356线断路器保护动作情况进行初步分析，判断故障出现在甲变电站设备上。因前一阶段值班员巡视时，35kV甲变电站Ⅱ段母线避雷器手车处有放电异声，所以决定重点对35kVⅡ段母线设备进行检查。进入35kV断路器室后，闻到室内有轻微的胶木烧焦味道，但不是很明显。因35kVⅡ段母线避雷器手车为封闭式结构，加之全站失电后，检查设备状况仅凭手电筒，从面板观察窗根本看不到内部具体情况。经仔细比对，发现35kVⅡ段母线避雷器动作次数有变化，初步判断35kVⅡ段母线避雷器手车处有异常。

详细向调度汇报检查结果，同时向调度申请，将35kV甲变电站Ⅱ段母线避雷器手车拉出柜外进行检查。检查发现，35kVⅡ段母线避雷器手车动触头B、C相有明显放电烧伤痕迹，静触头也有轻微烧伤。次日1：12，调度令将356断路器改为冷备用，同时命令拉开1号主变压器301、2号主变压器302断路器。1：34，调度令110kV丙变电站运方调整，准备用347线路对甲变电站35kV母线进行试送电。2：10，调度令110kV丙变电站合上347断路器，送电未成，断路器跳闸，而且听到甲变电站35kV断路器室内一声巨响，同时伴有闪光。立即向调度汇报，35kV母线故障，不得再次送电。同时对35kV设备进行了详细的检查，发现35kVⅡ段母线避雷器手车静触头B、C相处再次发生短路烧伤迹象。

2. 原因分析

35kV断路器室为室内布置，投运时间较早，室内无空调及除湿设备，加之当时天气闷热，门窗全部关闭，35kV Ⅱ段母线避雷器手车触头因接触电阻过大引起发热，加之室内湿度较大，引起放电迹象。随着时间的增长，放电越来越加剧，导致避雷器手车静触头处母排支柱绝缘子固定座（为胶木通长连杆）绝缘降低，一段时间以后，胶木击穿，引起相间短路故障，导致此次事故的发生。

3. 防范措施/经验教训

（1）及时进行反事故措施，在断路器室内加装空调等除湿设备，保持室内通风、干燥，改善设备运行环境，保证设备可靠安全运行。

（2）不允许对故障母线不经检查即强行送电，以防事故扩大。

（3）发生事故时要根据当时的运行方式、天气、工作情况、继电保护及自动装置动作情况、表计指示和设备情况，及时判明事故的性质和范围。

（4）发生事故后应及时向调度、领导汇报，同时对事故性质的判断和提出建议的正确性负责。所进行的一切操作都要得到值班调度员的许可后执行，不得有任何未经许可的操作。

（5）要熟悉变电站设备的具体情况，操作前要进行危险点的预控分析，如遇确实危及人身设备安全的情况时，有权拒绝执行，并将拒绝执行的理由汇报上级。

【例52】　500kV 母线隔离开关故障实例

1. 事故经过

2009 年 7 月 27 日 11：00：44，某变电站 500kV 第一、二套母线差动保护 BP - 2B 母线差动保护动作，跳开 5011、5021、5031 断路器，1 号主变压器差动未动作。起动至出口时间为 7.5ms。故障前 1 号主变压器 A 相电流为 370A，功率为 320MW。故障录波数据显示故障点的短路电流为 32kA。

断路器额定电流是 4000A，开断电流是 63kA。此次发生故障的是 5011 断路器单元的 50111 隔离开关气室，该设备的出厂日期是 2008 年 9 月。

2. 原因分析

（1）确定故障点。故障时第一、二套母差保护动作，1 号主变压器第一、二套差动均未动作，因此故障点应位于 Ⅰ 母母差的保护范围内。为查找故障点，现场进行了直流电阻测试，分别测试了 5011 断路器、5021 断路器、5031 断路器的直流电阻。其中 5021 断路器、5031 断路器的直流电阻三相均平衡，5011 断路器 B 相直流电阻 $1264\mu\Omega$，A 相和 C 相直流电阻约为 $100\mu\Omega$，初步判定故障点在 50111B 相隔离开关气室。

通过对 50111 隔离开关 B 相的气室进行 SF_6 故障气体成分检测发现，该气室气体中存在 SO_2、H_2S 气体，并且 SO_2、H_2S 的浓度都大于 $146\mu L/L$（已经超出检测仪器量程），基本确定 50111B 相就是故障气室。

此外，由于 50111 隔离开关的气室是三相联通的，B 相的故障气体有可能通过联通管道污染了 A、C 两相的气室。从对 50111 的 A、C 两相 SF_6 气体成分的检测来看，也证明了这一点，具体的检测数据见表 8 - 1。

表 8-1　　　　　　　　50111 隔离开关气室 SF₆ 气体成分分析表

检测气室	分 解 产 物	
	$SO_2/(\mu L/L)$	$H_2S/(\mu L/L)$
50111A	>146	>146
50111B	>146	>146
50111C	32.0	18.1

　　为了检测 50111 故障气室对相邻气室的影响以及 5011、5021、5031 断路器在开断故障电流后 SF₆ 气体成分的变化，分别对靠近 50111 侧的 I 母气室、5011、5021、5031 的断路器气室进行了 SF₆ 气体成分检测。除在 5011B 相、5021B 相断路器气室发现少量的 H₂S 分解物外（5011B 相的 H₂S 含量是 $0.14\mu L/L$，5021B 相的 H₂S 含量是 $1\mu L/L$），其他气室检测均正常，未发现有 SF₆ 的分解产物。5011B 和 5021B 相断路器气室由于开断过故障电流，在开断过程中会产生少量的 SF₆ 分解物，从检测的 SO₂ 和 H₂S 含量来看，都在合理范围之内。

图 8-8　50111B 相气室现场解体图片

　　综上，可以确定发生故障的是 50111 隔离开关 B 相的气室且故障气室对相邻气室未造成影响，5011、5021、5031 断路器也未发生放电故障。

　　（2）现场解体情况。2009 年 7 月 27 日 17∶00 左右，打开故障相 50111 隔离开关 B 相气室端盖，发现气室内有很多白色粉末且绝缘盆子、筒壁有较大面积的烧焦痕迹（见图 8-8）。

　　正常操作断路器时，开断电流时会产生电弧，在电弧熄灭后，电离的气体迅速复合，绝大部分又恢复成 SF₆ 气体，极少量的分解物在重新结合过程中与水、氧气和游离的金属原子发生化学反应，生成硫的氟化物及金属氟化物。在电弧作用下，主要的 SF₆ 气体分解物是 SO₂、H₂S，其他气体分解物还有 SF₄、SF₂、SiF₄ 和 CF₄ 等，固态分解物有 AlF₃、CuF₂ 等多种。经过一定时间后，大部分气体分解物被吸附剂吸收，而固态分解物则散落在容器底部。因为 GIS 的外壳是铝制的，中心导体是铜制的，经采样分析判定白色粉末是 Al、Cu 的氟化物。

　　（3）故障原因的初步分析。故障发生时的流过 5011B、5021B、5031B 断路器的电流波形如图 8-9 所示。

　　故障电流流向如图 8-10 所示。从图 8-9 的故障电流波形来看，当故障发生时，50111B 相被击穿引起短路，流过 5011、5021、5031 的电流都汇集到 50111，使得流过 50111 的电流达到 32kA，使得 50111 发生击穿放电。

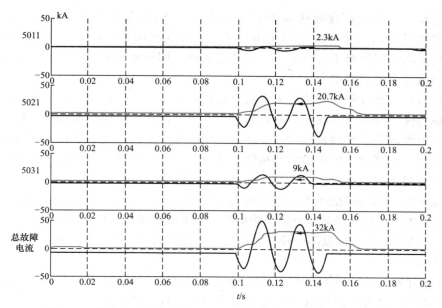

图 8 - 9　故障发生时流过 5011B、5021B、5031B 断路器的电流波形

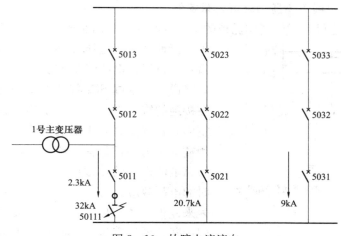

图 8 - 10　故障电流流向

造成 50111 隔离开关发生放电击穿的主要原因可能是：①气室内存在杂质，导致放电击穿；②隔离开关动静触头或导体与支撑绝缘子的接触不良，电阻增大，发热导致绝缘击穿。

3. 防范措施/经验教训

（1）加强对气室内部局部放电的检测。目前，针对 GIS 气室内部局部放电的检测方法主要有超声波局部放电检测法和特高频局部放电检测法。

超声波局部放电检测法对自由颗粒和金属件振动的缺陷比较敏感，在靠近缺陷部位时，测量精度能达几个 pC。特别是移动的金属颗粒，超声波检测法比传统的检测法、特高频法都优越，并且能发现绝缘垫圈松动、粉尘飞舞等非放电性缺陷；但是对于支撑绝缘子的缺陷较难早期检测出来，因为超声波在环氧树脂绝缘件中的衰减很大。

特高频局部放电检测法抗干扰能力较强，对 GIS 的各种放电性缺陷均具有较高的敏感度，并具有对故障点的定位能力；但不能发现绝缘垫圈松动、粉尘飞舞等非放电性缺陷。特高频法对检测环氧树脂绝缘件的故障灵敏度很高，因为绝缘强度越高，局部放电形成的脉冲越陡，持续时间也就越短，由此而产生的特高频电磁波分量也就越多。

超声波法、特高频法有各自的优缺点，将两者结合使用，检测效果将会比较全面。

（2）加强对 GIS 导体接触情况的检测。为了排除变电站其他间隔是否存在类似 50111 隔离开关 B 相的缺陷，建议对每段 GIS 导体的回路电阻进行测量，确保三相回路电阻平衡。

（3）开展对 GIS 导体发热的监测。监测 GIS 导体发热的另外一种可能方法是采用红外测量。红外测量在敞开式变电站中应用比较广泛，效果也比较好，但是在 GIS 变电站中很少采用，可以尝试开展相关工作。

【例 53】 母线气室压力降低异常实例

GIS 设备是利用 SF$_6$ 气体优越的绝缘性和灭弧性而制成的，由断路器、隔离开关、接地开关、电压互感器、电流互感器、避雷器、母线、电缆终端或套管等部分构成，简单来说即是通过 SF$_6$ 气体的绝缘将各部分集中在接地的容器内。上述设备均在独立的 SF$_6$ 气室内，各气室之间由盆式绝缘子所分隔，外部用橘红色为标记。盆式绝缘子能经受得住额定短路电流产生的热效应及机械效应和弧光短路时的电弧效应。每个 SF$_6$ 独立气室均装设密度表来监视气体密度，并有抽出或充入气体的阀门。断路器气室每相都有独立的监视装置，其他设备三相气室共用一套监视装置。

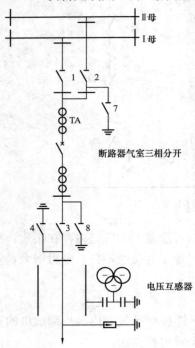

图 8 - 11　线路间隔气室分割图

其中线路间隔又可以分为七个气隔，分别是：1 隔离开关气隔，2、7 隔离开关气隔，断路器 ABC 三相分别独立的三个气隔，3、4、8 隔离开关公用的一个气隔以及出线套管气隔。2～3 个间隔的 I 母线或 II 母线组成母线气室。横线表示支撑绝缘子将不同气室隔开的地方，间隔气室分割图如图 8 - 11 所示。

某变电站 220kV GIS 设备于 2007 年 12 月 15 日投入运行。2008 年 5 月 23 日，该变电站备用三 2007 间隔出线套管气室与气压表连接管道上一固定连接螺母断裂（见图 8-12），造成该气室压力降为零。

图 8-12 GIS 设备气室连接管道螺母断裂图

GIS 设备各气室的压力见表 8-2。

表 8-2 不同气室的 SF₆ 气压表

SF₆ 气体	断路器气室 /MPa	其他气室 /MPa
额定值	0.6	0.6
报警	0.55	0.55
闭锁	0.5	—

值班员发现异常后，迅速汇报调度及工区专职，由于此线路为备用间隔，故障点在出线气室，因此调度发令将线路改为检修状态，调换固定连接螺母，并将气室充气至额定压力。后经分析，固定连接螺母含铅量较高，受力强度减小，容易断裂。

假设固定连接螺母断裂，压力降为零的是运行气室，就会发生绝缘击穿，造成短路事故，因此制订以下措施。

（1）班组将 GIS 设备气体压力表连接管检查要求列入现场巡视作业指导书。每月结合重点巡视，分工到人对 GIS 设备气体压力表连接管进行重点巡视。

（2）当气温发生较大变化时，现场人员应加强对连接管的特巡工作。

（3）当设备检修时提醒检修人员对 GIS 设备气体压力表连接管进行检查。

（4）制订设备故障的事故预案，举行联合反事故演习。

2009 年 3 月 2 日经值班员巡视发现 220kV 母线气室螺母有裂纹痕迹。随即汇报调度，调度安排母线全部停电，将所有螺母进行调换。

【例 54】 变电站 220kV 母线失压故障分析报告

1. 处理经过

某年 6 月 29 日晚，某地区遭受大风、雷电、暴雨袭击。29 日 20：02，TL 线路 A 相故障，TL1 保护动作，A 相断路器未跳开，220kV T 变电站西母失灵保护动作，造成 T 变电站 220kV 西母失压。110kV 两段母线并列运行，T110 作母联运行，两台主变压器并列运行，每台主变压器各带 48MVA 负荷，故障只是跳开了 T222 断路器，没有造成负荷损失。

故障前 220kV T 变电站运行方式为：TL1、TP1、ⅡTU1、ⅡHT2、TD1、T222 运行于 T 220kV 西母。ⅠTU1、ⅠHT1、ⅠBT2、T221、TW1 运行于 T 220kV 东母。其主接线示意图如图 8-13 所示。

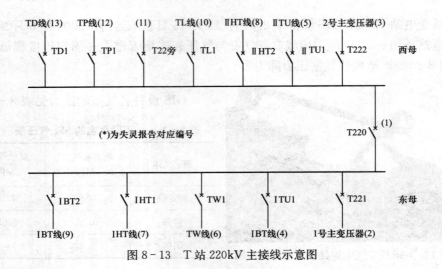

图 8-13　T 站 220kV 主接线示意图

运行人员及时打印出保护报告和故障录波报告，综合分析后初步判断是一起 220kV 线路故障，线路断路器拒跳引起的失灵保护启动母差保护动作行为，运行人员还发现 TL1B 相机构进水。

2. 原因分析

(1) 保护动作信息及检查情况。

TL1WXH-802 装置动作信息为：

5ms　纵联保护启动。

8.33ms　纵联保护收讯。

14.33ms　纵联保护停讯。

39.99ms　纵联零序出口。

42.49ms　纵联距离出口。

292.4ms　纵联单跳失败（程序设定时间为 250ms）。

542.4ms　纵联三跳失败。

故障测距 4.511km，故障零序电流 38.75A。

TL 1RCS-901B 装置动作信息为：

8ms　工频变化量阻抗 A 相动作。

25ms　距离Ⅰ段 A 相动作。

26ms　纵联变化量方向 A 相动作。

26ms　纵联零序方向 A 相动作。

83ms　零序过流Ⅰ段 A 相动作。

209ms　纵联变化量方向三相动作（程序设定为 200ms）。

209ms　纵联零序方向三相动作（程序设定为 200ms）。

209ms　距离Ⅰ段三相动作。

209ms 零序过流Ⅰ段三相动作。

209ms 单跳失败启动三跳动作。

故障测距 4.1km，故障相电流 39.59A，故障零序电流 38.79A。

失灵保护动作情况为：

8ms 保护动作启动失灵保护。

260ms 失灵保护动作，首先出口跳开 T220 断路器；510ms 延时，出口联跳 T220kV 西母其余六回出线断路器。

（2）保护闭锁回路分析（见图 8-14）。19：30 左右，T 地区遭受雷电、暴雨及暴风袭击，TL1B 相断路器机构门被大风刮开，造成机构箱进雨水。由于机构端子排被打湿从而造成邻近端子间歇性短路。后台机上频繁报出 SF₆ 闭锁、低油压分闸闭锁动作、复归信号。故障后检查，TL1 断路器 B 相机构门被暴风刮开进水，机构报压力降低闭锁、SF₆ 压力低闭锁，端子排上有明显水珠（见图 8-15、图 8-16）。

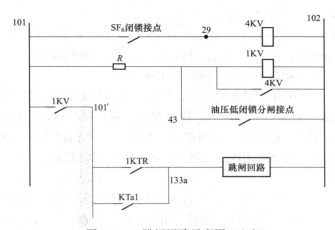

图 8-14 跳闸回路示意图（A 相）

图 8-15 受潮的机构箱（一）

图 8-16 受潮的机构箱（二）

当正电 101 与 29 短路时，4KV 得电动作，4KV 接点短接 1KV 线圈 1KV 失电返回，1KV 触点打开，闭锁跳闸回路。后台机报断路器低油压分闸闭锁动作、断路器 SF_6 低气压闭锁动作。由于受短路的热效应，不长的时间内短路消失，4KV 失电返回，4KV 接点打开，1KV 得电重新动作，1KV 接点重新闭合，开放跳闸回路。后台机报断路器低油压分闸闭锁复归、断路器 SF_6 低气压闭锁复归。

当 TL 线故障时，恰逢装置处于闭锁跳闸回路状态，保护装置动作，无法切除故障，从而起动断路器失灵保护。而断路器失灵保护动作出口时，恰逢装置处于开放跳闸回路状态，切除断路器。

根据以上 TL1 保护动作情况分析，保护装置动作正确。分闸不成功，主要原因是 TL1B 相断路器机构箱进雨水，端子排被打湿，造成 SF_6 闭锁接点短路，闭锁了跳闸回路。

（3）断路器机构箱进水分析。TL1B 相断路器机构箱门能够关上，但是门把手松动，在暴风持续作用下，机构箱门被刮开，造成雨水进入。

（4）TL1 断路器跳闸检查分析。

1）断路器手合、手跳检查。在 SF_6 闭锁、低油压分闸闭锁动作状态下，运行人员不能手合断路器；在 SF_6 闭锁、低油压分闸闭锁复归状态下，运行人员能够手合断路器。断路器在合闸位置，同样会出现上述情况。

SF_6 闭锁、低油压分闸闭锁复归后，断路器进行传动试验多次均正常。

2）TL1 保护检查情况。事故后，检查保护压板接触良好，均在正确投入位置。事故后模拟 SF_6 闭锁、低油压分闸闭锁动作情况，在闭锁状态下，即使保护出口，断路器也不能跳闸；在 SF_6 闭锁、低油压分闸闭锁复归状态下，保护出口，断路器能够正确跳闸。

从保护录波报告分析，保护动作行为正确，已经起动出口继电器，但是由于 SF_6 闭锁、低油压分闸闭锁动作，切断了出口正电源，断路器因此不能跳闸。

3）失灵保护检查。事故后，检查失灵保护压板接触良好，均在正确投入位置。事故后模拟 SF_6 闭锁、低油压分闸闭锁动作情况，在闭锁状态下，即使失灵保护出口，TL1 断路器也不能跳闸；在 SF_6 闭锁、低油压分闸闭锁复归状态下，失灵保护出口，TL1 断路器能够正确跳闸。

TL1 保护动作 8ms 后起动失灵保护，因断路器未跳闸，故障电流持续存在，保护出口保持。失灵保护经过整定时间 0.25s 后，在 260ms 动作，出口跳 T220 断路器，经过整定时间 0.5s 后，在 510ms 动作，出口跳 T220kV 西母出线断路器。

因此，220kV 失灵保护动作正确。

4）断路器检查。事故后，运行人员及时发现 TL1B 相断路器机构进水，端子排上有水珠，端子排有放电痕迹。检修人员和保护人员进行了信号传动，发现 SF_6 闭锁信号和低油压分闸闭锁信号已经长期动作，检查其他回路均正常，检查其他两相断路器机构正常。断路器机构做了跳合闸试验，A 相断路器跳闸动作电压为

132V，B 相断路器跳闸动作电压为 136V，C 相断路器跳闸动作电压为 135V。解除闭锁后，断路器跳合 10 次均正确动作。检修人员用吹风机对端子排进行干燥，短接温控器接点起动加热器对机构箱加热。

保护人员更换了机构箱放电烧损的端子排（见图 8-17），进行了机构信号传动，信号和闭锁回路正常。断路器机构做跳合闸试验，A 相断路器跳闸动作电压为 132V，B 相断路器跳闸动作电压为 136V，C 相断路器跳闸动作电压为 135V。断路器传动多次，断路器动作正确。因此，断路器本体正常。

图 8-17　烧损的端子（端子 120 与 119 间明显放电痕迹，此为 SF_6 压力闭锁接点）

5）失灵保护跳 TL1 断路器分析。检查后台机历史记录，在 TL1 保护动作到 TL1 断路器跳闸期间未发现 SF_6 闭锁、低油压分闸闭锁复归信号。经过检查，断路器既然跳开了，应该是 SF_6 闭锁、低油压分闸闭锁进行了短暂复归，开放了保护跳闸正电源。

6）TL1 保护发三跳令和失灵动作跳母联配合问题。单相断路器拒动后，保护补发三相跳闸命令各厂家整定不一样，RCS-901B 程序设定为 200ms，WXH-802 程序设定为 250ms。

（5）结论。

1）TL 线路故障是造成本次事故直接原因。

2）TL1 断路器 B 相机构箱进雨水是造成 T 变电站 220kV 西母失压的主要原因。

3）保护动作行为正确。

3. 防范措施

（1）以前依据反措要求，只是对正负电及跳合闸回路进行了隔离，本次事故暴露出保护闭锁回路端子相邻，有可能因污秽或雨水造成短路，引起保护误动或拒动，建议在相应闭锁回路增加隔离端子或加装隔离片。

（2）对 T 变电站及其他变电站机构箱进行全面排查，检查密封防雨情况，机构箱门采取闭锁措施，防止发生类似事故的发生。

【例 55】　一起 220kV GIS 母线故障分析

1. 故障现象

220kV 友谊变电站共有 6 回出线，分别与华润南京电厂（2Y13、2Y14）、东善桥变电站（4531、4532）、双闸变电站（2Y17、2Y18）的 220kV 系统相联。220kV：Ⅰ、Ⅱ段母线合排运行，220kV 母联 2530 在运行，Ⅰ段母线 2Y13、4531、2Y17 在运行；

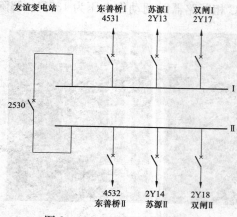

图 8-18 220kV 系统接线图

Ⅱ段母线 2Y14、4532、2Y18 在运行（见图 8-18）。

2007 年 3 月 5 日 20：21，在天气晴好、无任何操作和检修工作的情况下，友谊变电站 220kV Ⅰ段母线母差保护动作，Ⅰ段上所有运行的断路器跳闸。故障录波显示 A 相单相接地故障，Ⅰ段母线 A 相电压到 0，故障电流二次值约为 136.05A，TA 变比为 1200/5，一次值约为 32.64kA，故障持续约 50ms。当值运行人员立即汇报调度并到现场检查保护动作情况和一次设备。在检查过程中，GIS 外观没有发现异常，但在对 2Y181 隔离开关 A 相气室检查时发现有粉末（通过观察孔检查），随即将此现象汇报省调和相关领导，在得到省调许可后将 2Y13、4531 调至 220kV Ⅶ段母线运行。3 月 6 日中午，对相关需送电间隔的 A 相气室进行 SF₆ 气体成分检测，具体有：2Y17、2Y18、2Y13、4531 间隔，测量结果显示 2Y181 隔离开关 G1 气室 HF、SO₂ 含量严重超标，H₂S 有一定含量。下午，2Y18 间隔转检修状态，将 2Y181 隔离开关 G1 气室抽光，相邻三间隔气室减压处理（0.3MPA），将 2Y181 隔离开关防爆装置孔打开，发现有粉末，靠近的两个盆子未见异常，用相机和内窥镜检查发现，G1 气室靠近 45311 的盆子有放电痕迹。最后将部分 GIS 设备解体，可以看到设备被弧光烧伤的痕迹（见图 8-19～图 8-21），经厂家和相关技术专家试验和分析确定为 GIS 母线内部故障。

图 8-19 GIS 解体后照片（一）

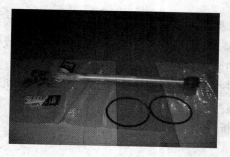

图 8-20 GIS 解体后照片（二）

图 8-21 GIS 解体后照片（三）

（1）光字牌情况记录。2Y17 第一、二组出口跳闸，603 及 931 保护跳闸，TV 断线，装置呼唤，线路无压，装置异常。2Y13、4531 第一、二组出口跳闸 602、

603 及 931 保护 TV 断线，装置呼唤，线路无压，装置异常。2530 第一、二组出口跳闸。

220kV Ⅰ 段母线失压。

220kV 2Y17、4531、2Y13、2530 事故总信号

（2）保护动作情况记录。2Y17 RCS931A 保护起动时间：2007 - 03 - 05 20：18：20：885

23ms　发远跳 1

26ms　闭重三跳 1

60ms　A 相跳闸位置 1

61ms　B 相跳闸位置 1

64ms　C 相跳闸位置 1

65ms　收远跳 1

115ms　收远跳 0

127ms　闭重三跳 0

132ms　发远跳 0

2Y17　PSL603G 保护起动时间：2007 - 03 - 05 20：18：21：056

00ms　启动 CPU 启动

00ms　距离零序保护启动

00ms　差动保护启动

54ms　远传跳闸出口

55ms　差动保护永跳出口

4531　RCS931A 保护起动时间：2007 - 03 - 05 20：18：20：836

21ms　发远跳 1

28ms　闭重三跳 1

62ms　B 相跳闸位置 1

62ms　C 相跳闸位置 1

63ms　A 相跳闸位置 1

111ms　闭重三相 0

116ms　发远跳 0

4531　PSL602G 保护起动时间：2007 - 03 - 05 20：18：21：055

00ms　启动 CPU 启动

00ms　纵联保护启动

00ms　距离零序保护启动

5149ms　PT 三相失压

2Y13　RCS931A 保护起动时间：2007 - 03 - 05 20：18：20：926

20ms　发远传 1，0 - 1

62ms　B 相跳闸位置 1

62ms　C 相跳闸位置 1

63ms　A 相跳闸位置 1

117ms　发远传 1，1-0

2Y13　PSL603G 保护启动时间：2007-03-05 20：18：21：047

00ms　启动 CPU 启动

00ms　距离零序保护启动

01ms　差动保护启动

220kV　RCS915AB 母线保护起动时间：2007-03-05 20：18：20：740

03ms　A 相变化量差动保护跳 I 母

20ms　A 相稳态量差动保护跳母联

21ms　A 相稳态量差动保护跳 I 母

最大电流：136.05A（二次值）

（3）相关故障录波（A 相，见图 8-22）。

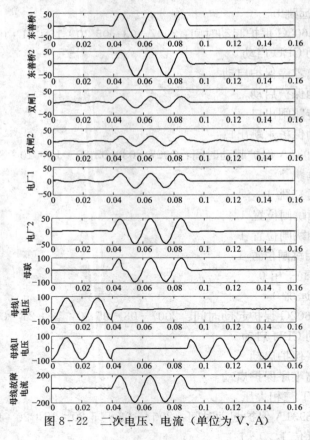

图 8-22　二次电压、电流（单位为 V、A）

160

2. 故障分析及处理

（1）判断故障性质。当故障发生后，值班员第一时间查看光字牌、报文和断路器变位信息，由于报文、光字牌信息量太大，立即判断故障原因比较困难，但从断路器变位来判断，220kVⅠ段母线上所有运行的断路器跳闸（包括母联），可能有两种原因：①线路故障，线路保护动作，断路器拒动，起动母线的断路器失灵保护跳开该段母线上的所有断路器；②在母线保护范围内的设备发生故障，起动母线保护跳开该段母线上的所有断路器。我们随即查看线路保护和母线保护的故障报告，首先查看 220kVⅠ段母线上所有运行断路器线路保护的故障报告，以2Y17PSL603G 保护动作报告为例：发现主保护和后备保护起动，但没有主保护和后备保护的出口信息，220kVⅠ段母线上所有运行的断路器均跳闸，不存在断路器拒动的可能，可以排除第一种原因。接着我们查看了母线保护的故障报告，发现母线保护动作跳 220kVⅠ段母线上所有运行的断路器（包括母联），由此可以判断母线上发生了故障。GIS 一次设备发生故障的原因我们认为有两种可能：①设备质量存在问题包括制造工艺、运输过程中设备受损等；②在设备安装过程中出现的问题，例如：导体的接头部分接触不到位，长时间运行容易发热造成事故。

（2）RCS915AB 母线保护动作原理。差动保护回路包括母线大差回路和各段母线小差回路。母线大差是指所有支路电流所构成的差动保护回路（母联断路器除外）。某段母线的小差是指该段母线上所连接的所有支路（包括母联开关）电流所构成的差动保护回路。母线大差比率差动用于判别母线区内和区外故障，小差比率差动用于故障母线的选择。

差动保护根据母线上所有连接元件电流采样值计算出大差电流，构成大差比例差动元件，作为差动保护的区内故障判别元件。

对于双母线接线方式，根据各连接元件的隔离开关位置开入计算出两条母线的小差电流，构成小差比率差动元件，作为故障母线选择元件。

从图 8-22 故障录波、图 8-23 母线保护逻辑图、图 8-24 故障波形和图 8-25 母线保护的动作报告综合分析，大差电流 DIA 判为区内故障，Ⅰ母小差电流 DIA1 可判为故障是Ⅰ段母线 A 相故障，故障持续了大约 50ms，大差和小差的差流值大于启动差流值，启动元件和比率差动元件动作，差流元件的判据为 $I_d > I_{cdzd}$，I_d 为大差动相电流，I_{cdzd} 为差动电流起动定值，差流元件起动后开放500ms，比率差动元件的判据为 $\left| \sum_{j=1}^{m} I_j \right| > I_{cdzd}$、$\left| \sum_{j=1}^{m} I_j \right| > K \sum_{j=1}^{m} |I_j|$，$K$ 为比率系数，I_j 为第 j 个连接元件的电流，大差比率差动判为母线区内故障，小差比率差动判为Ⅰ段母线故障。3ms 变化量差动保护启动经过断路器固有跳闸时间去跳开Ⅰ段母线上的所有断路器，20ms 稳态量差动保护启动经过母联断路器固有跳闸时间去跳开母联断路器，21ms 母差保护经过Ⅰ母上断路器固有跳闸时间去跳开所有断路器。

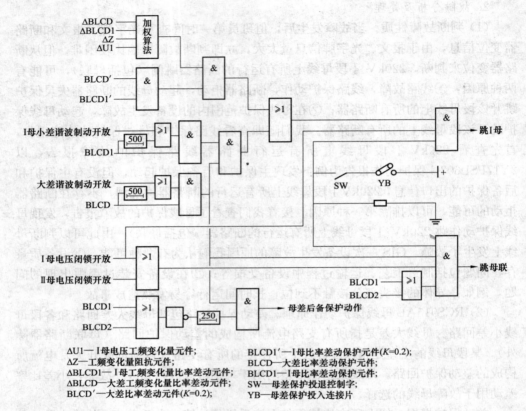

ΔU1—I母电压工频变化量元件;
ΔZ—工频变化量阻抗元件;
ΔBLCD1—I母工频变化量比率差动元件;
ΔBLCD—大差工频变化量比率差动元件;
BLCD′—大差比率差动元件(K=0.2);

BLCD1′—I母比率差动保护元件(K=0.2);
BLCD—大差比率差动保护元件;
BLCD1—I母比率差动保护元件;
SW—母差保护投退控制字;
YB—母差保护投入连接片

图 8 - 23 母线保护逻辑图

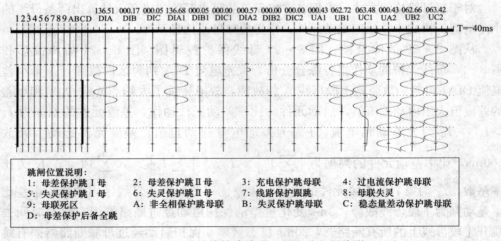

跳闸位置说明:
1: 母差保护跳 I 母   2: 母差保护跳 II 母   3: 充电保护跳母联   4: 过电流保护跳母联
5: 失灵保护跳 I 母   6: 失灵保护跳 II 母   7: 线路保护跟跳   8: 母联失灵
9: 母联死区   A: 非全相保护跳母联   B: 失灵保护跳母联   C: 稳态量差动保护跳母联
D: 母差保护后备全跳

图 8 - 24 母线故障波形—差流及电压波形

序号	启动时间	相对时间	动作相别	动作信息
007	2007 - 03 - 05 20：18：20：740	00003ms	A	变化量差动保护跳Ⅰ母 0001，2017，0005，0006 0007，0008，0009，0010 0011，4531，2013，0015 0016，0017，0018，0019 0020，母联
		00020ms	A	稳态量差动保护跳母联
		00021ms	A	稳态量差动保护跳Ⅰ母

图 8 - 25　母线保护动作报告

（3）三跳不起动重合闸回路。从图 8 - 26 分析，母线保护动作开入量开入，通过母线保护的Ⅰ、Ⅱ跳闸出口连接片，启动永跳回路的 11TJR、12TJR（第一组跳闸回路），21TJR、22TJR（第二组跳闸回路）。以第一组跳闸回路为例，从图 8 - 27 分析，11TJR、12TJR 动作后去启动第一组分相跳闸回路（21TJR、22TJR 动作后去起动第二组分相跳闸回路），跳闸回路接通，跳闸保持继电器 TBJ 动作并自保持，通过跳圈 TQ 跳开断路器，从而切除了故障，同时该回路启动后，其有关接点还送给重合闸，去给 PSL603 保护重合闸放电禁止重合。

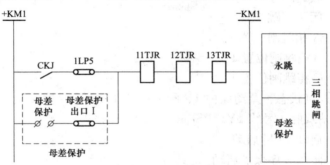

图 8 - 26　三相跳闸回路图

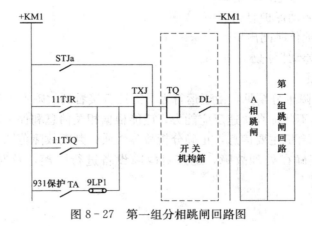

图 8 - 27　第一组分相跳闸回路图

（4）远跳回路。友谊变电站 220kV I 段上的断路器跳开后，为了加速对侧断路器快速跳闸，通过远跳令使对侧断路器也全部跳开。以胜双 1 号线 2Y17 举例，从图 8-28 分析，友谊变母线保护动作后通过线路保护操作箱的 13TJR 开入至 931、603 保护装置，由 931、603 保护向对侧发远跳令，对侧收到本侧的远跳令后，双闸 2Y17"931"保护定值整定为"远跳受本侧控制"，通过双闸侧 2Y17"931"保护动作报告可以看出，本侧保护已经启动，在收到远跳信号后三相跳闸并闭锁重合闸。双闸 2Y17"603"保护定值整定为"远跳经本地启动"，通过双闸侧 2Y17"603"保护动作报告可以看出，本侧保护已经启动，启动后收到对侧远跳信号，三相跳闸并闭锁重合闸，从而实现对侧开关快速跳闸的目的，以防止母线故障发生在电流互感器和断路器之间的死区故障时通过对侧开关快速跳闸来切除故障。

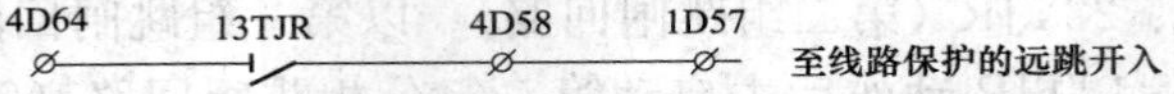

图 8-28　远传跳闸

双闸变电站双胜 1 号线 2Y17RCS931 保护动作报告。

1）41ms　收远跳 1。

2）52ms　闭重三跳 1。

3）81ms　A 相跳闸位置 1。

4）81ms　B 相跳闸位置 1。

5）81ms　C 相跳闸位置 1。

启动时开入量状态：差动保护 1、距离保护 1、零序保护 1。

双闸变电站双胜 1 号线 2Y17PSL603 保护动作报告。

1）00ms　启动 CPU 启动。

2）00ms　距离零序保护启动。

3）01ms　综重电流启动。

4）01ms　差动保护启动。

5）30ms　远传跳闸出口。

6）30ms　差动保护永跳出口。

3. 注意事项

GIS 母线故障十分罕见，由于运行人员无法直接看到故障点，作为运行人员在故障发生后，应不断提高快速反应能力，应能根据相关信息和保护动作报告，开关跳闸情况以及后台机主要信息，正确分析故障性质，判断故障范围，在调度统一指挥下，快速、正确在处理故障，迅速对故障设备进行隔离，及时恢复对用户的供电。

第九章

线路事故或异常

第一节　线路事故或异常处理概述

一、线路事故处理概述

输电线路因其量大面广以及受环境、气候等外部影响大等因素的存在，因而具有很高的故障概率，线路跳闸事故是变电站发生率最高的输变电事故。线路故障一般有单相接地、相间短路、两相接地短路等多种形态，其中以单相接地最为频繁，有统计表明，该类故障占全部线路故障的95％以上。

连接于线路上的设备，如线路电压互感器、电流互感器、避雷器、阻波器等的故障，按其性质、影响、保护反映等因素考虑，也应归属为线路故障。

1. 线路故障跳闸事故的处理

（1）判明故障的类型与性质。线路故障的类型与性质是电网值班调度员进行事故处理决策的重要依据，变电站值班人员应在故障发生后的最短时间内从大量的事故信息中过滤、筛选出能为故障判断提供支持的关键信息。这些关键信息主要有故障线路主保护的动作信号、启动信号、出口信号及屏幕显示、录波图等。后备保护信号及相邻线路/元件的信号仅能提供旁证和佐证，在故障发生后的第一时间内甚至可以不予理会，向调度报告时，应清楚地提出对故障的判断和相关的关键证据。

（2）掌握故障测距信息。准确的故障测距信息能帮助巡线人员在最短的时间内查到故障点加以排除，使故障线路迅速恢复供电，是事故处理中最重要的信息之一。值班人员应力争在线路跳闸后的第一时间内获得这一信息，迅速提供给值班调度员。

（3）查明站内线路设备有无损坏。由于电网的不断扩大，线路故障时的短路容量增大，强大的短路电流有可能使线路设备损坏或引发异常，甚至有可能故障就在变电站内。因此，线路跳闸后，值班人员应对故障线路有关回路及设备，包括断路器、隔离开关、电流互感器、电压互感器、耦合电容器、阻波器、避雷器等进行详尽而细致的外部检查，并将检查结果迅速报告有关调度。

（4）确认强送条件是否具备。强送是基于故障点或故障原因有可能在故障存续期间的热效应或机械效应作用下自行消除的考虑而采取的试探性送电，它常常是以线路设备再承受一次冲击为代价的，特别要求承担强送的断路器具备良好的技术状态，能在强送于故障时可靠跳闸，以免扩大事故，因此要求变电站值班人员必须确认用以强送线路的断路器符合以下条件。

1）断路器本身回路完好，操作机构工作正常，气压或液压在额定值。

2）断路器故障跳闸次数在允许范围内。

3）继电保护完好。

另外，为提高强送的成功率，故障与强送之间应有一定的时间间隔以利于故障点的绝缘恢复。

采用3/2接线方式的变电站，线路故障后强送的操作应用母线侧断路器进行。若采用中间断路器强送，当强送的断路器失灵或保护拒动时，相应的失灵保护动作跳开同一串的另外一台断路器，同时将同一串的相邻线路或主变压器切除，造成事故扩大；而采用母线侧断路器强送，万一断路器失灵或保护拒动，至多停一条母线，而不影响相邻线路或元件的运行。

（5）重视故障录波图的判读。故障录波图能完整、准确地记录和显示故障形成、发展和切除的波形与过程，是事故处理与分析的重要信息资源。但由于故障录波器一般都比较灵敏，其记录的大量一般系统波动信息往往把事故的重要信息淹没其中，查找、调阅与事故有关的报告，对于一般的值班人员来说并非易事。有的故障录波器其信息靠打印输出，与事故有关的报告夹杂在大量一般的报告中按时间排序慢慢地打印出来，往往需要很长时间，因此，许多变电站值班人员还是习惯于通过中央信号和保护信号进行事故判断和处理，故障录波图这一宝贵的信息资源在事故处理中还未得到普遍和充分地利用。

由于传统的光字信号和掉牌信号只能反映继电保护及自动装置的动作最终结果而难以反映其动作过程，因而在某些线路故障呈现复杂形态的情况下难以作出准确全面的分析和判断，有时甚至会造成误判断而影响电网调度人员的决策和指挥。如某500kV变电站的一次线路故障，主保护与采用相同原理的后备保护作出了完全不同的反映。主保护反映为单相故障并启动重合闸，而后备保护反映为相间故障并闭锁重合闸，致使现场值班人员难以作出准确判断，调度员无法进行果断处理，后经有关技术人员解读故障录波图才判定为单相故障、后备保护误动作的事实。还有一次，某变电站500kV线路断路器跳闸，重合闸不成功，光字信号及掉牌单元反映为第一、第二套高频距离及后备距离同时动作，A、B相启动。值班人员据此判断为相间故障并向总调值班调度员作了报告，但重合闸动作的信号却令值班员颇感疑惑，判为重合闸误动又觉依据不足。后经技术人员指导对故障录波器的打印信息进行判读发现，该线路先是发生A相接地故障，保护A相启动，55ms后断路器跳闸，800ms后断路器A相重合，重合后140ms又发生B相故障，保护B相启动。此时由于重合闸动作后尚未返回便三相跳闸，实际上是间隔时间很短的两次不同相单相故障。于是值班人员迅速向调度作补充报告，并对先前的报告作了更正。

由此可见，故障录波图及SCADA系统事件记录的判读，对于事故处理过程中的分析判断是极其重要的。结合光字和保护掉牌信号，能立体地反映一个故障的发展过程和保护的动作行为与结果，从而使现场值班人员能准确判断故障的性质与形态。

（6）线路保护动作跳闸。线路（包括双回线的一条线路）保护动作跳闸，一般必须与调度联系。一般由大电源的一端试送一次，若成功，由另一端并网，保护动作跳闸的处理原则如图 9-1 所示。

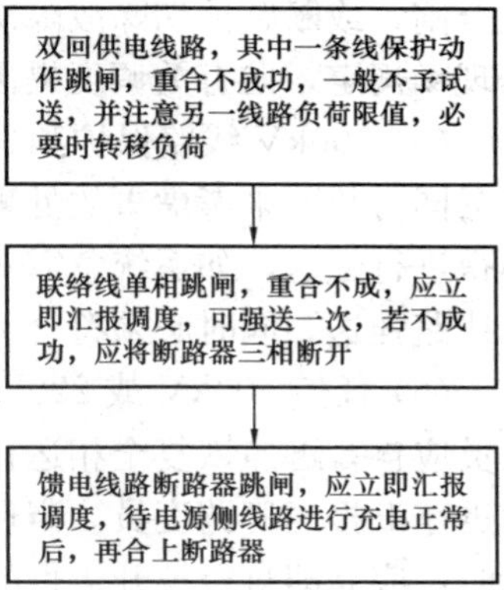

2. 电力电缆事故处理

（1）电缆头绝缘破坏、爆炸及着火处理。电力电缆的端部（电缆头）由于制作施工工艺等原因，致使电缆头电压分布不均匀，引起电缆头绝缘破坏。如果运行中的电缆头发生破坏（放电严重或电缆头炸裂等），应立即向调度申请拉开该线路断路器并组织值班员进行灭火，必要时采取防毒措施，同时立即向调度、工区汇报，通知有关消防部门组织灭火。

双回供电线路，其中一条线路保护动作跳闸，重合不成功，一般不予试送，并注意另一线路负荷限值，必要时转移负荷

↓

联络线单相跳闸，重合不成，应立即汇报调度，可强送一次，若不成功，应将断路器三相断开

↓

馈电线路断路器跳闸，应立即汇报调度，待电源侧线路进行充电正常后，再合上断路器

图 9-1　线路保护动作跳闸的处理

（2）电缆头溢油、冒烟，引线过热烧断或折断。运行中的电缆头，因线夹接触不良，导致严重发热或引起电缆头渗油、漏油（胶），严重过热可使油分解冒烟，将引线或线夹烧断或因外力而折断，此时，应尽快减少负荷，加强监视或停用，等候处理。

3. 调度有关线路事故的处理规定

（1）线路跳闸后，为加速事故处理，调度员可不待查明事故原因，立即进行强送电。在强送电前应考虑：

1）强送端的正确选择，使系统稳定不致遭到破坏。在强送前，要检查有关主干线路的输送功率在规定的限额之内。必要时应降低有关主干线路的输送功率或采取提高系统稳定度的措施，有关省（市）调应积极配合。

2）现场值班人员必须对故障跳闸线路的有关回路（包括断路器、隔离开关、电流互感器、电压互感器、耦合电容器、阻波器、高压电抗器、继电保护等设备）进行外部检查，并将检查情况汇报调度。

3）500kV 线路故障跳闸至强送的间隔时间为 15min 及以上。

4）强送端变压器中性点必须接地，强送电的断路器必须完好且具有完备的继电保护。

5）强送前强送端电压控制和强送后首端、末端及沿线电压应做好估算，避免引起过电压。

（2）线路故障跳闸后（包括故障跳闸，重合闸不成功），一般允许强送一次。如强送不成。系统有条件时，可以采用零起升压方式；如无条件零起升压，经请示有关领导后允许再强送一次。

（3）断路器允许切除故障的次数应在现场规程中规定。断路器实际切除故障的次数，现场应做好记录。线路故障跳闸，是否允许强送或强送成功后是否需要停用

重合闸，或断路器切除故障次数已到规定的次数，均由发电厂、变电站值班人员根据现场规定，向有关调度提出要求。

(4) 500kV 线路保护和高压电抗器保护同时动作跳闸时，则应按线路和高压电抗器同时故障来考虑事故处理。在未查明高压电抗器保护动作原因和消除故障之前不得进行强送，如系统急需对故障线路送电，在强送前应将高压电抗器退出后才能对线路强送，同时必须符合无高压电抗器运行的规定。

(5) 任何 500kV 或 220kV 线路不得二相运行。当发现二相运行时，现场值班人员应自行迅速恢复全相运行；如无法恢复，则可立即自行拉开该线路断路器，事后迅速汇报当班调度员。当现场值班人员发现线路二相断路器跳闸、一相断路器运行时，应立即自行拉开运行的一相断路器，事后迅速报告当班调度员。一又二分之一主接线的厂（站）在接线正常方式下，若发生某一断路器非全相运行且保护未动作跳闸，值班人员应立即汇报当班调度员。若无法联系时可以自行拉开非全相运行的断路器，事后迅速报告当班调度员。

(6) 线路一侧断路器跳闸后，有同期装置且符合合环条件，则现场值班人员可不必等待调度命令，迅速用同期并列方式进行合环。如无法迅速合环时，值班调度员可命令拉开另一侧线路断路器。500kV 线路应尽量避免长时间充电运行。

(7) 联络线跳闸后，在强送时应确保不会造成非同期合闸。

二、线路异常处理概述

大电流接地系统指中性点直接接地系统，我国 110kV 及以上电网一般为大电流接地系统；小电流接地系统指中性点不接地系统或经消弧线圈接地系统，我国 35kV 及以下电网一般为小电流接地系统。

(1) 小电流接地系统的运行特点。

1) 小电流接地系统中发生单相故障时，线电压大小和相位不变且对称，而系统的相间绝缘能够满足线电压运行的要求，所以允许单相接地时维持运行。

2) 中性点经消弧线圈接地的系统允许带接地故障运行的时间决定于消弧线圈的允许运行条件，一般规程规定不超过 2h，消弧线圈的油温不超过 85℃。

3) 单相接地时对设备的影响和危害有：①单相接地故障时，非故障相对地电压升高，系统中的绝缘薄弱环节可能因此击穿，造成短路故障；②故障点产生间歇性电弧，易导致谐振，产生谐振过电压，对系统设备造成危害。同时，间歇性电弧可能烧坏设备，使故障扩大为相间故障。

(2) 小电流接地系统单相接地的现象。

1) 警铃响，发出"母线接地"、"掉牌未复归"、"消弧线圈动作"等光字牌。

2) 检查绝缘指示母线一相电压降低，另两相升高；金属性接地时，接地相电压降为 0，另两相升高为线电压。

3) 对于经消弧线圈接地系统，消弧线圈电流表指示增大。

4）电压互感器开口三角电压增大。

5）若接地发生不稳定或放电拉弧，会重复间歇性发生上述现象。

（3）小电流接地系统单相接地的查找及处理。

1）将接地现象汇报调度。

2）做好绝缘措施，检查站内接地母线所接的所有设备绝缘有无异常情况。初步判断接地点是在站内还是站外。若站内设备接地，应汇报有关部门进行处理；若接地点在站外，则应按调度命令选择。

3）若接地点初步判断在线路上，经调度同意，可采用瞬时拉、合断路器法判断查找接地点。操作时应二人同时进行，一人操作、一人监护及监视接地母线相电压表。在断路器断开瞬间，若相电压恢复正常值，则可判明接地点在该线路上，反之则可排除该线路接地，如此按顺序逐步查找。

（4）查找接地故障的顺序一般为：

1）空载线路。

2）有备用的设备或回路。

3）历史记录经常发生接地的线路。

4）分支多、线路长、负荷小、不太重要的线路。

5）较重要的负荷。

6）对于重要负荷，应汇报调度，在转移负荷后进行停电检查。

（5）查找单相接地故障时的注意事项。

1）查找接地点时，运行人员应穿绝缘靴，戴绝缘手套，接触设备时注意防护。

2）加强对电压互感器运行状态的监视，防止因接地时电压升高使电压互感器发热、绝缘损坏和高压熔断器熔断。

3）对经消弧线圈接地系统，要加强对消弧线圈的监视，防止消弧线圈发热导致的消弧线圈损坏，严禁在带有接地点时拉合消弧线圈。

4）若发现电压互感器、消弧线圈故障或严重异常，应立即断开故障线路。

5）系统带接地故障运行时间一般在规程中规定不超过 2h。

6）系统若频繁地出现瞬时接地情况，可将不重要的、经常易出故障的线路短时停电，待其绝缘恢复再试行送电。

7）用"瞬停法"查找故障时，无论线路上有无故障，均应立即合上。

8）做好故障记录，以便为下次出现接地提供参考。

（6）光字牌发出"接地信号"原因分析及处理。

1）当后台机发出"母线接地"信号时，要仔细区分一次设备接地与谐振、电压互感器一次侧熔断器熔断等不同现象，防止误判断造成误操作。引发接地现象的情况汇总见表9-1。

表 9-1　　　　　　　　　　　引发接地现象的情况汇总

现　象	电　压	判　断
"母线接地"	三相电压有规律的上下摆动，或者空充母线时三相电压不平衡	谐振
"母线接地"	一相电压为零，另两相电压不变	电压互感器一次熔丝一相熔断
"母线接地""消弧线圈动作"	一相电压为零，另两相电压升高	单相接地

2）原因分析。从中性点不接地系统交流绝缘监察装置图分析（见图9-2），当线路或母线确实发生接地时、TV高压熔断器一相或两相熔断时以及出现铁磁谐振时，都会造成开口三角出现电压，使继电器KV动作，发出"母线接地"信号。二次熔断器熔断时不发此信号。

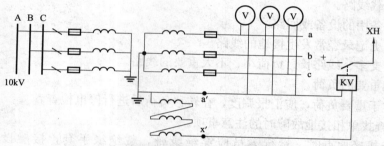

图 9-2　中性点不接地系统交流绝缘监察装置图

3）处理方法。铁磁谐振时，值班员要根据三相电压表的指示来判断，如三相电压同时升高，达到3～4倍的相电压，可判断为高频谐振；如一相电压升高，不超过2倍的相电压，两相电压低或三相电压表在同范围内低频摆动，可判断为分频谐振；或是一相电压低，但不为零，两相电压高，电压可达2～3倍相电压的可判断为基波谐振，可以采取拉合一条线路的方法来消除谐振。

电压互感器高压熔断器熔断，熔断相电压降低或为0，另两相电压略有升高或不变，应立即向调度汇报，停用电压互感器，做好安全措施后进行更换；若再次熔断，应停电检修。

双母线并列运行，发生接地时，接地相电压降为0或很低，另两相电压升高为线电压或升高很多，应向调度汇报，拉开母联断路器，判断接地在哪条母线上。运行人员应先对变电站内进行巡视，查找接地点，如不在站内，再进行拉路查找，待找到接地线路时，将接地线路转检修。如果分列运行，一条母线发生接地时，在调度许可下进行拉路查找，这时若发生两条线路同相接地，拉路查找时查不出来，应采用拉开该母线所有线路断路器，一路一路试送，直到将两个接地点都找出来为止。

第二节 线路典型事故或异常实例

【例 56】 出线电缆绝缘损坏实例分析

1. 事故经过

时间：2007 年 3 月 16 日。

运行方式：某 35kV 出线 311 断路器供某变电站，负荷电流达 407A。

现象：35kV 正母接地，有"35kV 正母线 TV 接地"、"掉牌未复归"光字牌亮；35kV 相电压表：B 相为 0，A 相为 35.5kV，C 相为 35kV。

处理过程为：

(1) 第一次检查，变电站内未发现任何异常，后经拉路发现该 35kV 出线 311 线 B 相接地。

(2) 运行人员对已停电的出线 311 电缆进行检查，发现该电缆靠近高压室一端 B 相电缆头下部的电缆绝缘已裂开，出线杆塔一端的 C 相电缆头下部电缆绝缘有熔化现象。

(3) 后停电检查，发现该 35kV 出线 311 线电缆 B 相绝缘已被击穿，C 相电缆已损坏，但未击穿。

2. 原因分析

当线路流过电流时，在屏蔽铜带上产生感应电动势，由于该电缆的屏蔽层在电缆的两头均采取了接地，与屏蔽铜带形成电流回路，又由于电缆屏蔽铜带的接地焊接处电阻大，使得此处发热，最终导致电缆绝缘损坏，形成单相接地，击穿电缆如图 9-3 所示。

3. 防范措施/经验教训

由于城市发展，架空线路改电缆入地已经成为一种趋势，现在变电站出线已大量使用电缆，因此值班员要加大对电缆的巡视力度，掌握电缆故障及异常的直观现象，这将对设备的安全起着至关重要的作用。

图 9-3 B 相电缆击穿解剖图

【例 57】 一起假接地事件的处理实例分析

1. 事故经过

(1) 运行方式。10kV 系统接线方式如图 9-4 所示。10kV 母线为单母分段代旁路接线，1 号主变压器热备用，2 号主变压器带 10kV 全部负荷，分段 100 断路器运行。当时 10kV Ⅰ 段母线上电容器 150、线路 111、线路 113、线路 115 运行，旁路 120 断路器热备用，10kV Ⅱ 段母线上线路 112、线路 114 运行，电容器 160 热备用。

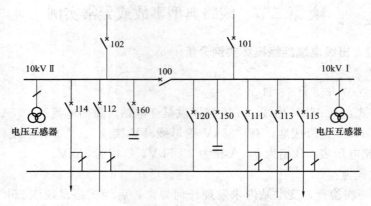

图 9 - 4 10kV 系统一次接线方式

现象：变电站 10kV Ⅰ、Ⅱ 段母线单相接地，三相电压为 A 相：0kV、B 相：9.81kV、C 相：10.03kV。

（2）处理过程。

监控中心：

1）拉开电容器 150 断路器，接地未消失。

2）将 10kV 母线分列运行，合上 101 断路器，拉开 100 断路器，此时 10kV Ⅱ 段母线电压正常，Ⅰ 段母线接地。

3）试拉 Ⅰ 段母线上线路。切除线路 111，接地未消失，恢复运行。在切除线路 113 后，10kV Ⅰ 段母线电压有所变化，B 相电压 3.88kV，A、C 相 7.20kV，"Ⅰ 段母线接地"信号未复归。怀疑还有线路接地，于是将 Ⅰ 段母线上的线路 115 切除，Ⅰ 段母线三相电压变为 B 相 1.2kV，A、C 相 9.8kV，接地未消失。

操作班：操作人员到现场对设备检查无异常，随后将 10kV Ⅰ 段母线上所有设备转冷备用，最后发现线路 113 断路器 B 相拐臂断落，造成断路器 B 相实际未分闸，非全相运行。线路 113 经巡线发现线路一避雷器击穿造成 A 相接地。

2. 原因分析

在小电流接地系统中只能通过对地电容构成回路，引起中性点偏移，三相母线电压发生变化，表现的异常现象与单相接地引起某相电压降低、其他两相电压升高类似，唯一不同的是单相接地时只有两相有对地电容电流，而非全相运行引起的假接地三相都有对地电容电流。线路开关 B 相未断开示意图如图 9 - 5 所示。

线路 113 本身因线路上一避雷器被击穿，造成 A 相全接地，与之前 10kV Ⅰ 段母线电压 A 相：0kV；B 相：9.81kV；C 相：10.03kV 的现象相符。

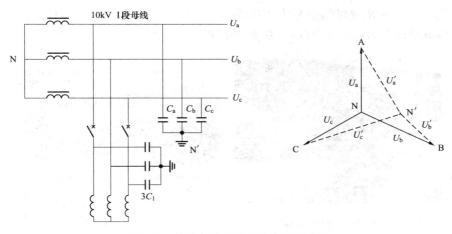

图 9-5　线路断路器 B 相未断开示意图

在拉开 113 断路器后 A 相接地消失，但由于断路器 B 相实际未断开，使得该系统中 B 相对地电容增大，三相对地电容不平衡，引起故障相对地电压下降，非故障相对地电压升高，出现之后的母线三相电压 B 相电压 3.88kV，A、C 相 7.20kV。

在将线路 115 改为热备用后，切除了部分线路对地电容，使得非全相运行断路器的不平衡对地电容占据更大的比例，加剧了三相对地电压的不平衡度，因此会出现母线三相电压的变化，B 相 1.2kV，A、C 相 9.8kV。

3. 防范措施/经验教训

（1）单相接地时需考虑对消弧线圈的特殊巡视和监视。单相接地时间不超过 2h。

（2）上述假接地异常的处理过程中，虽然出现了误判断，但在处理过程中除断路器的分合闸操作外，始终把握了无电操作的原则，这是一个十分正确的方法。如在上述事件中，若"线路 113 断路器由热备用改为冷备用"操作在母线带电情况下进行，就会发生带负荷（B 相电流）拉手车的恶性误操作事故，造成无法挽回人身和设备伤害，这种损失是不可估量的。因此，在各类异常的查找过程中，进行科学合理的分析，选择正确可行的处理方法是最为重要的。

（3）对 10kV 电压等级配置 A、B、C 三相表计，通过判断三相是否有电流判断断路器分合闸情况，作为机械指示的必要补充，在现阶段条件下，可以通过保护装置采样观测三相电流情况。

【例 58】　一起 110kV 电缆着火故障分析

1. 事故经过

2008 年 7 月 16 日，220kV 某变电站发生了 110kV 一条出线电缆着火故障，一次电缆层内浓烟弥漫，有明火。在要求调度拉开此线路后，运行人员奋力扑救，将着火电缆扑灭。经现场检查，110kV 出线电缆距电缆头 3m 处，A、B、C 三相外绝缘已经烧坏（见图 9-6）；保护接地箱内电缆护层保护器 A 相炸裂，B 相有裂纹

173

（见图9-7）。该出线电缆型号为YJLW03-1×630，2008年7月5日投运。故障前，该电缆正常运行电流100A，功率20MW。

图9-6 烧坏的电缆

图9-7 炸毁的保护器

检查发现，此次电缆着火是站外终端侧三相接地线全部遭盗窃所致。

其实在发生此次电缆着火故障前，已经多次发生电缆护层接地线被盗，导致接地保护箱发热情况，如6月15日，值班员使用红外成像仪对设备进行测温时，发现一电缆接地保护箱温度明显高于其他线路，图像如图9-8所示。屏蔽线A相与接地保护器连接桩头温度为49℃，拆开接地保护箱，其内A相保护器颜色变白，有瓷屑掉落；检查发现此电缆线路站外终端侧A相接地线遭盗割未遂，已松脱。

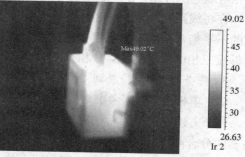

图9-8 电缆接地保护箱发热图像

2. 原因分析

电缆护层的接地有多种方式，此变电站110kV电缆全部采用一端直接接地，另一端采用护套保护器接地的方式，而且在设计及施工过程中将护套直接接地端放置在站外，保护接地端设置在站内。电缆护套接地示意图如图9-9所示。

电缆正常运行时，金属护层内无环流，直接接地端感应电压为零，保护接地端感应电压与电缆长度成正比，保护器在正常运行条件下呈现较高的电阻。当雷电波或操作波沿芯线

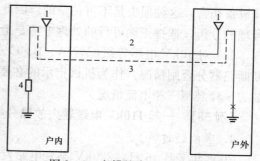

图9-9 电缆护套接地示意图
1—终端；2—电缆；3—护层；4—接地保护器

流动时，电缆接头处护层不接地端将出现过电压，保护器将呈现较小的电阻，这时，作用在金属护层上的电压就是保护器的残压。当电缆线路站外终端侧 A 相接地线遭盗割未遂、已松脱时，金属屏蔽层上的电压增大，而电缆护层保护器的启动电压值为 3kV，导致电缆护层保护器一直导通，从而引起变电站内保护接地箱发热。

当站外终端侧三相接地线全部遭盗窃，首先仍将会引起护层另一端的保护器导通引起保护接地箱发热现象，若当接地保护器由于雷击或感应过电压引起瓷套断裂、炸碎时，电缆的屏蔽层就完全处于不接地状态。其增大的电缆护层感应电压一方面对人身安全有影响，另一方面，会将热量积聚于外护层粗糙、薄弱的地方，引起如开篇所引出的着火故障。

此次故障中由于值班员扑救及时，只烧到了绝缘外护层，未对电缆屏蔽层造成影响，因此对电缆进行包裹处理。

3. 防范措施/经验教训

（1）对站外直接接地端采取防盗措施，增加预埋管，并将接地引牌增高，减少护套与引牌间直接接地引线的长度。

（2）采取将直接接地点放到变电站内终端的方法，这样即使户外保护接地端的接地线被剪断，此段电缆上仍有一点直接接地，可消除护层循环电流，减少线路损耗。

（3）从图片中可以看到，电缆并不是从电缆头处开始燃烧的，燃烧的部位必然是外护套受损的地方。因此首先可以选用外护层硬度较高、耐腐蚀的电缆；其次施工过程中提高电缆敷设安装质量，注意敷设环境的影响，杜绝外护套由于敷设安装不良造成的故障；最后是定期进行各项测试，测量电缆线路的护层、绝缘和保护器性能，防患于未然。

（4）雷电过后或发生线路跳闸后，需加强对电缆接地保护箱进行巡视，防止保护器损坏且定期对接地保护箱进行红外测温工作。

（5）电缆着火时会产生大量的烟雾和有毒气体，因此进行检查、扑救时需戴防毒面具，并有两人配合，起到相互监护的作用，使用灭火器时必须在设备无电状态下进行火灾扑救。

（6）由于此站是无人值班变电站，火灾报警装置在此次事件中发挥了关键作用。为此，变电站要重视对该装置的维护，定期检查该装置接入监控中心的报警信号是否正确。

【例 59】　一起小电阻接地系统线路零序保护拒动案例浅析

1. 事件经过

2012 年 8 月 28 日 10：30，运维班组接到监控通知，110kV××变 2 号主变压器后备保护（零序保护）动作，主变压器高压侧 702、低压侧 102 断路器跳闸。10kVⅡ、Ⅳ段母线失电，同时伴有 10kVⅡ、Ⅳ段母线瞬间接地。

运维人员到达现场后，经现场检查发现 10kV 高压室内有刺鼻异味，10kV 侧 122 间隔开关柜体后门温度偏高，2 号主变压器及 10kV 其他设备现场检查正常。

经现场检查后运维人员汇报调度，现场 2 号主变压器为 ABB 保护，2 号主变压器为零序保护动作，故障电流 420A 左右。

11：38，检修人员申请 10kV 侧 122 间隔开关及线路事故处理。

11：49，10kV 侧 122 间隔开关及线路改检修，10kVⅡ、Ⅳ段母线上其他线路改为冷备用。打开 122 间隔开关后柜门发现，出线电缆头与手车开关静触头搭接处 A 相损坏。

12：38，2 号主变压器及 10kVⅡ、Ⅳ段母线恢复送电。

13：30，10kV 线路送电正常

2. 原因分析

10kV 线路配置为：电流速断保护（0.2s 跳开关，定值 1800A）、过电流保护（0.5s，定值 900A）、零序电流保护（Ⅰ段定值 240A、Ⅱ段定值 80A），线路保护电流电压回路如图 9-10 所示。

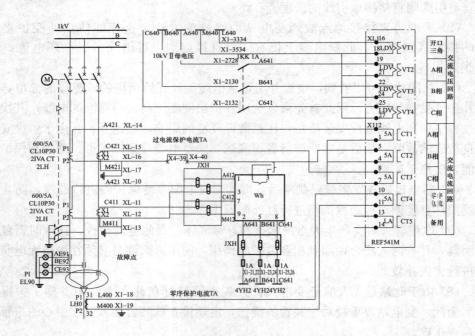

图 9-10　线路保护电流电压回路图

2 号主变压器 10kV 侧为小电阻接地系统。2 号主变压器低后备配置复合电压闭锁过电流保护（0.9s 跳分段，1.2s 跳低压侧开关，保护定值 3299A）、零序电流保护（1.3s 跳分段，1.6s 同时跳高低压侧开关，保护定值 120A），保护电流电压回路以 1 号主变压器为例如图 9-11 所示。

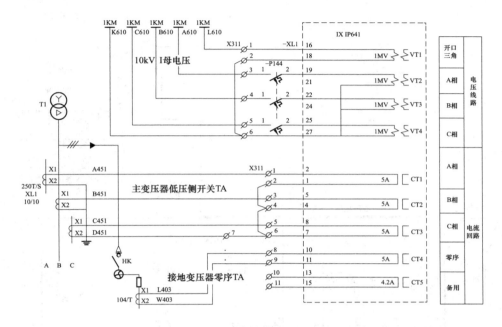

图 9-11　1 号主变压器电流电压回路图

10：30 时，10kV 侧 122 间隔出线电缆头与手车断路器静触头搭接处 A 相单相接地，后台发××变 10kV Ⅱ、Ⅳ 段母线接地信息。图 9-12 为当时零序电流回路图。

该变电站线路 TA 为两相，无法产生零序电流，故零序电流保护采用零序 TA 电流。由于线路零序 CT 无法采集当前故障电流（如图 1），线路零序电流保护无法动作，更无法发线路接地信号，且单相接地故障未发展为相间故障，零序故障电流为 420A 左右，未达到线路过电流保护定值（900A），线路保护无法动作。由于零序故障电流超过主变零序电流保护定值（120A），2 号主变压器零序保护动作（零序电流回路如图 3 所示），2 号主变压器 110kV 侧 702 断路器跳闸、2 号主变压器 10kV 侧 102 断路器跳闸。

3. 建议措施

零序保护对于小电流接地系统的正常运行有重要作用，为保证零序保护的正常运行，避免出现零序保护范围存在死区、零序保护拒动、误动，致使故障范围扩大，在零序保护的设计、施工、保护整定、运行维护中应注意以下要求。

1）建议线路零序电流应尽可能采用三相线路 TA 电流合并而成，零序 TA 用于接地选线，防止线路零序保护的死区故障（线路零序 TA 与线路 TA 间），避免TA 设置不合理，导致事故范围的扩大。

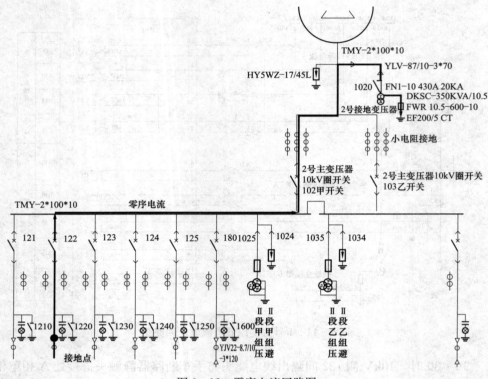

图 9-12 零序电流回路图

2) 设备施工或检修时，确保线路保护装置零序保护回路接线正确性，避免零序保护拒动；运维人员加强验收工作，及时发现因馈线电缆外屏蔽层接地线在开关柜内穿入零序电流互感器的方式不正确等问题造成隐患。

3) 建议运维人员加强对保护压板投退的巡视，确保零序保护能正常启动。

4) 对开关柜前后是全封闭的，平时巡视难以观察的开关柜体，建议停电时加强对该类设备的检查。

交流系统事故或异常

第一节　交流系统事故或异常处理概述

一、交流系统事故处理概述

1. 站用变压器二次总开关跳闸的处理

站用变压器二次总开关，是作为变压器过负荷、二次短路及失压的保护。因为站用变压器平时负荷不大，所以站用变压器二次总开关跳开后，在排除系统电压波动后，一般是二次回路发生了短路故障。

站用变压器二次总开关跳开时，其处理方法为：

（1）试合站用变压器二次总开关，如能合上则初步判断为系统电压波动，否则应为二次回路故障。

（2）将重要的负荷转移，倒至另一条母线供电。应该倒换的重要负荷有：直流充电电源、调度通信电源、主变压器冷却电源、UPS 电源等。应注意逐个分路倒换，并注意在倒换时有无异常，若有大的电流冲击、电压下降情况，应立即将其拉开（短路故障可能在该分路）。

（3）检查失压母线上无分路断路器跳开现象后（如有，应考虑低压断路器上下级配合不当可能），拉开失压的低压母线上全部分路断路器，检查该段母线上有无异常。

（4）若发现母线上有故障现象，应立即排除（如小动物等）或隔离（拉开隔离开关或拆除接线）。

（5）若检查母线上无故障现象，试合站用变压器二次总开关，试送母线成功后，逐个分路检查无异常后试送（先试送主干，后试送分支）一次，以查出故障点。对于经检查有异常现象的分路，不能再投入运行。

（6）恢复原正常运行方式。

（7）对于有故障的分路，应查明其故障的原因。如发现有上下级差配合不当的现象应及时调整。

2. 站用变压器高压熔断器熔断处理

站用变压器的高压熔断器是保护变压器内部故障的，主要反应站用变压器二次总开关以上范围的短路故障。低压侧母线上短路，站用变压器二次总开关拒动，也会越级使高压熔断器熔断。

高压熔断器熔断时，处理方法为：

（1）拉开站用变压器二次总开关及隔离开关，检查低压侧母线无问题，再把负荷倒至另一条母线。

（2）拉开故障站用变压器高压侧隔离开关（先断开断路器），检查高压熔断器熔断的相别。

（3）明确了高压熔断器熔断情况之后，应对站用变压器作外部检查。应检查高压熔断器、防雷间隙、电缆头、支柱绝缘子、套管等处有无接地短路现象。

（4）外部检查未发现异常时，可能是变压器内部故障，应仔细检查变压器有无冒烟或油外溢现象，检查温度是否正常等。

（5）上述检查未发现明显异常，故障应在站用变压器上。从套管处拆下高、低压电缆（包括低压侧中性点），分别测量高、低压侧电缆的对地和相间绝缘是否正常，测量站用变压器一、二次之间和一、二次对地绝缘情况。

（6）若测量站用变压器绝缘有问题，不经内部检查处理并试验合格，不得投入运行；若测量是电缆有问题，应查出短路点并排除或更换后方能投入运行。

（7）测量站用变压器和高、低压电缆的绝缘均未发现问题，若无备用站用变压器时，更换高压熔断器后试送一次。若再次熔断，不经内部检查并试验合格，不得投入运行。因为，用绝缘电阻表并不能有效地查出变压器内部的某些故障（如铁心故障、匝间绝缘破坏等），而内部绕组的匝间、层间短路都会使高压熔断器熔断。

（8）站用变压器高压侧熔丝熔断一相，发生二相运行时，应立即将该变压器停运，查明原因并消除故障后方可投入运行。站用变压器高压侧熔丝熔断二相或三相时，未查明明显故障点前，禁止将该变压器投入运行。

二、交流系统异常处理概述

1. 变电站典型交流系统概述

正常方式为：1号站用变压器二次供Ⅰ段交流母线，2号站用变压器二次供Ⅱ段交流母线。Ⅰ、Ⅱ段交流母线分排运行，中间没有联络开关。其母线总开关具有自投功能且通过内部继电器形成具有主供、备供电源之分。当主供电源失电，则自动切至备供电源，主供电源带电后，二次开关自动切至主供电源，保证交流负荷得电。该接线特点是只要环路馈线的分段点不合上，两台站用变压器不会出现低压侧并列的情况（见图10-1）。

（1）单母线分段式交流系统。正常方式为：1号站用变压器供低压Ⅰ段母线，2号站用变压器供低压Ⅱ段母线，分段开关分开。该分段开关具有备自投功能且通过内部继电器形成具有主供、备供电源之分。当主供电源失电，则自动切至备供电源，主供电源恢复供电后，二次开关自动切至主供电源，保证交流负荷得电。这种接线的交流系统特点是结构简单，操作方便（见图10-2）。

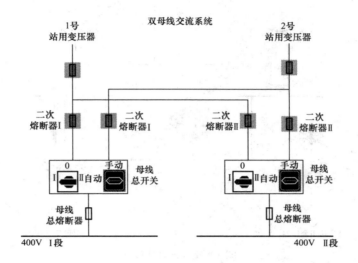

图 10－1 双母线接线

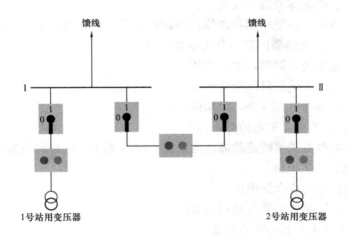

图 10－2 单母线分段接线

（2）三段式交流系统。正常方式为：1 号站用变压器供低压Ⅰ段母线，2 号站用变压器供低压Ⅱ段母线，Ⅰ段、Ⅱ段交流母线分排运行，重要负荷由分别引自Ⅰ、Ⅱ段母线的双回路供电。非重要负荷接公用段交流母线，公用段母线的供电由ATS 控制，ATS 具有备自投功能且通过内部继电器形成具有主供、备供电源之分。当主供电源失电，则自动切至备供电源。主供电源恢复供电后，ATS 自动切至主供电源，保证公用段母线得电。该接线特点是只要环路馈线的分段点不合上，两台站用变压器不会出现低压侧并列的情况（见图 10－3）。

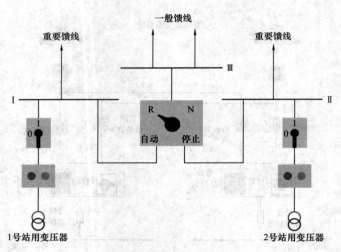

图 10-3　三母线接线

2．站用交流电消失的主要现象

（1）正常照明全部或部分失去。

（2）站用负荷，如变压器控制箱、冷却器电源、断路器液压充油电源、隔离开关操作交流电源、加热器回路等分支电源跳闸。

（3）直流充电装置跳闸，事故照明切换。

（4）变电站电源进线跳闸造成全站失压，照明消失。

（5）变压器冷却电源失去，风扇停转。

3．站用部分或全部失电的可能原因

（1）变电站电源进线线路故障或因系统故障电源线路对侧跳闸造成电源中断或本站设备故障，失去电源。

（2）系统故障造成全站失压。

（3）站用电回路故障导致站用电失压。

4．站用部分或全部失电的处理

（1）站用交流部分失电，运行人员应先做好人身绝缘措施，用万用表、绝缘电阻表对失电设备进行检查，查找故障点。若是环路供电，应先检查工作电源跳闸后备用电源是否已正常切换。若未自动切换应手动切换，保证站用负荷正常供电。

（2）进一步检查失电分支交流熔断器是否熔断或自动低压断路器是否跳开。可试送电一次，若送电正常，则可判断该分支无明显故障点；若送电不成功，则拉开分支两侧隔离开关，用绝缘电阻表测量分支绝缘，查明故障点，报上级部门检修、处理。

（3）站用交流全部失去时，事故照明应自动切换，主控盘显示站用负荷失电信号，如"主变风冷全停"、"交流电源故障"等光字牌。运行人员应首先分清失压是由于本站电源进线失电导致的全站停电，还是因为站内站用交流故障引起的全站停电。若是本站电源进线失电导致的全站停电，应投入备用变压器或通过联络线接入站内；若是因为站内站用交流故障引起的全站停电，应迅速查找故障点。

（4）查找站内故障点应采用分段查找方式进行检查，根据各种现象判断故障点可能的范围。在分段隔离后，用绝缘电阻表测量绝缘电阻，逐步缩小范围，直至找到故障点。摇测绝缘时，可先将绕组接地端拆开，测量后再恢复。若测量绝缘不合格，则通知检修。运行人员短时无法查找事故原因的，应尽快通知有关专业人员进一步查找。

5. 站用电系统备自投装置异常处理

站用电系统备自投装置，是作为低压主供电源失却后，迅速投入备用电源，保证站供负荷的自动装置，但由于备自投装置本身故障引起的站用电异常扩大的事件在系统内屡见不鲜。备自投装置本身故障可分为两大类，首先是备自投装置动作原理有缺陷，其次是备自投装置元件故障，这两类问题均能导致备自投装置误动或主备供电源全失。

备自投装置异常时，处理方法为：

（1）判断是否为备自投装置异常，一般典型现象有两种：第一种，主供电源因故失却后，备自投动作投入备供电源，随后备供电源也失却；第二种，主供电源无异常，而备自投动作，投入备供电源。

（2）停用备自投装置。

（3）将备供电源恢复正常（备自投装置异常时，一般备供电源无故障）。

（4）试合主供电源二次总开关，如不能合上则按照站用变压器二次总开关跳闸情况进行处理。

（5）检查备自投装置控制回路及动作逻辑是否存在缺陷。

第二节　交流系统典型事故或异常实例

【例60】　一起系统电压波动引起站用电全失异常实例

200×年×月×日，35kV 某变电站发生了对检修线路充电，线路故障引起系统电压降低，造成该站站用电全失的异常。

1. 事件经过

200×年×月×日，35kV 某变电站 10kV 红成 111 线路检修，当时变电站运行方式为：1 号主变压器停役，2 号主变压器运行，2 号主变压器 102 断路器接 10kV Ⅱ段母线运行，10kV 分段 100 开关Ⅰ、Ⅱ段母线运行，正常接于 10kV Ⅱ段母线的 10kV 红成 111 线路检修，1 号站用变压器接Ⅰ段母线运行，2 号站用变压器接Ⅱ段母线运行（见图 10-4）。15：25 调度发令 10kV 红成 111 由线路检修改为冷备用，16：20 调度发令 10kV 红成 111 由冷备用改为接Ⅱ段母线运行。在值班员合上 10kV 红成 111 开关时，该线路电流 Ⅱ 段保护动作，同时，"1 号站用变压器 1QF 跳闸"、"2 号站用变压器 2QF 跳闸"、"直流系统异常"、"2 号主变压器冷却系统失电"等信号发信。现场检查，10kV 红成 111 开关保护上故障电流 2.7kA，站用电屏上 1、2 号站用变压器二次总开关均跳闸。16：30，试合 1、2 号站用变压器二次总开关，成功合上，交流系统恢复正常。17：35 调度通知现场 10kV 红成 111 线路侧有故障，要求改线路检修。

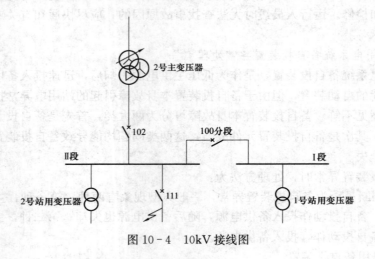

图 10 - 4　10kV 接线图

2. 原因分析

根据现场检查结果判断，10kV 红成 111 保护有故障电流且巡线后发现故障点，可以判断为 10kV 红成 111 断路器合闸于故障线路，此时线路的短路故障会造成母线电压的下降，而从站用变压器二次总开关跳闸原理可知，该断路器在过电流、失压、非全相情况下会跳闸。因此，综上所述可判断，此次异常的原因为线路上有故障，所以在送电时造成电流 Ⅱ 段动作，由于线路的短路故障造成母线电压下降，引起站用电失压保护动作，由于当时Ⅰ、Ⅱ段为母联全环运行，所以 1、2 号站用变压器全部失压保护动作造成站用电全失。

3. 防范措施/经验教训

（1）当系统中发生故障时，站用变压器二次总开关跳闸可初步判断为二次总开关失压保护动作，可以试送一次。

（2）应考虑两台站用变压器的一次由两个不同的电源系统供电，以防止系统发生波动时，两台站用变压器全失的情况。

（3）合理整定站用变压器二次总开关的相关定值（电压、电流、时间）。

【例 61】　一起控制回路异常引起的备自投装置异常实例

2004 年 5 月 10 日，220kV 某变电站发生了由于备自投控制回路中元件故障，造成的备自投装置未能在主供电源失却后正确动作，站用电部分失却的异常。

1. 异常前运行方式

1号站用变压器外接35kV华方318线，由对侧变电站供电，2号站用变压器接35kVⅡ段母线，由本站主变压器供电。1号站用变压器二次总开关接400VⅠ段母线运行，2号站用变压器二次总开关接400VⅡ段母线运行，400V分段开关接400VⅠ、Ⅱ段母线热备用，400V备自投装置在投入位置，主供电源为1号站用变压器，备供电源为2号站用变压器。动作行为：1号站用变压器二次总开关上桩头失电则合上400V分段开关，由2号站用变压器供400VⅠ、Ⅱ段母线。

2. 事件经过

2004年5月10日8：50，监控中心发现220kV某变电站发出许多告警信息："UPS1综合故障"、"UPS2综合故障"、"第一组UPS输入异常"、"1号主变压器风冷电源失却"、"2号主变压器风冷电源失却"、"直流系统交流故障"等，监控中心立即通知操作班现场检查。9：10操作班人员李某、孙某到达变电站，现场检查发现，1号站用变压器所接外来电源35kV华方318线失电（后经调度核实，为线路故障跳闸），1号站用变压器二次总开关失压保护跳闸，而400V备自投动作，400V分段开关未能合上，400VⅠ段母线失电。现场试合400V分段开关合不上，详细检查后发现400V备自投装置后控制回路低压断路器Q、Q′在分开状态，合上Q、Q′后，再合400V分段开关成功，随后停用400V备自投装置。9：37 35kV华方318线来电，操作班人员李某、孙某分开400V分段开关，合1号站用变压器二次总开关，恢复站用电方式，并检查主变压器风冷、直流充电装置、UPS装置正常。

3. 原因分析

经过仔细查阅图纸后，发现备自投装置中有电源自投回路，控制回路图如图10-5所示。如监视继电器KVS或KVS′的动合、动断接点粘连或返回不及时，可

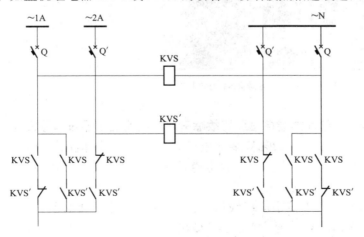

图10-5　电源自投控制回路图

能导致 400V 两段母线接通，具体回路为 400V Ⅰ 段母线—Q—KVS 动合接点（400V Ⅰ 段母线失电后没有及时打开）—KVS′动合接点（监视继电器 KVS′此时得电）—KVS′动合接点—KVS 动断接点（400V Ⅰ 段母线失电后及时闭合）—Q′—400V Ⅱ 段母线。由于 400V Ⅰ 段母线此时失电，流过该回路的电流为正常运行时的 1 号站用变压器负荷电流，该电源远大于 Q 及 Q′的容量，导致 Q 及 Q′跳开。现场检查 KVS、KVS′所在的 400V 分段开关屏，发现监视继电器 KVS 和 KVS′确有烧灼痕迹。

4. 防范措施/经验教训

（1）要求在备自投电源切换回路中加延时继电器，避免这种由于继电器动作过程中的接点动作离散性导致备自投装置故障。

（2）在备自投回路改造前，停用该备自投装置。

【例 62】　一起由雷击引起的站用变压器故障实例

200×年×月×日，220kV 某变电站发生了由于雷雨天气，造成站用变压器故障，而使站内交流系统部分失却的异常。

1. 事件经过

200×年×月×日，13：42，监控中心发现 220kV 某变电站发出"站用电缺相"、"直流系统异常"、"主变压器冷却器电源异常"信号，随即通知操作班人员现

场检查。操作班人员到达后发现现场天气为雷暴雨，1 号站用变压器供低压 Ⅰ 段母线失电，现场检查 35kV 开关室全是黑色烟雾，从室外玻璃窗中可见 1 号站用变压器室有火光，即对 1 号站用变压器停电后，进行灭火处理。

2. 原因分析

1 号站用变压器由于 A 相受雷击，造成绝缘击穿，短路着火。图 10-6 为 1 号站用变压器故障现场照片。

图 10-6　1 号站用变压器故障现场照片

【例 63】　一起加热器自投装置故障引起的站用变压器被迫停役异常实例

2007 年 2 月 8 日，220kV 某变电站发生了由于小车柜内加热器未能自动投入，造成站用变压器小车柜内有放电声，而迫使站用变压器停役的异常。

1. 异常前运行方式

1 号主变压器 301 接 Ⅰ 段母线供：新澄 363（无电压重合闸）、新颂 364、新纤 366、1 号站用变压器；2 号主变压器 302 接 Ⅱ 段母线供：新申 368、2 号站用变压器；35kV 分段 310Ⅰ、Ⅱ 段母线热备用、分段隔离手车 3101 工作位置；甲组电抗器 330Ⅰ

段母线运行,乙组电抗器 340 Ⅱ 段母线运行,新瑞 367 Ⅱ 段母线冷备用,35kV 分段 310 备自投启用。

2. 事件经过

2007 年 2 月 8 日 12:04,运行人员在 220kV 某变电站 35kV 高压室巡视时,听见 35kV 1 号站用变压器隔离手车柜内有放电声。当即汇报调度,申请站用变压器检修,同时将 1 号站用变压器二次所供负荷切至 2 号站用变压器供电。停电后检查发现 1 号站用变压器隔离手车三相桩头环氧壳外部有潮气,手车极柱环氧壳外部有树枝状爬电痕迹(见图 10-7),柜内有环氧焦臭味。柜内加热器没有制热,温湿自动控制器未能将其自动投入。随后对手车环氧壳进行清扫干燥,并调整挡板到合适状态,并将加热器温湿控制器设置为强制投入后,送电恢复正常。

图 10-7 站用变压器小车套管爬电图

3. 原因分析

该手车柜型号为某厂生产的 DNF7 开关柜,投运时间为 2005 年 6 月,开关柜内隔离手车的极柱用环氧固封,运行时环氧外壳处于较强电场中。当天空气湿度较大,在环氧壳外部附着潮气,又因金属帘门搁在手车环氧外壳上,形成了对地爬电通道,产生树状爬电。分析根本原因为隔离手车开关柜内空气湿度大,缩小了有效的爬电距离,电场对金属帘门爬电所致。

4. 防范措施/经验教训

(1)室内高压室应加装空调等除湿装置,保证室内湿度正常。

(2)加热器应常投,控制器置于手动投入位置,由运行人员根据温湿度情况进行投切。

(3)加强对此类金属铠装柜的巡视,注意轻微的声音。

【例 64】 一起失压回路设计缺陷引起的站用变压器全停异常实例

2009 年 4 月 1 日,220kV 某变电站发生了直流异常导致两台站用变压器二次总低压断路器均跳闸,造成变电站站用电全失的异常。

1. 事件经过

2009 年 4 月 1 日 9:23,监控中心发现 220kV 某变电站发生直流系统接地,即通知操作班现场检查。操作班人员到达现场后,检查现场设备外观无异常后,汇报调度后,进行逐路试拉操作,当拉开 35kV 直流电源低压断路器时,交流屏上两台站用变压器二次总开关跳开,交流站用电全失,后经检查发现是站用变压器柜内二次总低压断路器跳开所致。合上 35kV 直流电源低压断路器,试送站用变压器柜内二次总低压断路器正常，站用电恢复。

2. 原因分析

经检查发现，35kV 站用变压器柜内的二次总开关设置有延时跳闸回路，其原理为交流失电后，二次总低压断路器经过一段时间延时进行跳闸。其二次回路为：当交流进线失电时，电压监视继电器 KV 失电，其在控制回路中的 KV 动断接点闭合，使得 KT 继电器得电，随后 KT 延时动合接点延时闭合，其后串中间继电器 K 得电，此时跳闸回路中的 K 动断接点打开，造成失压脱扣继电器 QF 失电动作，跳开二次低压断路器。这一回路在配电网络中使用的较多，用户的进线开关需要这个失压延时来躲过线路重合闸的时间，以保证瞬时故障时，用户不会因为瞬时的失电而失去电源，但该回路使用在变电站站用变压器二次总开关上则很不合适。在此次异常中，由于 35kV 直流电源低压断路器试拉，导致站用变压器二次低压断路器控制回路也同时失电，满足失压脱扣继电器 QF 动作条件，因此也造成了两台站用变压器柜上二次低压断路器同时跳闸，变电站站用电全失（见图 10 - 8、图 10 - 9）。

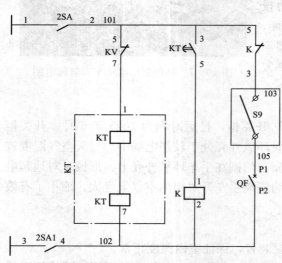

图 10 - 8　站用变压器控制回路图（一）

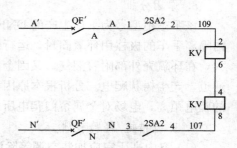

图 10 - 9　站用变压器控制回路图（二）

3. 防范措施／经验教训

（1）变电站投运前，应对交直流回路详细验收，防止隐患遗留。

（2）对于交流屏、直流屏等设备均应要求提供全套图纸。

【例 65】　一起断路器绝缘子故障引起的交流系统异常

1. 事件经过

运行方式：500kV 某变电站 35kVⅡ段母线一次接线图如图 10 - 10 所示，2 号主变压器经低压侧总断路器 3520 供 35kVⅡ段母线。四台低抗和 2 号站用变压器接于母线上。四台低抗和站用变压器均在运行状态。

当日 22：10，后台机发出"2 号主变压器保护 A 屏低压侧零序过电压报警"、"2 号主变压器保护 B 屏低压侧零序过电压报警"信号。

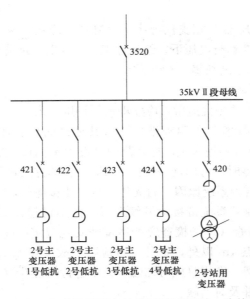

图 10 - 10　500kV 某变电站 35kVⅡ段母线一次接线图

运维人员检查发现后台机中 2 号主变压器 35kV 侧的 35kVⅡ段母线 B 相电压显示为零，其余两相电压为 31.7kV，初步判断为 35kVⅡ段母线 B 相存在单相接地故障。

把后台信号和告警情况汇报相关调度，同时派人至现场检查。现场检查发现低抗、站用变压器外部各部位并无明显接地情况。检查完毕后把一次和二次的检查结果向有关调度再次汇报，同时向华东调度申请拉开低抗断路器进行拉路法排查。

拉开 2 号主变压器 1 号低抗 421 断路器，检查告警信号和电压信号是否恢复正常，实际观察异常并未消除，后又合上 2 号主变压器 1 号低抗 421 断路器。随后依次对 2 号主变压器 1～4 号低抗进行拉路排查，报警信号均未消失。随后进行 2 号站用变压器拉路，拉开后异常光字牌恢复，35kV 母线电压正常，后台系统和保护屏异常告警均消失。由此判断 35kV 站用变压器支路存在单点接地情况，排除了 35kV 母线接地和 35kV 侧两点接地情况。站长自行调度下令进行所有站用变压器重要负荷的倒换，并完成 2 号站用变压器的停役操作，同时通知检修人员。

经仔细检查发现 35kV 2 号站用变压器 420 断路器 B 相支柱绝缘子有击穿痕迹，照片如图 10 - 11 所示。检修人员对该绝缘子进行更换后异常消除。

图 10 - 11　站用变压器绝缘子击穿照片

2. 原因分析

由于2号站用变压器B相支柱绝缘子为复合绝缘式，该绝缘子在制造过程中本身存在制造缺陷，在运行电压下，绝缘性能逐步降低，最终导致贯穿性击穿，造成35kVⅡ段母线单相接地故障。

3. 防范措施及处理经验

当35kV系统发生单相接地后，应立即汇报调度。由于500kV变电站35kV侧低抗及其附属设备均属华东网调管辖，故对其处理时应征得华东网调许可。对35kV设备进行检查时应穿绝缘靴，检查范围是发生单相接地的系统所有设备。经检查后未能发现故障点时，可用逐一拉停35kV设备的方法进行寻找，但不得用闸刀拉停35kV设备。若因系统原因一时无法进行单相接地处理或无法将接地设备切除的情况下，允许35kV系统带接地继续运行，但不得超过2h。这时，应加强对35kV设备的巡视和检查（现场检查应严格遵守安规规定：高压设备发生接地时，室内人员应距离故障点4m以外，室外人员应距离故障点8m以外），密切监视接地故障点有无发展趋势。在平日应对加强对设备进行熄灯巡视和红外测温，一旦有异常应引起足够重视并及时消缺。

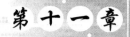

第十一章

直流系统事故或异常

第一节　直流系统事故或异常处理概述

一、直流系统接地事故处理概述

（1）后果及危害。直流系统一点接地并不影响直流系统的正常工作，但长期运行易发展形成两点接地，造成保护误动、拒动等。直流系统中如发生一点接地后，若在同一极的另一点再发生接地时，即构成两点接地短路。此时，虽然一次系统并没有故障，但由于直流系统某两点接地短接了有关元件，可能将造成信号装置误动或继电保护和断路器的"误动作"或"拒动"，直流系统两点接地情况的分析示图如图 11-1 所示。

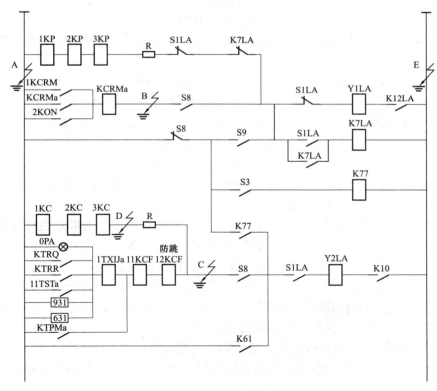

图 11-1　直流系统两点接地情况的分析示图

1）两点接地可造成断路器误动。当直流接地发生在 A、B 两点时，将保护及手动合闸动作节点均短接，当断路器在分闸位置，断路器远近控把手切在远方位置且无闭锁开关合闸的条件，则 S1LA、S8、K12LA 接点均在闭合位置，所以直流正电源回路直接接通，使断路器合闸，此时，一次系统未发生故障，故称"误动作"。当在 A、C 两点接地时，也能使断路器跳闸，形成"误动作"。

2）两点接地可能造成断路器"拒动"，如接地点同时发生在 C、E 两点，将跳闸继电器短路，此时，若一次系统发生故障，保护动作，但由于跳闸继电器未得电，将不会动作，造成断路器"拒动"，而越级跳闸，以致扩大事故。当在 B、E 两点接地时，也能使断路器拒合，形成"拒合"。

3）两接地点发生在 A、E 两点时，会引起熔断器熔断。

4）A、D 两点接地可造成"误发信号"。断路器正常运行中，KP 失电，KC 得电，而 A、D 两点接地后，KC 被短接，不能动作，则 KC 与 KP 均失电，则会误发"控制回路断线"信号。

（2）主要现象。

1）后台机发"直流接地"信号。

2）直流绝缘监测装置测得系统绝缘降低。

3）一极对地电压降低，另一极对地电压升高。

4）出现其他异常信号，如直流熔断器熔断、误信号、断路器误动、拒动等。

（3）可能原因。

1）二次回路、二次设备绝缘材料不合格、绝缘性能低或年久失修、潮气侵蚀，产生某些损伤缺陷或过电流引起的烧伤、靠近发热元件引起的烧伤等。

2）二次回路连接、设备元件组装不合理或错误。如由于带电体与接地体、直流带电体与交流带电体之间的距离过小，当直流回路出现过电压时，将间隙击穿，形成直流接地；再如在继电器动作过程中，带电元件与铁壳相碰，造成直流接地；在电磁接触器动作中，触头断弧过程中形成弧光与接地体连接；断路器传动杆动作中将二次线磨伤，造成直流接地等。

3）二次回路连接和设备元件组装不合理或平时不易发现的潜伏性接地故障。如交流电经高电阻混入直流系统，某些平时不接通的回路，一旦通电就出现直流接地；大风刮或人员误碰，使带电线头与接地体相碰造成接地。

4）二次回路及设备严重污秽和受潮，接线盒进水，使直流对地绝缘下降。小动物爬入或小金属零件掉落在元件上，造成直流接地故障。某些元件上有被剪断的线头，未使用的螺钉、垫圈等零件掉落在带电回路上等。

5）直流设备、系统运行方式不当。如有直流系统中有两套绝缘监察装置，正常情况下一套投入，一套备用；当两套同时投入时，装置可能误动作（这种现象，一般称为"假接地"）。

（4）处理注意事项。

1）当直流系统发生接地时，应停止站内一切工作，尤其禁止在二次回路上进行任何工作。

2）在处理直流接地故障时不得造成直流短路和另一点接地。

3）直流接地故障的查找和处理必须由两人同时进行，并做好安全监护，防止人身触电。

4）如需试拉调度管辖设备（保护），需向调度申请。

5）在处理直流接地故障时，严禁试拉电压互感器并列装置直流电源，防止保护及自动装置由于失压而误动。

6）试拉直流回路，应经调度同意。断开电源的时间一般小于 3s，不论回路中有无故障，接地信号是否消失，均应及时投入。

7）为了防止误判断，观察接地故障是否消失时，应从信号、绝缘监察装置、表计指示情况等综合判断。

8）为防止保护误动作，在试拉保护装置电源前，应解除可能误动的保护，恢复电源后再投入保护。

（5）绝缘监测装置能选出支路的处理方法。现在变电站都装有微机直流系统绝缘在线监测装置。每组蓄电池配置一套绝缘监测仪，可以帮助我们查找直流接地。直流系统接地后，绝缘监测装置发"直流接地"信号，并进行支路选择，在接地处接触良好的情况下，装置能够选出相应支路。在征得调度同意后，运行人员可试拉监控监测装置提示的支路，观察接地现象是否消失。如现象消失，则说明故障就在该支路，则可汇报调度及上级，安排停电及异常处理。

（6）绝缘监测装置未能选出支路的处理方法。直流系统关系到整个变电站及电力系统的安全运行，所以绝缘装置未能选出支路也需要及时处理。具体方法有：排除公共回路法、瞬时停电法和转移负荷法。若经检查查出故障所在线路，进一步查找"接地故障点"，具体查找步骤为：

1）排除公共回路法。如绝缘监测装置未能选出支路，则应怀疑是否在充电机、蓄电池等回路中，当然也不排除绝缘监测装置本身故障，导致直流"误接地"。对于充电机及蓄电池回路可以用两段母线串联后，一一切除进行试验；而绝缘监测装置本身故障，则可通过解除装置接地点后，人工外加电桥进行接地的方法，进行试验。

2）瞬时停电法。瞬时停电的原则为：①先停有缺陷的分路，后停无明显缺陷的分路，先停有疑问的、潮湿的、污秽较严重的，先停户外的，后停室内的，先停不重要的，后停重要的，先停备用设备，后停运行设备，先停新投运的设备，后停已运行多年的设备；②对直流母线不太重要的馈电分路，依次短时断开这些分路，若断开某一分路信号消失，测正、负极对地电压恢复正常，则接地故障点就在此分路范围内；③转移负荷法：对直流母线上较重要的分路，可将故障母线上的较重要分路，依次转移切换到另一段直流母线上，监视"直流母线接地"信号是否消失，查出接地点在哪个分路；④查找步骤：变电站发生直流接地异常后，应第一时间汇报调度，同时应停止站内一切工作，尤其禁止在二次回路上进行任何工作。首先应检查绝缘监测装置是否能选出支路，不能选出支路则可检查变电站以往的绝缘薄弱部位，这些地方出现问题的可能性较大；如检查没有问题则有条件可按照排除公共回路法，将充电机、蓄电池、绝缘监测装置逐一检查；如仍没有问题则汇报调度申请，进行逐条瞬时停电，拉路进行判别，对不能停电的回路，则应适用转移负荷法进行判别（见图11-2）。

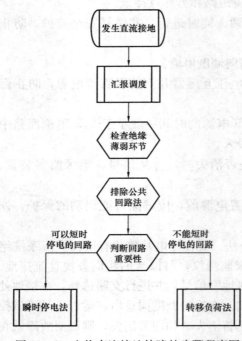

图11-2　查找直流接地故障的步骤程序图

二、直流系统异常处理概述

1. 变电站典型直流系统概述

直流系统一般为单母线分段形式，每段母线上有一组充电机，挂一组蓄电池，两段母线分排运行，遇有充电机故障或蓄电池试验时，可将两段母线并列，但应注意此时母线上也只能有一组充电机和一组蓄电池（典型接线见图11-3）。

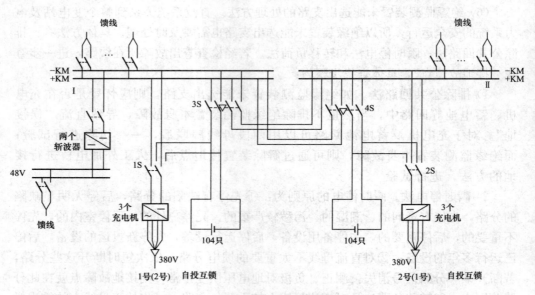

图11-3　直流系统典型接线

正常方式为：1号充电机输出开关1S切至"投向Ⅰ段母线"位置，第一组蓄电池进线及母联开关3S切至"第一组蓄电池投向Ⅰ段母线"位置；2号充电机输出开关2S切至"投向Ⅱ段母线"位置，第二组蓄电池进线及母联开关4S切至"第二组蓄电池投向Ⅱ段母线"位置，此时两段母线分列运行。如1号充电机或第一组蓄电池需退出运行则应先将第一组蓄电池进线及母联开关3S切至"母联Ⅱ段母线"位置，再将1号充电机输出开关1S切至"投向第一组蓄电池"位置，保证母线上有且只有一组充电机和蓄电池。

2. 直流系统失电

（1）主要现象。

1）装置电源指示灯灭。

2）后台机发出"直流系统故障"、"控制回路断线"、"保护直流电源消失"或"保护装置异常"等信号。

3）监控中心遥信、遥测数据不刷新。

4）通信装置若无独立电源，则变电站通信中断。

（2）可能原因。

1）直流系统低压断路器容量小或不匹配，在大负荷冲击下造成上级低压断路器跳闸，导致部分回路直流消失。

2）低压断路器质量不合格，接触不良导致直流失电。

3）直流两点接地或短路造成低压断路器跳闸导致直流消失。

4）直流蓄电池故障，后备电源失去，在充电机故障或站用交流失去时引起全站直流消失。

（3）处理要点。

1）查熔丝是否熔断，更换容量满足要求的合格熔断器。

2）试合低压断路器，如不能合上，则拉开所有支路后试送，最后逐路合上支路低压断路器，如有跳闸，则说明该支路负荷有故障。

3）直流消失后，应汇报调度，停用相关保护，防止查找处理过程中保护误动。

3. 蓄电池故障

值班人员在检查中，若发现下列故障时，应及时汇报工段（区），由专业检修人员进行处理。

（1）测得个别电池电压很低，或为零，或反极性。电池电压为零或很低，可能是电池内部发生短路。反极性故障主要原因是电池极板硫化造成的，使其容量降低，电压很快下降，其他正常电池对它充电而发生反极性的，会影响相邻电池的电压下降。

（2）正极呈褐色并带有白点。这是由于经常过充电或使用的蒸馏水水质不纯等引起极板上活性物质过量脱落的缘故。

（3）极板严重弯曲变形，容器下有大量沉淀物。这是由于电解液不纯、密度过大或温度过高等原因造成的。

（4）容器损坏、电解液渗漏、绝缘电阻降低等。

另外，蓄电池直流系统还可能发生直流短路、充电设备损坏及负载馈线故障等，或蓄电池内部发生极板短路、极板硫化、极板弯曲、沉淀物过多等，限于篇幅从略，详细处理按《蓄电池运行规程》进行处理。

4. 直流母线电压过低、电压过高的处理

直流母线电压过高会使长期带电的电气设备过热损坏，或继电保护、自动装置可能误动；若电压过低，又会造成断路器保护动作及自动装置动作不可靠等现象。

（1）直流系统运行中，若出现母线电压过低的信号时，值班人员应检查并消除。检查浮充电流是否正常，直流负荷是否突然增大，蓄电池运行是否正常等。若属直流负荷突然增大时需及时查明原因，应迅速调整降压硅链或分压开关，使母线电压保持在正常规定值。

（2）当出现母线电压过高的信号时，应降低浮充电流，使母线电压恢复正常。

🔧 第二节　直流系统典型事故或异常实例

【例66】　一起直流接地时，变电站有二次工作引起断路器误动实例

200×年×月×日，35kV某变电站发生了由于直流系统中有接地，而同时现场有二次工作导致断路器误动，造成全站失电的异常。

1. 事件经过

200×年×月×日，35kV某变电站2号主变压器进行主变压器及两侧TA调换工作，同时，自动化人员在进行断路器遥控回路验证工作，即所有断路器的遥控连接片脱开，所有断路器保护测控控制的远方就地切换开关切至就地位置，监控中心逐路对断路器进行试合操作，自动化班人员通过测量遥控连接片两端的对地电压进行验证。11：14，当验证至35kV某某线332断路器时，工作负责人负责用直流表一端测量连接片上桩头电压，工作班成员负责将直流表另一端接地。第一次遥控没有测量到电压，遂站起观察装置，35kV某某线332断路器依旧在合闸位置。工作负责人怀疑压板上下桩头接反，则让监控中心再一次进行遥合试验，同时将直流表一端移至测量压板下桩头，35kV某某线332断路器分闸，全站失电。运行人员立即向调度中心汇报后，得到电话许可，将35kV某某线332断路器手动合上，恢复供电。

35kV某某线322断路器跳闸后，值班员发现直流系统有接地，并进行检查。在拉开2号主变压器非电量直流空气小开关时，直流接地信号消失。后经现场查看，发现主变压器本体端子箱至温度计的电缆，温度计侧电缆芯线断面的铜导线芯截面碰到主变压器本体外壳上造成直流正极接地。

2. 原因分析

现场后台机事件列表如图11-4所示。

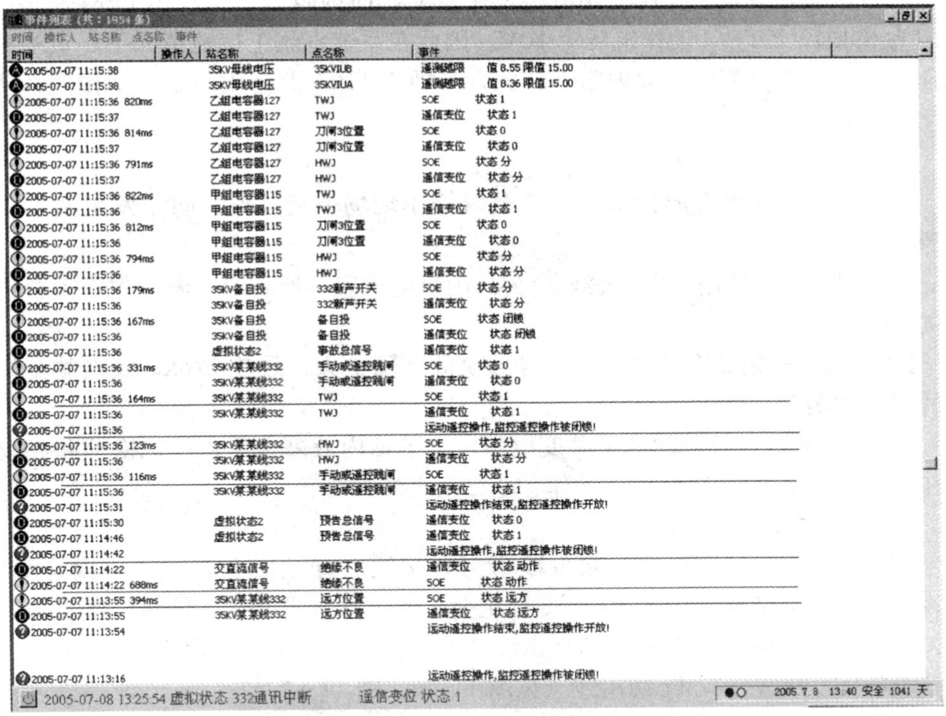

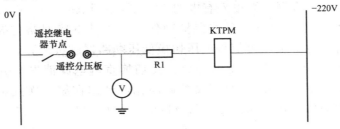

图 11-4　现场后台机事件列表

异常过程为：在操作人员将 332 断路器切换到远控位置后 27s，一次工作人员不慎将主变压器本体端子箱至温度计的电缆铜导线线芯截面接触到主变压器本体外壳，导致某变电站出现直流正极接地现象，此时直流正对地电压为 0V，负对地电压为 220V。由于当地无事故音响，工作人员和运行人员均未注意这一情况，直流接地后 20s，进行了第一次遥控试验，断路器未动作，而由于此时直流正对地电压为 0V，所以工作人员未测量到合闸脉冲，第一次遥控试验结束 5s 后，监控中心开始做第二次遥控试验，同时，工作人员开始测量连接片下桩头，此时 KTPM 回路图如图 11-5 所示。

图 11-5　332 断路器 KTPM 回路图

经过试验，发现工作所使用电压表在30V挡时内阻为22kΩ，KTPM回路中的电阻为39kΩ，KTPM动作电压为70V。因此在系统直流正接地情况下，负端对地电压升高，由于直流电压表内阻不够大，导致KTPM上电压高于其动作值，从而发生误动。

3. 防范措施/经验教训

（1）变电站发生直流接地时，应及时停止现场一切工作，防止发生两点接地现象。

（2）现场工作使用的电压表，应为高内阻电压表，严防由于测量仪表不合适造成的系统异常。

【例67】 一起二次设备故障，导致事故范围扩大，致使220kV变电站全站失电的事故实例

200×年×月×日，220kV某变电站发生了站内故障，但由于二次回路中设备存在异常，导致220kV保护误动作、全站失电的异常。

1. 运行方式

220kV为双母线双分段、双母联带旁路接线，有4回电源线和4回终端线。220kV系统正常情况下合环运行。3台主变压器正常方式运行。110kV系统为双母线、单分段带旁路接线，有110kV出线7回，正常情况下分列运行。35kV系统为双母线单分段接线，有12回出线（见图11-6、图11-7）。

2. 事件经过

200×年×月×日，220kV某变电站内有某1162回路进行线路TA调换工作，10：21监控中心发现某站发事故总信号，检查有"4128线保护动作"、"4101线保护动作"、"4102线保护动作"、"4127线保护动作"、"110kV母差保护动作"、"1161线保护动作"信号，全站电压、电流遥测数据全部为零，即通知操作班现场检查。操作班赶到现场，发现110kV副母线上所接断路器均跳闸，4128、4101、4102、4127线路断路器跳闸，全站失电，同时询问工作人员得知，工作人员在1162间隔施工时，误将钢丝绳投入相邻有电的某1161线路间隔，造成1161线路故障及110kV副母故障。

3. 原因分析

当作业人员误将钢丝绳投入有电的1161线路间隔时，造成1161线路故障及110kV副母故障，110kV母差保护动作。由于其下属回路在故障过程中有短路现象，直流分屏上中央信号电压切换低压断路器越级跳开，导致从其上引接直流电源的220kV电压互感器隔离开关切换直流电源消失，引发220kV电压小母线失电。由于CSL-101A保护启动元件动作在第一次故障后均尚未返回，导致保护动作，致使四回电源线4128、4101、4102、4127先后跳闸，全站停电。

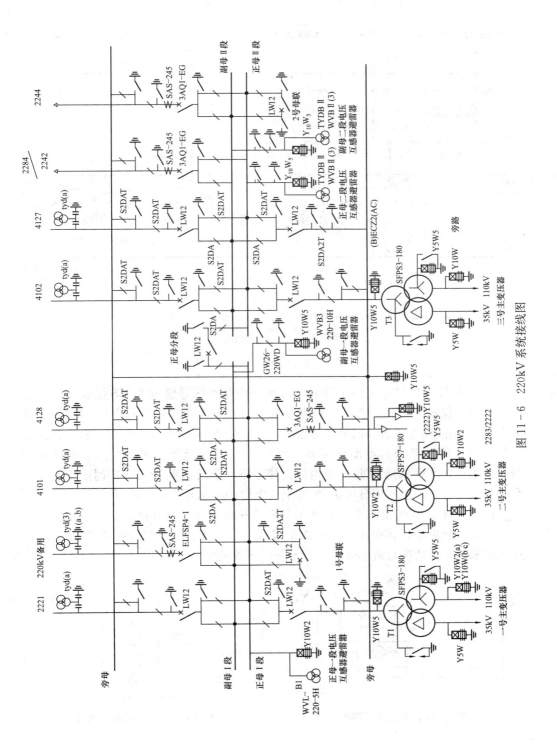

图 11-6 220kV 系统接线图

199

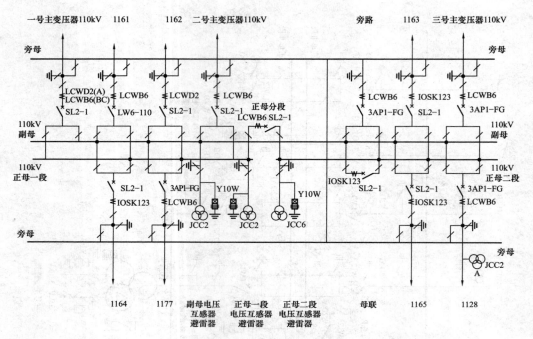

图 11-7　110kV 系统接线图

事故中 110kV 母差保护动作后，母差保护动作信号继电器 KS 闭合，应点亮 110kV 母差保护光字牌。实际检查后发现 "110kV 母差保护动作" 光字牌接线螺钉 2、3 处垫圈间隙过近，已处于导通状态，致使 2、3 短接（见图 11-8）。在正常情况下如无信号动作，不出现异常，但当 110kV 母差保护动作时 F701 直接与 2WAS 沟通，实际就是 2DK 正负电源直接短路，造成 2DK 跳开。同时由于直接短路的电流过大，致使直流分屏上 2DK 上级电源 DK 总开关同时跳开。

直流分屏上 2DK 上级电源总开关 DK 跳开后导致集中信号屏上 5 个直流小开关下负载全部失电，其中 1～4DK 为信号或低压并列回路，1RDK 为 220kV 电压互感器隔离开关切换直流小开关（直流分屏布置见图 11-9）。

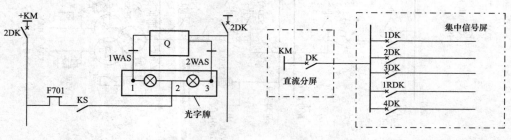

图 11-8　光子牌回路图　　　　　图 11-9　直流分屏布置图

当集中信号屏 1RDK 上接电源失去时，将导致 1～3GWJ 失电，在交流电压回路中 1、2GWJ 接点打开（见图 11-10），交流电压小母线失电。CSL-101A 保护启动元件动作在第一次故障后均尚未返回，加上保护失压，导致距离保护动作。

4. 防范措施/经验教训

从 220kV 馈线直流分屏中，专设一路电源供中央信号电压切换低压断路器使用，即利用直流分屏的备用低压断路器 DK′，专供集中信号屏 1RDK 电源，使其上级电源与其他 1～4DK 上级电源分开，如图 11-11 所示。

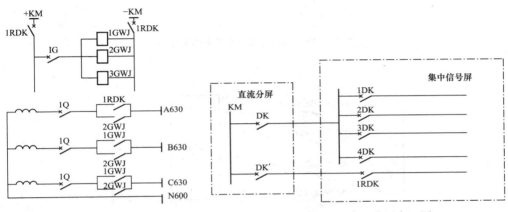

图 11-10　交流电压回路图　　　　　图 11-11　直流分屏布置图

【例 68】　一起二次接线错误，导致直流系统部分失电的异常实例

200×年×月×日，220kV 某变电站发生了由于二次接线错误，在直流工作时导致直流系统部分失电的异常。

1. 事件经过

200×年×月×日，10：25 运行人员在将某变电站 220V 直流母线由Ⅰ、Ⅱ段母线分列运行切至并列运行过程中，发现了 110kV 母差保护屏上装置电源低压断路器跳闸。检查现场后台机信号有"110kV 母差保护异常"和"110kV 某Ⅱ945 汇控柜低压断路器分闸"的信号。现场检查 110kV 某Ⅱ945 汇控柜内隔离开关控制电源低压断路器跳闸，立即汇报调度申请将 110kV 母差保护停用。

2. 原因分析

经过继保人员现场检查，发现这是一起由于扩建间隔二次接线错误所引起的异常。变电所最初新建时，110kV 母差保护屏上信号回路如图 11-12 所示，引自 220V 直流Ⅰ段母线上，后新增 110kV 某Ⅱ945 间隔，其汇控柜内隔离开关信号回路如图 11-13 所示，引自 220V 直流Ⅱ段母线上。由两图可以看出，110kV 母联 9101 隔离开关接点（DS1：20、DS1：21）和 110kV 母联 9102 隔离开关接点（DS2：20、DS2：21）分别同时存在于两个回路中。

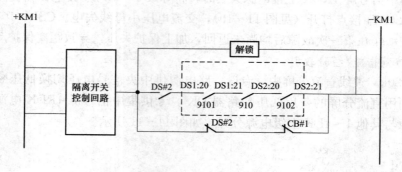

图 11-12　945 线隔离开关控制回路图

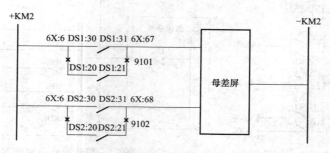

图 11-13　母差保护隔离开关信号回路图

当时运为为 110kV 母联 910 断路器及 9101、9102 隔离开关在合位，以 110kV 母联 9101 隔离开关接点（DS1：20、DS1：21）为例，根据图 11-12 所示，接点两侧均为−KM1；而根据图 11-13 所示，接点两侧为＋KM2，该回路将 220V 直流Ⅱ段母线正电和 220V 直流Ⅰ段母线负电连接起来。

正常情况下，220V 直流母线由Ⅰ、Ⅱ段母线分列运行，绝缘检测系统的接地点不停在Ⅰ、Ⅱ段母线间切换，因此整个系统中只有一个地，这种运行方式下也不会产生短路。

当 220V 直流母线由Ⅰ、Ⅱ段母线分列运行切至并列运行时，联络开关合上后，此时造成直流系统的正负短路，110kV 母差保护装置电源低压断路器正极及 110kV 某Ⅱ 945 回路隔离开关控制电源低压断路器负极中有短路电流流过，将 110kV 母差保护装置电源低压断路器和 110kV 某Ⅱ 945 回路隔离开关控制电源低压断路器跳闸。

3. 防范措施/经验教训

（1）将 110kV 母差回路的节点连接线拆除，以消除该隐患。

（2）充分重视交直流系统发生的异常，及时分析、检查、处理。

（3）加强交直流系统的培训，对其工作原理加强认识。

【例 69】　一起设备元件故障，导致直流系统部分失电的异常实例

200×年×月×日，220kV 某变电站发生了由于保护中二极管损坏，导致直流系统部分失电，开关拒动的异常。

1. 事件经过

200×年×月×日，10：11 监控中心发现，220kV 某变电站 35kV Ⅱ段母线接地，A 相 0V，B、C 相 35kV，消弧线圈动作，现场检查小电流选线选 591 线。10：45 监控中心接调度命令试拉 591 断路器后，单相接地消失；10：48 监控中心合上 591 断路器，此时发现 591 断路器保护动作，591 控制回路断线，591 断路器未跳，2 号主变压器保护动作跳 502 断路器。现场检查 591 过电流Ⅰ、Ⅱ段保护动作，2 号主变压器第一套、第二套 35kV 侧过电流Ⅰ段动作跳 502 断路器。591 断路器柜上直流控制电源低压断路器跳闸，开关红绿灯熄灭，控制回路断线告警。10：56 调度发令手动拉开 591 断路器，现场检查 2 号主变压器及 502 回路无异常，11：14 调度发令合上 2 号主变压器 502 断路器。

2. 原因分析

检修人员到现场后，试验发现一旦 591 断路器合闸，其直流控制电源低压断路器即自动跳开，进一步检查发现 591 断路器防跳回路内与防跳继电器并联的二极管被击穿，591 断路器控制回路图如图 11-14 所示。

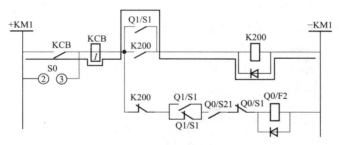

图 11-14　591 断路器控制回路图

KCB—合闸保持继电器；Q0/S21—开关储能控制辅助触点；

S0—手动合闸切换开关；Q0/S1—开关辅助触点；

Q1/S1—母线隔离开关辅助接点；Q0/F2—合闸

继电器；K200—中间继电器

591 断路器合闸后，防跳回路内动合接点闭合，机构防跳自保持电压继电器 K200 被反向击穿的二极管短接，控制回路经图中所示路径发生正负极短路，造成直流低压断路器跳闸，开关控制回路断线，开关拒分。调换该二极管后，开关分合试验正常。

3. 防范措施/经验教训

(1) 在合上某断路器同时发生上一级断路器跳闸，监控画面可能无法得到所操作断路器位置的准确遥信；但要立即调取这些断路器对应保护的信号和报告，检查是否有保护动作，控制回路断线告警，进而判断有无断路器拒动。

（2）初步判断出拒动断路器后，应立即对该断路器情况进行检查，观察断路器实际位置指示，保护告警信息，直流控制回路低压断路器或熔丝情况，进而分析该断路器的拒动是发生在合闸过程中还是跳闸过程中。

【例70】 一起辅助开关受潮，导致直流接地的异常实例

200×年×月×日，220kV某变电站发生了户外35kV手动接地开关的电缆穿管未实施有效封堵，在气温骤降的情况下，电缆沟内潮气通过电缆穿管进入接地开关辅助开关简易罩壳内，在辅助开关端子上形成凝露结冰，造成站内直流接地的异常。

1. 事件经过

200×年×月×日 10：47，某变电站直流I段母线出现"直流系统绝缘故障"信号，正对地69V、负对地150V。经保护专业人员检查为35kV乙组电容器4054接地开关辅助接点结冰导致绝缘不良，在除冰后并用绝缘布包好，使直流电压恢复正常。

三日后，10：01，某变电站直流I段母线再次出现"直流系统绝缘故障"信号，正对地52V、负对地167V。保护专业人员到达现场后，拆开35kV乙组电容器II4054、乙组电容器I4044接地开关辅助开关简易罩壳后，发现辅助开关上有水气，接点已受潮。后检查发现，简易罩壳封堵有裂缝，从电缆沟引至接地开关简易罩壳内的电缆穿管未有效封堵（见图11-15），判定受潮为该穿管未有效封堵引发，遂对该站所有该类型的接地开关辅助开关简易罩壳内的电缆穿管实施封堵（见图11-16），重做穿管与简易罩壳间的封堵，对接点进行去湿处理，使直流电压恢复正常。

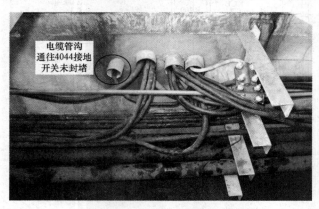

图11-15 电缆沟内穿管电缆

2. 原因分析

该接地开关系某厂产品，型号为GW4-40.5DW，2007年4月出厂，其接地开关辅助开关所引电缆以穿管形式引入电缆沟进端子箱，外设一简易罩壳（圆柱形，下无封板），用螺钉固定在设备铸铁件上。电缆穿管一直引入至简易罩壳内，施工单位在穿管与罩壳间用防火封堵泥进行了封堵（见图11-17）。

图 11 - 16　接地开关辅助开关结构

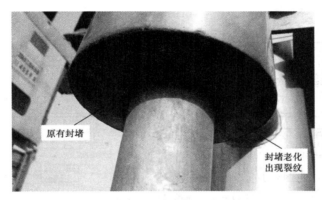

图 11 - 17　接地开关辅助开关简易罩壳与穿管

由于受到热晒雨淋以及热胀冷缩影响，穿管与罩壳间的防火封堵泥出现老化、裂缝、脱壳；同时，受天气寒冷影响，潮气从裂缝、穿管进入接地开关辅助开关简易罩壳内，引发凝露与结冰，导致接线绝缘不良，造成直流系统接地。

【例 71】　一起直流绝缘降低异常实例分析

1. 某变电站直流系统概述

某变电站 110V 直流系统采用某公司生产的充电机及直流系统屏柜，110V 直流系统采用单母线分段的结线方式，配置两组蓄电池及三台充电机。第一台充电机接于Ⅰ段母线，充第一组蓄电池；第二台充电机接于Ⅱ段母线，充第二组蓄电池；第三台充电机通过切换，可以带Ⅰ段或Ⅱ段直流母线，也可单独对第一组或第二组蓄电池进行充电。正常情况下第三台充电机备用，当其他充电机故障后，第三台充电机投入。在交直流室内配有 3 块充电机屏及两块直流馈线屏。

由于站内直流系统尚未完全改造完毕，存在新老两个直流系统并存的情况。新系统通过交直流室的新110V直流馈线屏接至500kV继保小室的直流分屏，主供500kV部分直流电源；老系统通过新110V直流馈线屏上的两路馈线低压断路器（分别为两馈线屏的第36路低压断路器），分别直接接至原110V直流Ⅰ、Ⅱ段母线，通过主控楼继保室内5块老直流分屏来供220kV及35kV部分直流电源。110kV直流系统示意图如图11-18所示。新系统采用某公司的WJY3000A型绝缘监测仪，老系统采用WZJD-6型绝缘监测仪，由于绝缘检测接地点正常只能存在一个，所以正常运行时启用新系统绝缘监测仪，当发生110V直流绝缘故障报警时，通过WJY-3000AH接地选线，若与老系统相对应的第36支路接地报警，则应先将WJY-3000AH停用，将WZJD-6启用，通过选线进行支路检测。

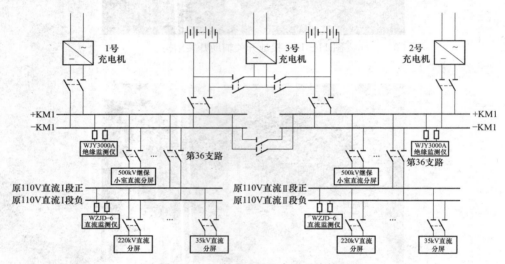

图11-18　某变110V直流系统简图

2. 异常现象

(1) 2009年8月12日交接班时，某变电站后台出现"110V直流Ⅱ段绝缘故障"告警信号，无法复归。母线电压正对地升至90V以上，负对地降至20V以下，直流接地检测仪负对地"欠电压"报警，母线绝缘电阻值正对地＋999.9kΩ，负对地－（20－30）kΩ，WJY3000A型绝缘监测仪未检测出接地支路。

(2) 故障发生前几天连日阴雨，站内无任何电气一二次工作。

3. 处理经过

(1) 启用老系统（220kV）绝缘监测仪后同样无法检测出接地支路，仅发现220kV旁路闸刀有普遍绝缘降低现象（绝缘电阻值30～50kΩ不等）。由于之前连日阴雨，怀疑为机构箱渗水导致直流绝缘降低所致，经现场检查，未发现有机构箱存在明显渗漏水情况，试拉旁路闸刀电源，直流母线电压也未有明显回升。

（2）在处理过程中，母线负对地电压时高时低，始终在 20～30V 之间上下浮动，由于"欠电压"报警值为 25V，所以后台绝缘故障信号频繁发出与复归中。考虑到某变运行时间较长，直流绝缘普遍较差，尤其在阴雨天后，经常发生直流绝缘普降的情况，所以决定暂不处理，由值班员加强监视，待天气好转后观察此现象是否消失。

（3）约 2h 后，天气已逐渐转晴，然而，此现象仍未有改观，甚至 110V 直流 Ⅱ 段母线负对地电压有下降趋势，至中午母线负对地电压已降至 15V 左右，绝缘电阻值也降至 -15kΩ 左右，但绝缘监测仪仍未检测出故障支路。

（4）怀疑是否为直流母线有接地或绝缘被破坏的情况，经现场检查直流母线完好，未发现明显绝缘破坏的现象。

（5）由于 220kV 直流系统未改造，电缆绝缘不好的可能性较大，经请示工区领导后决定将 220kV 所有设备第二组直流电源逐屏倒至 110V Ⅰ 段母线下，倒换后母线电压仍未回升。

（6）将 500kV 设备第二组直流电源逐屏倒至 110V Ⅰ 段母线下。当将 500kV 继保小室直流分屏 Ⅳ 倒至 110V Ⅰ 段母线后，"110V 直流 Ⅱ 段绝缘故障"信号消失，出现"110V 直流 Ⅰ 段绝缘故障"信号，遂将该屏倒回 Ⅱ 段母线，信号又返回原先状态，因此确定 500kV 继保小室直流分屏 Ⅳ 上有支路存在绝缘下降现象，经过逐路试拉后确定为 5043 断路器 TC2 回路。

（7）汇报工区联系检修人员至现场检查后，发现为 5043 断路器中控箱内"远方/就地"切换开关至 A 箱机构箱内"远方/就地"切换开关的一段电缆绝缘损坏所至，更换备用芯后直流系统恢复正常。

4. 原因分析

（1）WJY-3000A 型绝缘监测仪工作原理。绝缘检测仪主机在线检测正负直流母线的对地电压，通过对地电压计算出正负母线对地绝缘电阻。当绝缘电阻低于设定的报警值时，自动启动支路巡检功能。母线电压低于设定的报警值或绝缘电阻低于报警值均会发直流系统绝缘故障信号。其检测流程如图 11-19 所示。

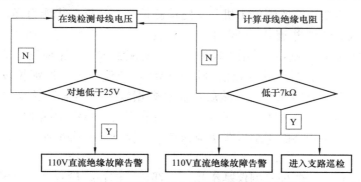

图 11-19　WJY-3000A 型绝缘监测仪检测流程

（2）故障回路。如图 11 - 20 所示，由于 5043 断路器汇控箱内"远方/就地"切换开关至 A 相机构箱内"远方/就地"切换开关的一段电缆绝缘损坏，导致 110V 直流Ⅱ段母线负极对地电压降低，当低于报警值－25V 时，110V 直流Ⅱ段绝缘故障告警，由于本异常属于直流绝缘下降而非完全直流接地，母线绝缘电阻较高，为 20～30kΩ（最低时曾降至 10kΩ 左右），高于报警值 7kΩ，WJY－3000A 型绝缘检测仪无法进入支路寻检程序，因此无法检测出具体故障支路。

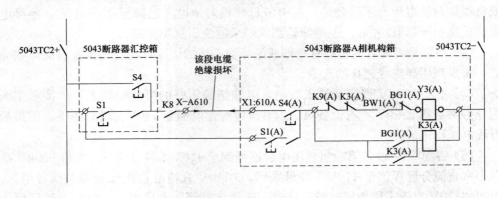

图 11 - 20　直流绝缘故障回路图

S4—远方/就地切换开关；S1—就地分/合闸按钮；K8—弹簧未储能闭锁合闸；K9—SF$_6$ 闭锁接点；
K3—防跳接点；BW1—弹簧储能；BG1—开关辅助接点；Y3—合闸线圈

（3）WZJD - 6 型绝缘监测仪（老系统用）基本工作原理。如图 11 - 21 所示，WZJD - 6 型绝缘监测仪检测流程与某的 WJY - 3000A 型绝缘监测仪基本相同，也是先检测直流母线对地电压与对地绝缘电阻，然后进入支路寻检，检测出具体接地支路。

（4）两种直流绝缘监测仪比较。在工作原理上，深圳某公司的 WJY - 3000A 型直流绝缘监测仪较为先进，其支路漏电流检测采用直流有源 TA，不需向母线注入信号。每个 TA 内含 CPU，被检信号直接在 TA 内部转换为数字信号，由 CPU 通过串行口上传至绝缘监测仪主机。支路检测精度高、抗干扰能力强。采用智能型 TA，所有支路的漏电流检测同时进行，支路巡检速度高。而老系统所用的 WZJD - 6A 型绝缘监测仪则采用了较为落后的交流法进行支路检测，即当母线检测接地异常时，将一个 4Hz 的低频信号注入母线，交流 TA 通过锁相技术等方式便可检测到不平衡电流即漏电流，然后再通过数据线将检测信号送至主机做响应处理。该方式由于向直流母线注入交流信号，容易引起设备误动或干扰设备，检测精度受接地电容影响，不能识别母线接地极性，从原理上来讲不如新系统检测仪精确与快速。

在工作流程上，两种监测仪基本相同，都是通过在线检测母线电压与母线绝缘

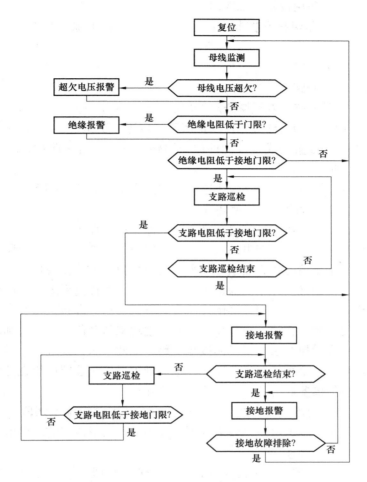

图 11-21　WZJD-6 型绝缘监测仪检测流程

电阻来判断直流系统是否有绝缘异常现象，然后进入支路寻检状态检测出具体接地支路。所不同的是 WZJD-6A 型监测仪有一手动寻检功能，在任何状态下都可以通过此功能来检测各直流支路对地电阻，而 WJY-3000A 型绝缘监测仪则无此功能。

5. 处理过程中的感受

（1）"拉路法"处理直流接地异常。当接地检测仪不能正确指示接地支路或虽能指示但无法通过试拉加以确认时，可采用"拉路法"进行查找，接地不能消失再拉其他支路，并按照先次要后重要，先面后点的顺序逐路进行试拉。实际处理时可参照以下具体顺序。

1）当时有工作的回路。

2）热备用或冷备用设备的二次回路。

3）直流母线上非保护和控制回路，如逆变器、蓄电池、充电机、试验电源、中央信号电源等。

4）刚操作过的回路。

5）故障录波器回路。

6）断路器控制回路，双跳圈断路器应逐一试拉两组直流。

7）双套保护配置的线路或元件保护回路，应逐一试拉。

8）仅一套保护配置的线路或元件保护回路，对于线路主保护，应事先问清调度是否要将主保护退出运行。

9）对于母差、高频保护等重要回路，应由调度改信号后再拉路。

10）有双电源配置的电压切换装置回路。

上述6）至10）须经调度许可，必要时应停用有关保护。

在本次异常中，由于某变电站属于运行时间较长的老站，直流回路较多，而且未改造部分直流系统情况较为复杂，如采用逐路试拉的方法查找接地支路，所花的时间可能比较长，而且需停用的保护也比较多，会大大提高系统运行的风险性。因此，经过领导同意，决定采用逐屏倒换的方式查找支路。即将各接在直流Ⅱ段母线上的直流分屏逐一倒至直流Ⅰ段母线上，若接地现象从Ⅱ段移至Ⅰ段则说明接地支路在此屏上，再通过拉路法查找具体接地支路，如此一来，处理直流异常的时间就要缩短很多，对于整个系统来说，风险性也会降到最低，建议以后在处理直流接地异常的过程中也能借鉴此方法，但需注意以下几点。

1）此方法需将两段直流母线并列，因此，在并列前需确保两段母线电压差较小（一般应小于1V），若电压差较大则不易并列，以防形成直流环路电流，造成继电保护或自动装置误动作。

2）应尽可能选一重要回路较少的直流分屏进行并列，确保两段母线无电压差时再行倒换有重要回路的直流分屏。

3）操作时应至少有两人进行，且最好是对直流系统较为熟悉的人，建议班长或现场工程师能在场监护。

（2）查找直流接地过程应排除各种干扰因素，并且尽可能缩短处理时间。

在本例中，由于老系统绝缘报警电阻设为15kΩ，新系统绝缘报警电阻为7kΩ，这两者的差值导致接地支路存在于老系统时，新系统直流检测仪可能无法报出所对应的支路，而且斗山站直流系统220kV及35kV部分未改造，绝缘情况较差，以往在雨后直流系统有异常多为老系统直流接地所致，因此在处理直流接地的过程中，当无法查出故障支路时，通常都会判断为220kV直流系统故障。值班员受此惯性思维的影响，认为异常多半在老系统，而将较大精力花在查找老系统部分上，导致处理时间大为加长。这一点在今后处理此类异常的过程中需引起重视，处理直流接地异常还是要按部就班，根据规程规定尽快查找。

6. 建议

（1）5043 断路器为某公司生产的 HPL550TB2 型，同样型号的断路器还有 1 号主变压器/兴斗线 5042 断路器。由于此两台断路器投运有一定时间，因此可能存在绝缘老化的现象，建议对这两台断路器五箱进行一次重点巡视，检查是否有电缆绝缘损坏现象。

（2）某公司的 WJY－3000A 型绝缘监测仪虽然在工作原理上较为先进，对于直流接地情况反应较为灵敏，但由于其不存在手动巡检模式，而只有当绝缘电阻低于报警值时才会启动自动巡检功能，因此对于类似此次绝缘降低的情况，无法帮助判断接地支路，这一点反而老系统的 WZJD－6 型绝缘监测仪可以做到。由于此功能对于运行人员查找接地支路相当实用，因此建议今后的绝缘监测仪能有此功能。

（3）在此次处理直流异常的过程中，我们发现运行人员可能由于长期值班，工作性质较为枯燥等原因，在处理过程中存在明显的惯性思维，这一点需引起我们的重视。此例中，在查不出具体直流接地回路的情况下，值班员理所当然的把原因想成是老系统雨后绝缘普降所致，然而，经过事后分析，以往老系统直流绝缘普降时通常为正对地电压降低，而此次为负对地电压降低，如果运行人员在平日的观察中能够更仔细，对于异常的总结更具体，则在处理异常的过程中就能做到更迅速更准确。如何在枯燥的运行工作中进行总结与提炼，杜绝运行人员惯性思维的现象，这一点需要我们在今后的培训工作中认真考虑。

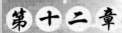

第十二章

二次设备事故或异常

第一节　二次设备事故或异常处理概述

一、二次设备事故处理概述

（一）越级跳闸

1. 越级跳闸的后果及形式

（1）一次设备发生短路或其他各种故障时，由于断路器拒动、保护拒动或保护整定值不匹配，造成上级断路器跳闸，本级断路器不动作，从而使停电范围扩大，故障的影响扩大，造成更大的经济损失，称为越级跳闸。

（2）越级跳闸有如下几种形式。线路故障越级、母线故障越级、主变压器故障越级和特殊情况下出现二级越级。

（3）越级跳闸的主要动作行为。

1）线路故障越级跳闸。本线路断路器拒分，本线保护动作，若装有失灵保护，则启动失灵保护，切除该线路所接母线上的所有断路器；若本线路保护未动作，失灵不能启动跳闸，失灵不动作或未装设失灵保护时，将由本站电源对侧或主变压器后备保护切除电源。此时故障切除时间加长，主变压器后备保护一般由零序（方向）过电流或复合电压闭锁过电流动作，而对侧一般由零序Ⅱ、Ⅲ段或距离Ⅱ、Ⅲ段动作跳闸。

2）母线故障越级跳闸。若装有母线保护、母差保护拒动或断路器拒动，将引起上级断路器跳闸，一般也是由电源线对侧或变压器后备保护动作跳闸；若母线上未装设母线保护如终端变母线，在母线故障时，由电源线对侧跳闸，则不属于越级，为正确动作。

3）变压器故障越级。若是由断路器拒动引起，应由上级保护动作或由电源线对侧保护动作跳闸。

2. 越级跳闸主要现象

（1）线路故障越级跳闸的现象。

1）警铃、喇叭响，中央信号盘发出"掉牌未复归"信号，有断路器跳闸。

2）未装设失灵保护或装有失灵保护而保护拒动，由主变压器一侧断路器跳闸（若为双绕组变压器，两侧均跳开）；若为双母线接线形式，母联断路器和变压器断路器跳闸（即主变压器后备保护Ⅰ段时限跳母联断路器，Ⅱ段时限跳本侧断路器），通过母线所接电源对侧保护动作跳闸。

3）跳闸母线失压，母线上所接回路负荷为 0，录波器启动。

（2）母线故障越级跳闸的现象。

1）警铃、喇叭响，有断路器动作跳闸，中央信号盘发出"掉牌未复归"信号。

2）母线未动作或未装设母线保护（如 10kV 母线），接于故障母线的主变压器后备启动跳本侧断路器；若为双母线接线方式，主变压器后备保护先跳母联断路器，再跳主变压器一侧断路器，故障母线上所接电源线由电源对侧保护动作切除。

3）主变压器越级跳闸的现象包括：变电站全站停电，各母线、各馈线负荷为 0，故障录波器动作，变电站电源对侧断路器跳闸。

3. 越级跳闸的可能原因

（1）保护出口断路器拒跳。如断路器电气回路故障、机械故障、分闸线圈烧损、直流两点接地、断路器辅助接点不通、液压机构压力闭锁等原因引起断路器拒跳。

（2）保护拒动。如有交流电压回路故障、直流回路故障及保护装置内部故障等原因引起的保护拒动。

（3）保护定值不匹配。如上级保护整定值小或整定时小于本保护等引起保护动作不正常。

（4）断路器控制熔断器熔断，保护电源熔断器熔断。

4. 越级跳闸的处理

（1）线路故障越级跳闸的处理。

1）复归音响，查看并记录光字信号、表计、断路器指示灯、保护动作信号。

2）查找断路器拒动的原因。重点检查拒跳断路器外观、压力等基本状况，拒跳断路器至线路出口设备有无故障。经调度及有关领导批准后，解锁拉开拒动断路器两侧隔离开关。

3）将事故现象和检查结果汇报调度，根据调度令送出跳闸母线和其他非故障线路。若调度许可，可用旁路代拒动断路器给线路试送电一次。

4）可依次对故障线路的控制回路，如直流熔断器、端子、直流母线电压、断路器辅助接点、跳闸线圈、断路器机构及外观等进行外部检查，查找越级跳闸原因，若能查出故障，应迅速排除，恢复送电；若不能排除，将事故汇报上级及有关部门，组织专业人员对断路器越级故障进行检查处理。

（2）主变压器或母线故障越级跳闸的处理。

1）复归音响，查看并记录光字信号、表计、断路器指示灯、保护动作信号。

2）查找断路器拒动的原因，重点检查拒跳断路器外观、压力等基本状况，拒跳断路器至线路出口设备有无故障。经调度及有关领导批准后，解锁拉开拒动断路器两侧隔离开关。

3）若有保护动作，根据保护动作情况判断哪条母线、哪台变压器故障造成越级，并对相应母线或主变压器一次设备进行仔细检查；若无保护动作信号，则应对所有母线和主变压器进行全面检查，判明故障的可能范围和原因。将失压母线上断路器全部断开，将故障母线或主变压器三侧断路器和隔离开关拉开，并将上述情况汇报调度。

4）根据调度命令逐步恢复无故障设备的运行，并将故障母线或主变压器所带负荷转移至正常设备供电，联系有关部门对故障设备检修处理。

（二）保护误动

1. 保护误动的类型

保护误动的类型包括线路（电容器、电抗器）保护误动、母线保护误动和主变压器保护误动。

2. 保护误动的现象

（1）线路（电容器、电抗器）保护误动现象。

1）线路保护误动时一般重合闸可以启动重合，其现象有：①事故警报、警铃鸣响，后台机监控图断路器标志先显示绿闪，继而又转为红闪；②故障线路电流、功率瞬间为零，继而又恢复数值，由于是瞬时性故障，重合闸动作成功时间较短，上述故障的中间转换过程值班人员不易察觉；③后台机出现告警窗口，显示故障线路某种保护动作、重合闸动作等信息（常规变电站故障线路控制屏出现"重合闸动作"光字牌、中央信号屏出现"信号未复归"等光字牌），故障线路保护屏显示保护及重合闸动作信息（信号灯亮），分相控制的线路则还有某相跳闸或三相跳闸的信息（信号）。

2）母线并联电容器、电抗器不投重合闸，线路因故未投重合闸或重合闸拒动时保护误动跳闸现象有：①事故警报、警铃鸣响，后台机监控图断路器标志显示绿闪；②故障线路（电容器、电抗器）电流、功率指示均为零；③后台机出现告警窗口，显示线路（电容器、电抗器）某种保护动作等信息，故障线路（电容器、电抗器）保护屏显示保护动作信息（信号灯亮），分相控制的线路则还有某相跳闸及三相跳闸信息（信号）。

3）无论重合闸动作与否，故障录波器均可能不动作，微机保护也没有区内故障的故障量波形，站内也没有任何故障设备，线路对侧断路器也不跳闸。这是保护是否正确动作的重要参考判据。

（2）母线保护误动现象。

1）事故警报、警铃鸣响，母差保护动作，一条母线所接的断路器全部跳闸。

2）故障录波器可能不动作，母差保护也没有区内故障的故障量波形，听不到现场类似爆炸的声响，看不到火花、冒烟等，检查母差保护区内没有故障点，这是母差保护是否正确动作的重要参考判据。

（3）主变压器保护误动现象。

1）事故警报、警铃鸣响，后台机监控图主变压器一侧或各侧断路器显示绿闪。

2）变压器主保护或后备保护中某一个动作。

3）主变压器一侧或各侧表计指示零，变压器跳闸侧单电源馈电母线和线路表计均指示零。

4）故障录波器可能不动作，主变压器微机保护也没有区内故障的故障量波形，主变压器轻瓦斯保护不动作，气体继电器内没有气体聚集，压力释放阀或防爆筒不动作。这是主变压器保护是否正确动作的重要参考判据。

3. 保护误动的处理

（1）线路（电容器、电抗器）保护误动的处理。

1）检查并记录监控系统告警信息、断路器跳闸情况、线路电流和功率情况、继电保护和自动装置动作情况，查看故障录波器报告（故障录波器可能不动作），根据故障录波报告或故障录波器没有动作判断保护有误动可能，报告调度。

2）检查跳闸线路电流互感器至线路出口各设备有无接地短路或相间短路故障，检查跳闸断路器工作情况，同时向调度询问跳闸线路对侧保护有无动作，断路器有无跳闸。根据对侧保护没有动作，断路器没有跳闸作出保护误动的判断。

3）根据调度命令，停用误动的线路保护，检查该线路至少还有一套主保护可以正常使用的情况下对线路合闸送电。

如果停用误动保护后该线路没有主保护可以使用，则不应直接送电，可以采用旁路带送或母联串供的方法送电。母联串供降低了变电站母线的供电可靠性，对于双电源线路、双回线、空充线路慎重使用。

4）及时将事故情况报告有关领导和调度，应立即组织有关专业人员到现场检查保护。

母线并联电容器、电抗器保护误动跳闸，原则上应在保护装置排除故障后再恢复送电。

（2）母线保护误动事故的处理。

1）根据并记录监控系统告警信息、断路器跳闸情况、跳闸母线各元件电流和功率情况、变压器潮流变化情况、继电保护和自动装置动作情况，查看故障录波器报告（故障录波器可能不动作），根据故障录波报告或故障录波器没有动作判断保护有误动可能，报告调度。

2）根据母差保护的保护范围，即跳闸母线所连接的各元件电流互感器以及各设备有无接地短路或相间短路故障，检查跳闸断路器工作情况。根据一次设备检查没有任何事故征象，结合母线跳闸当时没有系统冲击、故障录波器没有动作或故障录波器报告没有显示主变压器短路事故，作出保护误动的判断，报告调度和有关领导。

3）应立即组织有关专业人员到现场检查保护。如果一时不能确认保护误动，应对母差保护区内可疑设备组织试验。

4）确认母线跳闸是由保护误动引起的，应停用误动的母差保护，根据母差保护配置情况作出以下相应处理。

母线有两套母差保护，可停用误动的母差保护，恢复母线送电。

母线只有一套母差保护的有以下三种方式可供选择：

① 母线停运，其负荷由系统其他电源转供。

② 系统其他电源可以转供部分负荷的，有系统转供部分负荷。其他负荷由一条电源线路反送母线，再转供其他线路。

③ 主变压器有针对母线的可靠后备保护的也可直接从母线送出线路。但在这种情况下母线短路故障不能快速切除，应考虑是否会对主变压器造成伤害。

（3）主变压器保护误动事故的处理。

1）检查并记录监控系统告警信息、断路器跳闸情况、主变压器各侧电流和功率情况、继电保护和自动装置动作情况，查看其他运行主变压器有无过负荷情况，查看故障录波器报告（故障录波器可能不动作），故障当时没有系统冲击，根据故障录波报告或故障录波器没有动作判断保护有误动可能，报告调度。

2）如果其他运行主变压器过负荷，应报告调度转移负荷、限负荷或过负荷运行。变压器过负荷运行应起动全部冷却器，重点监视变压器负荷、油温、各处接点有无过热、变压器运行是否正常。

3）根据动作保护的保护范围检查各设备有无接地短路或相间短路故障，检查跳闸主变压器气体保护和压力释放阀有无动作，变压器本体有无异常接地现象，检查跳闸断路器工作情况。根据一次设备检查没有任何事故征象，结合主变压器跳闸当时没有系统冲击、故障录波器没有动作或故障录波器报告没有显示主变压器短路事故，作出保护误动的判断，报告调度和有关领导。

4）应立即组织有关专业人员到现场检查保护。如果一时不能确认保护误动，应对跳闸主变压器组织试验。

5）确认变压器跳闸是由保护误动引起的，根据调度命令，停用误动的主变压器保护，检查该主变压器至少还有一套主保护可以正常使用的情况下对主变压器合闸送电。

（三）220kV 失灵保护原理及其回路概述

1. 原理

220kV 失灵保护主要包括 220kV 线路（或主变压器 220kV 侧）断路器失灵保护、母联（分段）失灵保护、母线差动保护的失灵出口。这些保护的装置种类有很多种，但是其基本原理却是大同小异。

（1）线路（或主变压器 220kV 侧）断路器的失灵保护由线路保护（对于主变压器 220kV 侧断路器失灵保护则由主变压器电气量保护或 220kV 母线差动保护动作启动）跳闸出口启动，经失灵保护相应的电流继电器判别（电流是否大于失灵启动电流定值）。若相应电流继电器同时动作，则判断为断路器动作失灵，失灵保护随即动作，用于启动母线差动保护的失灵出口（或直接出口跳主变压器其他侧断路器）。

以 PSL631 断路器保护为例，一般线路断路器的失灵保护启动逻辑如图 12-1 所示。

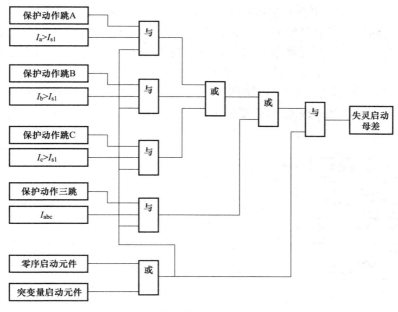

图 12-1　一般线路断路器的失灵保护启动逻辑

I_{s1}—失灵启动电流定值

为了增加启动失灵的可靠性，失灵保护装置还会采用一些其他措施。如 PSL631 就加入了零序启动元件和突变量启动元件作为失灵启动的条件之一。

（2）线路（或主变压器）失灵启动母差失灵出口回路。母差失灵出口回路会根据相应断路器母线隔离开关所在位置自动判别断路器所在母线，再经相应母线的复合电压闭锁，第一延时跳母联断路器，第二延时跳相应母线上所有设备。只是对于主变压器 220kV 侧断路器，失灵启动开入的同时，往往会开放母差保护的复合电压闭锁。母差失灵出口逻辑（以 BP-2B 母差保护为例）如图 12-2 所示。

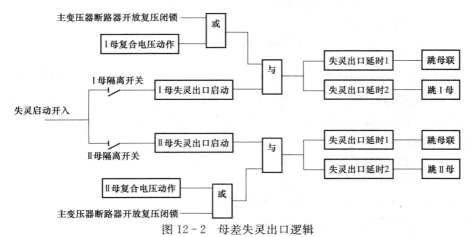

图 12-2　母差失灵出口逻辑

（3）对于 500kV 主变压器断路器（220kV 侧）失灵保护，除主变压器电气量保护动作启动外，还有母线差动保护动作启动，经主变压器 220kV 侧失灵保护电流继电器判别，第一延时跳本断路器，以避免测试时的不慎引起误动而导致相邻断路器的误跳；第二延时则是失灵保护出口启动，即失灵保护将同时启动母差失灵保护出口回路（同线路断路器的失灵保护逻辑）和直接启动跳主变压器其他侧断路器。主变压器 220kV 侧断路器失灵保护启动逻辑。母差失灵保护出口逻辑如图 12-3 所示。

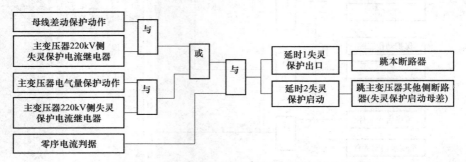

图 12-3　主变压器 220kV 侧断路器失灵保护启动逻辑

同样为了增加启动失灵保护的可靠性，如图 12-3 所示主变压器 220kV 侧断路器失灵保护出口可以增加零序电流作为判据。

（4）对于母联（分段）断路器的失灵保护，由母线差动保护或充电保护启动，经母联失灵保护电流判别，延时封母联 TA，继而母差保护动作跳相应母线上所有设备。以 BP-2B 母线差动保护为例，母联（分段）断路器失灵逻辑如图 12-4 所示。

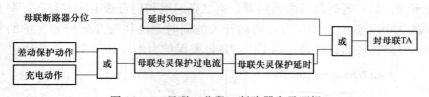

图 12-4　母联（分段）断路器失灵逻辑

若故障点发生在母联断路器和母联 TA 之间（死区故障），母差保护动作跳开相应母线不能达到切除故障的目的，故障电流会依然存在。此种情况保护会根据母联断路器的分开位置，延时 50ms，封母联 TA，令母差保护再次动作跳开另外一条母线以切除故障点。

（5）220kV 线路不启用失灵保护装置的失灵保护重跳功能。

2. 线路断路器失灵保护回路图

第一种以 WXB-11C 和 LFP-901 装置（LFP-923A）为例，220kV 线路断路器失灵保护回路图如图 12-5 所示。

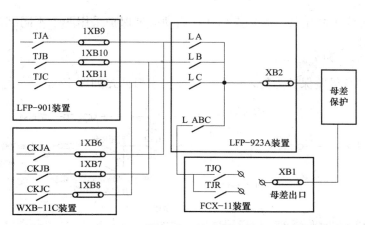

图 12 - 5　11C 和 901 的 220kV 线路断路器失灵保护回路图

从图 12 - 5 可以看出，11C 和 901 号保护的单相跳闸接点经过启动失灵保护连接片到 923 装置，923 保护通过电流判别，通过失灵保护启动母差连接片（XB2）决定是否启动母差失灵保护出口。但是保护三跳接点不直接启动失灵保护，而是通过操作箱（FCX - 11 装置）三跳接点去启动失灵保护。

第二种是以 PSL603 和 RCS931 装置（PSL - 631）为例，220kV 线路断路器失灵保护回路如图 12 - 6 所示。

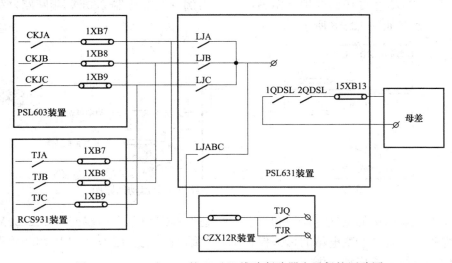

图 12 - 6　603 和 931 的 220kV 线路断路器失灵保护回路图

同 11C 和 901 保护一样，603 和 931 保护的单相跳闸接点经过启动失灵保护连接片到 631 装置，631 保护通过电流判别（改逻辑过程由微机模拟），失灵启动母差连接片（15XB13）决定是否启动母差失灵出口。同样保护三跳接点不直接启动失灵保护，而是通过操作箱（CZX12R 装置）三跳接点去启动失灵保护。不同的是

631保护装置为了防止某一副接点粘死，启动失灵保护采用两个不同继电器的两副接点串联输出。

3. 母差失灵保护出口回路

以BP-2B母差保护为例，母差失灵保护出口回路如图12-7所示。

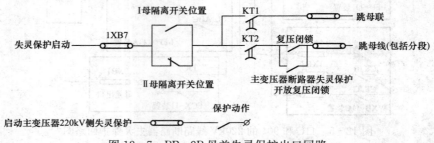

图12-7　BP-2B母差失灵保护出口回路

从断路器保护装置接入的失灵保护启动接点通过1XB7连接片（该连接片与保护屏上失灵保护启动母差连接片为串联关系），经过隔离开关位置判断，第一延时跳母联断路器，第二延时跳相应母线上所有设备。若为主变压器220kV侧失灵保护，则除了失灵保护启动的开入外，同时还有闭锁相应母差保护复压闭锁开入。

4. 主变压器220kV侧断路器失灵保护回路

以RCS978主变压器保护（RCS974A）为例，主变压器220kV侧断路器失灵保护启动回路如图12-8所示。

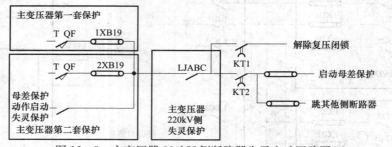

图12-8　主变压器220kV侧断路器失灵启动回路图

主变压器保护的电气量保护和母差保护动作跳闸均会启动主变压器220kV侧失灵保护。也有某些变电站的母差保护动作跳闸通过主变压器220kV侧断路器操作箱内的三跳接点启动。

二、二次设备异常处理概述

1. 继电保护概述

电力设备、线路在运行中会因各种内部和外部的原因发生故障，短路就是这些故障最基本的形态。随着电网规模日益扩大，短路容量也与日俱增，一旦发生短路，会形成巨大的短路电流。其强大的短路功率和极高的能量密度所产生的效应，能在极短的时间内将短路点和流过短路电流的设备摧毁或破坏。因此，除应在电网上采取措施限制短路容量外，还必须在每一条线路、每一台重要设备上配置灵敏可靠的保护装置，这些装置能在短路故障发生的瞬间检测、采集到各种故障信息，经运算、鉴别后发出跳闸指令，有选择地使离故障点最近的断路器跳闸，将故障电路切断，保护正常设备不受损害和保持电网运行的稳定。除此之外，重合闸、故障录波器等自动装置也起着减少故障停电、改善系统稳定和记录故障波形、保护动作轨迹等重要作用。

目前，继电保护装置已从电磁型、晶体管型、集成电路型发展到如今更为精确灵敏的微机型保护，成为电网及电力设备的保护神。

保护装置根据其工作原理不同可分为以下几类。

（1）电流电压保护。电流电压保护是通过测量线路或元件故障时保护安装处的电流增加和电压下降的特征而构成的一类保护，通常把测量到的故障电流作为保护的启动量，而把电压的测量值作为闭锁量。有的还把多个电压量（负序、零序或另一电压等级电压）的逻辑值作为闭锁条件，构成复合电压闭锁，以提高保护的灵敏度。但这类保护受系统接线方式和运行方式的影响很大，故一般用作较低电压等级的终端线路或独立设备的保护。

（2）距离保护。距离保护是通过测量保护安装处的电压与电流比值即阻抗的大小来反映故障的，由于这个阻抗与保护安装处到故障点的距离成正比，故一般将此类保护称为距离保护。这类保护具有灵敏度高，不受系统接线和运行方式变化影响等突出优点而被广泛应用于高压和超高压线路。但仅靠其本身无法实现双侧电源线路的全线速切，故一般用作双侧电源线路的后备保护和终端线路的主保护。

（3）零序保护。零序保护是通过测量系统的零序分量来反映故障的。由于零序分量是大电流接地系统发生接地故障的主要特征量，用零序保护来反映接地故障可以获得较高的灵敏度。有统计表明，在 110kV 及以上的中心点直接接地系统中，单相接地故障约占总故障的 70%～90%，故零序保护作为专门的接地保护得到广泛应用。在多电源网络系统中，零序保护一般还装有功率方向元件，使零序保护的动作具有方向性以满足选择性要求。

（4）差动保护。差动保护的构成基于以下原理：将保护对象（主变压器、母线）看成一个节点，正常时所有支路流入节点的电流代数和为零，如果将这些支路的电流互感器二次侧同极性并联，那么反映在差动回路中的电流理论值为零。一旦保护对象（各支路电流互感器以内的范围）发生故障，就相当于增加了一个故障支路，使差动回路中出现不平衡电流而导致保护动作。差动保护灵敏度高，不受系统方式与接线的影响，能快速切除保护对象的所有支路，因而成为主变压器、母线等元件的首选主保护。

（5）纵联保护。输电线路的纵联保护是用通信通道将输电线各端的保护装置纵向连接起来构成的，利用通信通道将输电线各端保护测量的电气量信息相互送到对端进行比较，以判断是本线路内部故障还是外部故障，从而决定是否动作切除本线路。由于这种保护无需与相邻线路的保护在动作参数上进行配合，因而可实现全线速切。当纵联保护使用不同的通信通道时便构成了不同类型的保护，如高频保护、微波保护、光纤保护等；如纵联保护测量端采用不同工作原理时便构成了不同原理的保护，如高频距离保护、高频相差保护、方向高频保护、电流差动保护等。

纵联保护通常作为输电线路的主保护。

（6）断路器失灵保护。失灵保护的作用是在线路/元件故障，保护动作而断路器拒跳的情况下有选择地使所在母线或相邻线路/元件断路器跳闸，以限制故障扩大的范围，是一种不得已的后备措施，具有跳闸断路器多、影响范围大的特点。一旦失灵保护误动，后果十分严重。其动作的主要条件是保护动作后一定时间内故障电流持续存在。

（7）非电量保护。目前变电站应用的非电量保护主要是主变压器的气体保护和压力保护。

气体保护是根据主变压器内部故障时，变压器油会局部汽化产生气体和具有一定流速的油气流特征，由气体继电器加以反映并作用于发信或跳闸的一种保护。一般以反映气体增加，作用于发信的气体保护称为轻瓦斯，而把同时反映气体增加和油气流流速，作用于跳闸的气体保护称为重瓦斯。气体保护通常作为主变压器反映内部故障的主保护。

压力保护是根据主变压器内部故障时，变压器油的迅速汽化，导致主变压器内部压力骤增的特征，以金属压敏器件的变形或位移来反映压力和变化率并作用于跳闸或信号的保护。

（8）自动装置。自动装置是指能在系统某个特定情况下自动完成某些操作或切换的装置，如自动重合闸、备用电源自投装置、远方切机装置、自动按频率减载装置等，其中尤以自动重合闸应用最为普遍。

在电力系统中，输电线路易受周围环境影响，发生故障的可能性最大。就其故障类型来说，单相接地故障占大多数；就其故障性质而言，大多数属瞬时性故障，如大气过电压造成的绝缘子闪络，线路对树枝放电，大风引起碰线以及鸟害等，约占故障总数的80%～90%。当故障线路由继电保护装置动作跳闸后，电弧熄灭，故障点游离，绝缘强度恢复到故障前水平，此时若能重新合闸即可迅速恢复送电，从而提高供电可靠性，同时还能显著提高系统的运行稳定性。为此，在电力系统中广泛采用自动重合闸装置，能使线路故障跳闸后自动重合一次。如重合于永久性故障，则由继电保护装置再次作用跳闸，同时闭锁重合闸不再重合。

重合闸按其动作行为可分为单相重合闸、三相重合闸和综合重合闸等多种类型。

2. 二次回路异常处理的一般原则

（1）必须按符合实际的图纸进行工作。

（2）停用保护和自动装置，必须经调度同意。

（3）在电压互感器二次回路上查找故障时，必须考虑对保护及自动装置的影响，防止因失去交流电压而误动或拒动。

（4）取直流电源熔断器时，应将正、负熔断器都取下，以利于分析查找故障。其操作顺序应为：先取正极，后取负极，装熔断器时，顺序与此相反。这样做的目的是为了防止因寄生回路而误动跳闸，同时，可以在直流接地故障时，不至于出现只取一个熔断器时，触点发生"转移"而不易查找。

（5）装、取直流熔断器时，应注意考虑对保护的影响，防止误动跳闸。

（6）带电用表计测量时，必须使用高内阻电压表（如万用表等），防止误动跳闸。

（7）防止造成电流互感器二次开路、电压互感器二次短路或接地。

（8）使用的工具应合格并绝缘良好，尽量使必须外露的金属部分减少，防止发生接地短路或人身触电。

（9）拆动二次接线端子，应先核对图纸及端子标号，做好记录和明显的标记，及时恢复所拆接线，并应核对无误，检查接触是否良好。

（10）继电保护和自动装置在运行中，发生下列情况之一者，应退出有关装置，汇报调度和上级，通知专业人员处理。

1）继电器有明显故障。

2）接点振动很大或位置不正确，有潜伏误动作的可能。

3）装置出现异常可能误动或已经发生误动。

4）电压回路断线，失去交流电压时，应退出可能误动作的保护及自动装置。

5）其他专用规程规定的情况。

（11）凡因查找故障，需要做模拟试验、保护和断路器传动试验时，传动试验之前，必须汇报调度，根据调度命令，先断开该设备启动失灵保护、远方跳闸的回路。防止万一出现所传动的断路器不能跳闸，失灵保护、远方跳闸误动作，造成母线停电的恶性事故。

3. 二次回路故障查找的一般步骤

（1）根据故障现象和图纸分析故障的原因。

（2）保持原状，进行外部检查和观察。

（3）检查出故障可能性大的、容易出问题的、常出问题的薄弱点。

（4）用"缩小范围法"逐步查找。

（5）使用正确的方法，查明故障点并排除故障。

4. 保护及自动装置常见异常及故障的现象

（1）保护及自动装置正常运行时，"运行"、"充电"指示灯熄灭，"TV 断线"、"通道异常"、"跳 A、跳 B、跳 C"指示灯点亮等。

（2）保护屏继电器故障、冒烟和声音异常等。

（3）微机保护装置自检报警。

（4）主控屏发出"保护装置异常或故障"、"保护电源消失"、"交流电压回路断线"、"电流回路断线"、"直流断线闭锁"、"直流消失"等光字信号且不能复归。

（5）保护高频通道异常，测试中收不到对端信号，通道异常告警。

（6）收发信机收信电平较正常低，收发信机"保护故障"或收发信电压较以往的值有较大的变化。

（7）微机故障录波及测距装置异常，控制屏中央信号发"故障录波呼唤"、"故障录波器异常或故障"、"装置异常"信号。

（8）保护及自动装置正常运行时，其直流电源应投入，"运行"灯正常点亮，其余指示灯一般在熄灭状态，否则就应判定为保护装置异常并采取相应的处理措施或停用保护。

5. 保护装置常见异常及故障的处理原则

（1）应根据发生异常现象对保护外观、端子等进行检查，查明具体保护装置异常或故障原因，可能影响的范围。

（2）申请调度停用该保护及其独立的失灵保护启动回路，线路闭锁式高频保护和相差高频保护停用时，应将线路对侧同时停用。

（3）若有"电压回路断线"、"电流回路断线"光字信号，应按相关章节进行检查处理。

（4）若是保护内部继电器或元件有故障，找不到原因及无法处理，应报上级及专业人员处理。

（5）若是电源故障，应对相关熔断器、端子排进行检查，查看熔断器是否熔断、端子有无松脱不牢现象，并进行处理。

（6）保护误动时，应汇报调度将该保护停用，联系继电保护人员处理。

6. 保护及自动装置常见异常及故障的原因分析

（1）"运行"灯灭。"运行"灯正常时发平光，保护启动后闪光，直到整组复归。当发现该指示灯灭时表明保护已经退出运行，应检查保护电源，对相关熔断器、端子排进行检查，如不是电源开关跳开，应汇报有关部门处理并及时停用本保护装置。

（2）"跳A、跳B、跳C"灯亮。"跳A、跳B、跳C"灯正常时应熄灭，当A、B、C相跳闸时，对应灯点亮并保持。此时按照正常事故处理流程进行处理，灯单独亮，没事故出现，则是装置问题，应汇报有关部门处理。

（3）"TV断线"灯亮。"TV断线"灯正常时应灭，发生TV断线时亮，在线路冷备用或者检修时候该灯亮属正常。当线路热备用或者运行时候，该灯灭。TV断线时，此时应检查电压互感器低压断路器是否断开，检查电压二次回路，屏内交流电压小开关是否断开，是否因低压断路器跳开造成电压回路断线或失压。若电压小开关跳开可试送一次，试送不成汇报有关部门处理；若电压回路确已断线或失压，而装置未自检出 TV 断线，应将相关保护停用或改信号。

7. 保护高频通道异常及故障

（1）保护高频通道异常及故障的现象。

1）测试中收不到对端信号。

2）通道异常告警。

3）线路载波故障或导频消失告警，信号不能复归。

4）测试中收信裕度不足。

5）出现功率放大器电源未复归信号，信号不能复归。

6）高频通道受严重干扰，频繁误收信。

7）带有远方启信回路的保护，对方正常时，本侧不能启动远方发信。

（2）保护高频通道异常及故障的处理。

1）保护通道故障时，应立即向调度汇报，汇报中要报清是哪条线路、哪套保护的高频通道异常。

2）对闭锁式的高频方向保护，通道异常时应申请停用以防止区外故障造成误动。

3）对允许式的高频方向保护，通道异常时将失去速断功能，按调度命令投退。

4）高频相差保护通道异常时应申请停用，以防止保护误动。

5）高频闭锁距离、零序保护在通道异常时，保护将无法正确动作，应申请改为普通距离、零序保护运行。

6）收信机长期发信，可能为收发信机内部元件故障，应申请停用；若对侧长期发信，本侧长期收信，可能为对侧收发信机内部故障，应汇报调度处理。

7）若运行人员无法处理，应汇报上级，通知专业人员检修。

8. 收发信机异常处理（以 YSF－600 型收发信机为例）

（1）装置简介。SF－600 型收发信机采用故障启动发信的工作方式。正常时装置处于停信状态，通道无高频信号传递。当电力系统故障时，受控于继电保护装置启信和停信。该装置仍采用自发自收方式，收信和发信频率相同。该装置是在吸取了 SF－500 型收发信机先进技术的基础上设计完成的，并在电源电路设计上有较大改进。

电源回路由两个插件组成，一个插件提供±15、＋5、＋24V 电源，供发信回路中的载供电路、前置放大及收信回路、控制电路使用，另一个插件提供功率放大用 48V 电源。＋48V 电源完全独立，彻底消除发信时对±15、＋5、＋24V 电源的影响，同时装置具有良好的电源异常监视回路，每一路电压失电都将给装置异常信号。

面板设有三个四芯插座，"本机—通道"表示装置与高频通道相连；"本机—负载"表示装置与通道断开并接到装置内部附设的 75Ω 模拟负载电阻上；"通道—负载"表示收发信机开路，通道与装置内设 75Ω 模拟负载接通。

　　装置上的"启信按钮"用于检查本收发信机完好性，正常运行时按下"启信按钮"时仅同时发信10s（不闭锁本侧5s）；交换信号时应按下屏上"通道检测"按钮，按下"高频电压"检测按钮可区分收发信的三个阶段。

　　发信输出面板中部设有测量表头，它有四条刻度线，最上端的用于测量收信输出电压，满刻度为20V，装置正常工作状态（即停信状态）下，表针应指示在刻度线的绿色标志区。第二条刻度线用于测量通道端的高频电压和高频电流，满刻度为80V和800mA。第三条刻度线用于测量通道阻抗为75Ω的通道端功率电平，最下端刻度线测量通道阻抗为100Ω的通道端功率电平。

　　（2）高频信号交换过程。当按下A侧保护上的"通道检测"按钮时，A侧瞬时启动发信200ms，将高频信号送到B侧。B侧收到信号后，通过远方发信回路，向A侧发10s高频信号。由于A侧远方启信电路被自己本侧手动启信信号闭锁5s，所以在0～5s内为对侧发信，5～10s内为同时发信，10～15s内为本侧发信。收到B侧信号的前5s，A侧不发信，5s后闭锁解除而启信，发信10s后自动解环停信。

　　（3）高频信号交换方法及标准。

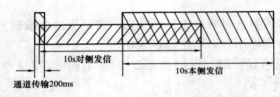

图12-9　高频通道试验状态信号交换

　　1）按下保护屏上的"通道检测"按钮，此时高频信号在通道中自动交换，如图12-9所示。

　　2）按下"高频电压"检测按钮，记录测量的通道高频电压数值（收信电平为25～28dB，发信电平为40～43dB）。

　　3）交换信号完毕后，应按下"信号复归"按钮复归信号，并将"高频电压"弹起。

　　（4）异常处理。

　　1）当实际收信电平较正常低4dB时，"通道异常"灯亮，此时仅有18、15、12、9dB灯亮时，收发信机尚可继续运行。

　　当实际收信电平较正常低8dB时，"裕度告警"灯亮，此时只有"15、12、9dB"电平指示灯亮时，收发信机已不能正常工作。

　　出现上述情况时，值班人员应及时向调度申请将高频保护停用，然后将收发信机"本机-通道"插头切换至"本机-负载"位置，按下装置上的"启信按钮"，并按下"高频电压"和"高频电流"按钮，测量高频电压和电流值，检查其比值是否为75Ω。如果比值为75Ω左右，则表示收发信机无故障，可判断通道出现故障，然后对高频设备（电缆插头、结合滤波器、阻波器、线路等）进行检查，最后将检查情况汇报调度和运行专职听候处理；如果比值不为75Ω左右，则表示收发信机本机有故障，应汇报调度和运行专职，由专业人员处理。

　　2）当测量的收发信电压较以往的值有较大变化时，值班人员应及时向调度和运行专职汇报，检查收发信机（方法同上），听候处理。

9. 二次连接片概述

（1）保护功能。连接片因其操作后形成连接点与断开点的可视性而在国产保护装置中得到最为广泛的应用。根据连接片在电路中的位置，一般可分为投入（启动）和出口连接片两类，如图 12-10 所示。

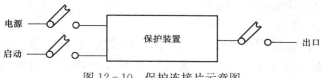

图 12-10　保护连接片示意图

在传统的各种保护中，连接片是用来接通或断开某个回路的。保护的出口连接片就是接通或断开出口继电器或跳闸线圈励磁回路的连接片。如果发现连接片接通前，其两端有电压则说明出口连接片之前的某级保护逻辑回路已动作，一旦接通就会有电流流过，使出口继电器或跳闸线圈动作跳闸。因此，一般要求在保护出口压板接通前测量一下两端的电压，以检验保护是否存在有可能导致断路器跳闸的异常或缺陷，及时发现保护的不正确动作行为，防止和避免误跳断路器事件的发生。但近年来微机保护的大量应用，使连接片的作用与概念产生了一些变化和区别。

以国产微机保护为例，该类装置出于对传统保护的继承性，一般设有许多连接片，分别装于保护装置的输出和输入回路。其中，输出回路由于仍较多采用带有机械接点的继电器，故连接片的作用与概念和传统保护基本一致，但这些连接片通常由装置内的多个保护公用，一般不经常操作。而装于保护输入回路的连接片通常作为装置内某个保护的投入或切换连接片具有较高的操作概率。这些压板与传统保护的连接片在功能上有所区别，其作用仅是将某个工作电平（通常接通为高电平，断开为低电平）经光电耦合后加至保护的输入口上，供 CPU 读取，并据此修改保护的某个控制字，以控制程序的流向，来完成不同的逻辑操作。这些连接片的两端正常时是应该有电压的（24V 左右），如果无电压或电压不正常，反而可能使保护 CPU 读取的数据出错或使连接片失去作用，导致保护不能正常工作。

还有些进口的国外保护，其输出回路采用了晶闸管一类的无触点电子开关，这些器件在截止（关断）时，开口端会有较高的悬浮电压，这个悬浮电压往往会反映在出口连接片两端，也就是说这种情况下连接片两段有电压是正常的。

（2）操作防范措施。

1）应将更多的注意力转移到检查保护装置有无异常指示或信号、其人机界面有无异常信息上来，确保不发生因保护装置本身原因造成的非故障跳闸。

2）开关合位时要检测出口连接片确无电压，对应于保护功能连接片不需要检测。

3）对失灵保护连接片，为避免可能影响外回路，在启用前建议测量电压。

4）退出保护时应先断出口连接片，后断投入连接片，保护投入时反之。

5）接通出口连接片前，选用高内阻电压表测量压板两端确无电压，以防止保护存在有可能导致断路器跳闸的异常或缺陷造成误跳断路器。

6）不主张使用万用表测量连接片两端确无电压，防止放错挡位导致误跳闸。

7）为防止各点对地电位有悬浮产生的误差，导致测量结果不正确，不主张采取测量两端对地无异极性电压的方法。

10. 二次运行要点

（1）继电保护的定值调整操作应根据调度的整定单和命令执行，运行人员一般只对设定好的定值区进行切换操作。微机保护切换定值区的操作一般可以不必停用保护，但具体定值数据的修改应在保护出口退出的情况下方可进行，并由继保人员完成。

（2）500kV线路保护改接信号与220kV线路保护改接信号内涵不同。

500kV线路保护：

1）若后备保护（包括后备距离和方向零流）包含在线路主保护（分相电流差动、高频距离或方向高频）中，调度不单独发令，当线路主保护改为信号时，其对应的后备距离、方向零流也为信号状态。

2）若后备保护（包括后备距离和方向零流）独立于线路主保护，一般情况下，调度也不单独发令，当线路主保护改为信号时，其对应的后备距离、方向零流也为信号状态。

3）"无通道跳闸"状态。保护通道改停用，主保护功能停用，后备距离、方向零流保护仍跳闸。

220kV线路保护：没有"无通道跳闸"状态，"信号"态时主保护投入连接片断开，收发信机/光电接口装置电源关停，此时后备距离、方向零流保护仍跳闸。

（3）母差保护TA断线处理。母差保护TA断线时，在经现场检查无异常，应汇报调度和工区，将母差改为信号状态后，按复归键复归一次，如能复归，应观察一段时间（大于TA断线闭锁延时）无异常，装置可继续运行；若不能恢复，汇报调度和工区，停用母差，派员处理。

（4）500kV主变压器220kV侧距离保护、中性点零流保护动作后将跳220kV侧母联和分段断路器，但装置无法自动选择跳分段1或分段2，因此要根据主变压器220kV侧运行情况，用小插把将不该跳闸的分段断路器出口跳闸停用。

正常运行时根据整定要求，断开主变压器保护跳220kV母联及分段断路器回路。

（5）220kV主变压器保护跳110kV母联、35kV分段的连接片操作。若一台主变压器停役检修，110kV和35kV系统通过母联/分段开关串供，应将检修主变压器联跳110kV母联、35kV分段的连接片停用；运行主变压器联跳110kV母联、35kV分段的连接片启用。

（6）对于220kV双母双分段的母差，要特别注意两个分段开关与左右母差回路之间的关系（见图 12-11）。

1）在Ⅰ、Ⅱ段母差保护或Ⅲ、Ⅳ段母差保护单独停用，但分段断路器运行的情况下进行母差保护校验等工作时，应做好防止检修母差保护启动分段失灵，造成运行母差保护 TA 断线闭锁（误动）的安全措施。对 REB103

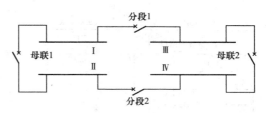

图 12-11　双母双分段一次系统图

母线保护，Ⅰ、Ⅱ段母差保护停用，应取下Ⅰ母母差保护启动分段 1 断联连接片和Ⅱ母母差保护启动分段 2 断联连接片。

对 BP-2B 母线保护，Ⅰ、Ⅱ段母差保护停用时，同样应取下两个分段断路器的失灵保护启动Ⅲ、Ⅳ段母差保护连接片。

2）母联、分段断路器有工作、需试分合断路器时，为防止一次合环影响运行中的母差，工作前应将该断路器的 TA 母差保护二次退出短接，在投运前恢复。

对 REB103 母线保护，TA 回路无联片，此项工作由继保人员完成；TA 回路有联片，由运行人员完成，并填入安措票。

对 BP-2B 母线保护，应放上"双母分列运行连接片"，在断路器投运前取下。

三、"六统一"设计规范下的 220kV 线路保护

1. 失灵保护功能分析

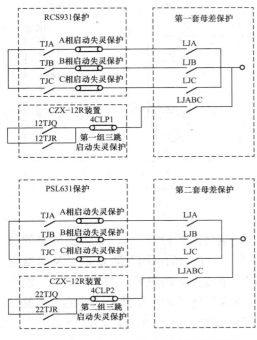

图 12-12　"六统一"失灵保护回路图

"六统一"的线路保护屏上配置的断路器保护中失灵保护电流判别功能不用，仅用其中过电流保护功能。当线路保护正常运行时，过电流保护正常也停用。当变电站的母线保护按"六统一"原则设计时，失灵保护功能由母线保护实现。对于分相启动失灵保护功能，931 保护启动第一套母差保护的失灵保护，603 保护启动第二套母差保护的失灵保护，线路保护提供起动失灵保护用的跳闸触点，起动母线保护的断路器失灵保护，由母差保护对故障电流进行判别。三相跳闸启动失灵保护由操作箱提供 TJR，TJQ 触点，通过操作箱的三跳启动失灵保护连接片开入到母差保护，满足失灵保护判据后，延时跳闸（失灵保护回路见图 12-12）。

2. 重合闸功能分析

（1）重合闸启动回路。"六统一"

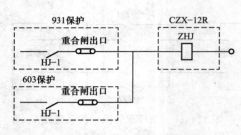

图 12-13　重合闸启动原理图

的两套线路保护均含有重合闸功能，相互独立，不存在相互启动和相互闭锁回路，931 保护和 603 保护各自判别是否满足重合闸条件，若满足则通过重合闸出口连接片到操作箱的 ZHJ 继电器，达到重合闸的目的。重合闸启动原理图如图 12-13 所示。

两套重合闸均投入，当一套重合闸动作以后，另一套重合闸可以检有电流或跳位返回而不再重合，确保不会二次重合闸；单重方式时，一套保护单跳而另一套保护未动作时，单相跳位启动重合闸可以保证两套重合闸的一致性。

对于含有重合闸功能的线路保护装置，设置"停用重合闸"连接片。"停用重合闸"连接片投入时，闭锁重合闸、任何故障均三相跳闸；如需一套重合闸停运，一套重合闸投运，则停运重合闸的保护控制字置"禁止重合闸"或退出重合闸出口连接片，而不能将"停用重合闸"连接片投入。

（2）重合闸闭锁回路。对于"六统一"的保护，931 保护和 603 保护相互之间没有相互闭锁回路，都是通过操作箱内的辅助触点来实现闭锁重合闸的目的，如图 12-14 所示。

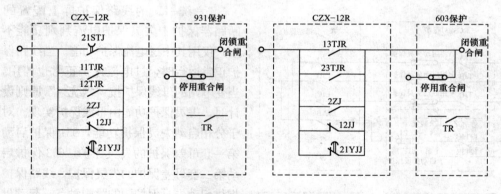

图 12-14　"六统一"的重合闸闭锁回路

3. 外部接线

"六统一"线路配置 TV，则母线 TV 的重要性就有所降低，在热倒母线的过程中，TV 二次并列这个步骤可以省略，原来 TV 并列的原因是防止 220kV 母线电压互感器的电压并列回路中的继电器触点因为电流过大而烧坏，而"六统一"线路的电压取自各自的线路 TV，则 220kV 母线电压互感器的电压并列回路的作用就仅仅是同期电压切换，热倒母线的过程中只要保证母联开关在合位，母差为单母方式，就可以正常热倒母线了。

4. 连接片配置

"六统一"的保护屏上的连接片配置如图 12 - 15、图 12 - 16 所示。

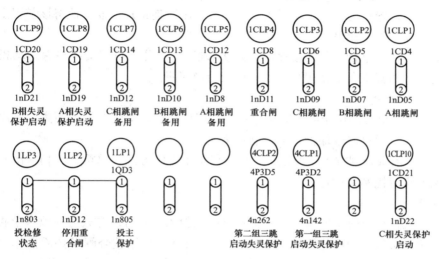

图 12 - 15 "六统一"的 931G 连接片配置图

1CLP1	1CLP2	1CLP3	1CLP4	1CLP5	1CLP6	1CLP7	1CLP8	1CLP9
A相跳闸	B相跳闸	C相跳闸	重合闸	A相跳闸（备用）	B相跳闸（备用）	C相跳闸（备用）	A相启动失灵	B相启动失灵
1CLP10	8CLP1	8CLP2	8CLP3	8CLP4	LP	LP	LP	LP
C相启动失灵	充电及过电流跳闸I	充电及过电流跳闸II	启动失灵保护I	启动失灵保护II	备用	备用	备用	备用
1LP1	1LP2	1LP3	8LP1	8LP2	LP	LP	LP	LP
主保护投入	停用重合闸	检修状态	充电过电流保护投入	检修状态	备用	备用	备用	备用

图 12 - 16 "六统一"的 603U 连接片配置图

由图 12 - 15、图 12 - 16 可以看出"六统一"的连接片配置更加统一，更加简洁，更加合理。

(1)"六统一"的线路保护连接片有：

出口连接片类：保护跳闸、启动失灵保护、重合闸，以 1CLP、4CLP、8CLP 等命名。

功能连接片类：纵联保护投/退、停用重合闸投/退、保护检修状态投/退，以 1LP、8LP 等命名。

(2) 由于单独停用距离、零序保护的可能性很小，所以取消了距离、零序保护功能连接片，因此距离、零序保护不能单独停用。如需要停用，采用切换定值区的方式进行，距离、零序保护停用由控制字来完成。

(3) 取消重合闸方式切换把手，线路保护重合闸方式（单重、三相一次）只能通过保护定值控制字设定。

（4）"停用重合闸"功能连接片投入时，任何故障保护三跳闭重。因此若想仅停用某一套装置重合闸，不能投入"停用重合闸"连接片，而应该将该装置重合闸出口连接片解除，让另一套保护重合闸可以正常工作。

取消了"至重合闸"连接片，"沟通三跳"连接片，每一套线路保护均投入重合闸功能，两套重合闸无相互启动和相互闭锁回路。

5. 定值整定

（1）由于单独停用距离、零序保护的可能性很小，所以取消了距离、零序保护功能连接片，通过修改保护定值控制字来实现。

（2）取消重合闸方式切换把手，线路保护重合闸方式（单重、三相一次）只能通过保护定值控制字设定。

6. 运行注意事项

（1）正常运行时，两套线路保护重合闸均投入，重合闸方式应一致（单相重合闸、三相一次重合闸或停用）。调度操作发令启（停）用重合闸保持原操作命令格式，发令只发到开关，不具体指明哪套装置重合闸，如将××××断路器重合闸启用。现场根据调度命令和保护定值单要求，同时启用或停用两套装置重合闸。

（2）线路某一套纵联保护通道异常，则停用该套线路纵联保护，将"纵联保护投/退"功能连接片退出。若线路保护装置异常，含纵联、后备距离零序、重合闸任一装置插件异常，则停用整套线路保护，装置出口连接片（保护跳闸、启动失灵保护、重合闸）应解除。

（3）220kV联络线重合闸随纵联保护同步运行，有一套线路纵联保护投入，则两套线路保护重合闸均投入。若线路两套纵联保护均退出运行，则两套线路保护重合闸均停用，投入"重合闸停用"功能连接片。

（4）线路保护屏上断路器保护失灵保护不用，正常时过电流保护也不用，因此，线路保护正常运行时，若断路器保护装置发生异常，可以停用该装置处理，其他保护不作调整。

（5）由于线路开断环入，原非"六统一"变电站使用"六统一"线路保护时，其失灵保护电流判别仍采用线路保护屏中失灵保护启动装置。

7. 停用重合闸操作票（见表12-1）

表 12-1　　　　　　　　　　停用洪明 4567 线重合闸操作票

1	将洪明 4567 线 931 保护屏上停用重合闸连接片投入
2	将洪明 4567 线 931 保护屏上重合闸出口连接片退出
3	将洪明 4567 线 603 保护屏上停用重合闸连接片投入
4	将洪明 4567 线 603 保护屏上重合闸出口连接片退出

第二节　二次设备典型事故或异常实例

【例72】　某变电站充电保护跳闸分析

9月22日某变电站220kV母联2510断路器及电流互感器小修预试，工作结束送电时，在用短充电方式对220kV副母线进行充电时，充电保护动作跳开220kV母联2510断路器，根据对故障录波器波形检查，220kV副母电压曲线先有后消失，说明断路器确实曾合上，220kV母联2510断路器三相无故障电流，对220kV副母线设备做详细检查无明显异常。继电保护人员到现场检查后发现，充电保护用2kA继电器触点有粘死现象，即对触点进行处理，并对电流继电器进行校验，后对220kV副母线进行充电即正常。

2kA为220kV母联充电和失灵专用，充电保护时二次整定2.5A，变比为1200/5，即一次电流为600A时，继电器才会动作，而正常情况下母联一次电流不会使继电器动作，触点粘死的可能原因有：

（1）区外故障时，穿越性故障电流。

（2）特殊运行方式时，如电源线在一条母线，所有负荷在另一条母线。如图12-17所示，因2kA触点粘死后无告警信号，所以我们在今后的工作中要注意以下几点。

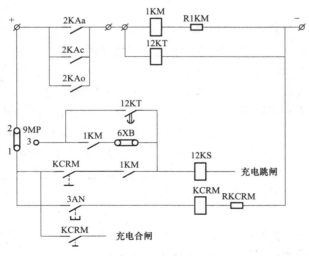

图 12-17　充电回路简图

1）220kV线路故障跳闸后，要对2kA动作情况进行检查。另外根据继电保护一般规程，每月对二次设备的重点巡视也要对相关继电器的触点、发热情况进行检查。

2）在220kV倒母线过程中要避免电源线在一条母线，而所有负荷在另一条母线的情况出现。

【例73】 甲变电站 110kV 751 线路 A 相接地，重合闸未动作异常

1. 事件经过

2009 年 7 月 30 日 9：47，220kV 甲变电站 110kV 751 断路器跳闸，重合闸未动作。操作班人员到达现场后发现 751 线 A 相接地，重合闸未动作。现场保护及自动装置无异常信号，一次回路正常。

对侧乙变电站操作班人员至现场检查发现：1 号主变压器 101 断路器实际未跳开，10kV 分段 110 已动作并处于合闸位置，与备投正常动作方式不符，并且造成 10kV Ⅰ 段母线倒送 1 号主变压器，其他一、二次设备状态正常，汇报调度后，将 101 断路器拉开。

图 12-18 乙变电站备自投光耦

现场检查发现是乙变电站 10kV 备用自投装置一光耦器件损坏（见图 12-18），使备自投装置误动作。此处介绍的光耦是将断路器辅助接点传递出来的强电信号转换为备自投装置可以识别弱电信号的一种元件。强电信号经转换后作为备自投装置的一个断路器输入量，以供装置判断对应断路器的实际分合位置。在此次异常中损坏的光耦输入端为乙变压器 1 号主变压器 10kV 侧 101 断路器的辅助触点位置，输出端（至备自投装置）为 101 断路器对应位置信号（高电平视为断路器分位，低电平视为断路器合位）。由于光耦损坏导致输出开路，而备自投装置开入端子开路则视为高电平输入，从而 101 断路器以固定的分闸状态开入到装置之中，这在后面介绍的装置动作判别条件中起到了关键的作用。

2. 原因分析

110kV 751 线配备的一套 RCS-941A 线路保护，RCS-941A 保护包括完整的三段式相间和接地距离保护、四段零序方向过电流保护和低周保护以及配有三相一次重合闸功能，时间整定为 1.6s。

其重合闸可采用"检线无压母有压"、"检母无压线有压"、"检线无压母无压"或检同期重合闸，也可采用不检重合闸方式。110kV 751 线 "检线无压母有压" 及 "检线无压母无压" 控制字置 "1"，其余方式置 "0"。其含义为：检线路无压母线有压时，检查线路电压小于 30V，同时三相母线电压均大于 40V；检线路无压母线无压时，检查线路电压和三相母线电压均小于 30V。

751 线对侧接 110kV 乙变电站 1 号主变压器，经次总断路器 101 供 10kV Ⅰ 段母线，并通过分段 110 断路器与 2 号主变压器形成备自投回路（见图 12-19）。

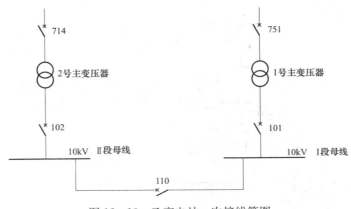

图 12-19 乙变电站一次接线简图

乙变电站配备 PSP-642 型 10kV 备自投装置，正常时该装置充电完成后，当判 10kV Ⅰ 段母线无电压，Ⅱ 段母线有电压，1 号主变压器高压侧无流后，延时 5s 跳开 1 号主变压器 101 断路器，再延时 0.5s 合分段 110 断路器。

而 PSP-642 型备自投装置的动作逻辑不是一个整体逻辑，它以几组独立的跳闸或合闸逻辑构成。其具体为：

101 跳闸逻辑允许条件为：①Ⅰ母无压；②Ⅱ母有压；③101 合位；④102 合位；⑤110 分位；⑥101 无流；⑦102 有流。

101 跳闸逻辑的闭锁条件为：①任何一条允许条件取反；②手分 101；③保护跳 101；④备自投总闭锁连接片投入。

110 合闸逻辑允许条件为：①101 分位、Ⅰ母无压、Ⅱ母有压或者 102 分位、Ⅰ母有压、Ⅱ母无压；②110 分位。

110 合闸逻辑的闭锁条件为：①101、102 均合位；②110 合位；③手分 101；④保护跳 101；⑤手分 102；⑥保护跳 102；⑦备自投总闭锁连接片投入。

102 跳闸逻辑允许条件为：①Ⅰ母有压；②Ⅱ母无压；③101 合位；④102 合位；⑤110 分位；⑥101 有流；⑦102 无流。

102 跳闸逻辑的闭锁条件为：①任何一条允许条件取反；②手分 102；③保护跳 102；④备自投总闭锁连接片投入。

装置内部出口逻辑图如图 12-20 所示。

该装置为每一个动作出口逻辑中都加装了"充电计数器"并设定必要的允许及闭锁条件。只要任何一条允许条件不满足，都会对充电计数器进行充电并自保持。在充电完成的情况下，只有当任何一条闭锁条件（逻辑或）满足时才会对充电计数

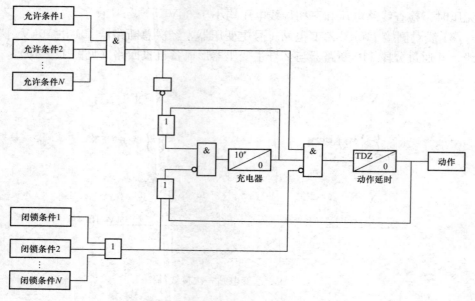

图 12-20　装置内部出口逻辑图

器放电。各动作逻辑拥有独立的充电回路，正常状况下装置处于充电待动作状态，一旦所有允许条件满足即出口动作相应开关。

通过上面对装置的原理分析可以看出，110kV 751 线仅发生了一次简单的单相瞬时故障，而因下一级变电站备自投装置的误动作，使 751 线路甲变电站侧重合闸无法正确动作，影响了电网的可靠性。

具体过程为：110kV 751 线发生 A 相接地，15ms RCS-941 零序 I 段保护动作，25ms 距离 I 段保护动作，断路器跳闸。而此时 110kV 乙变电站 10kV 备自投装置光耦故障，101 断路器位置开入光耦损坏，将 101 断路器常置于分位接入备自投装置，由上可知，此时 101 断路器跳闸闭锁逻辑动作对充电器放电，而 110 断路器所有合闸逻辑均满足，直接出口动作。导致备自投装置略过了"延时 5s 跳 1 号主变压器 101 断路器"步骤，直接延时 0.5s 合上了 10kV 分段 110 断路器，通过 110 断路器串供，从 1 号主变压器低压侧向 751 线路充电。此动作时间远早于 751 线重合闸整定的 1.6s，此时 751 线重合闸"检线无压母有压"及"检线无压母无压"方式均不满足条件，故重合闸未动作。

从图 12-21 中可以看出，装置 0ms 启动后未出口跳 101 而是经 521ms 延时合 110 断路器（出口 2 对

图 12-21　乙变备自投电源装置

应合 110），这与分析结果一致。

3. 防范措施

在备自投各出口动作逻辑充电计数器正常充电后，装置对应 101 断路器位置输入量光耦损坏，导致装置判 101 断路器已处于分位状态，即对 101 动作逻辑充电计数器放电，致使 101 断路器对应进线电源失电后，备自投装置未发出口跳 101 命令。而 110 断路器动作逻辑中在判 101 断路器已处于分位的状态下，由于不满足闭锁条件无法对充电计数器放电，一旦实际运行方式满足 110 动作逻辑（即所有允许条件满足），装置即延时 0.5s（整定值）合 110 断路器。

运行人员在巡视过程中，应加强对 PSP642 装置充电指示灯的监视，只有保证三盏充电指示灯（绿灯）均亮的情况下，才能确保备自投装置动作结果正确。

【例 74】　整定错误导致变压器微机型差动保护事故实例

1. 异常或事故经过

（1）某 500kV 变电站主变压器差动保护动作未遂。2004 年 10 月 1 日晚 18：44，某 500kV 变电站，因为是国庆节放假，500kV 电压偏高，总调要求先投入 1 号低抗，无异常，再投入 2 号低抗时，后台出现"2 号主变压器一套差流越限"信号，此时总调发令继续投其余两台低压电抗器，因为电压还偏高。

值班员感觉到这个信号有问题，低压电抗器在差动 TA 保护之外，投低抗怎么会导致有差电流呢？当机立断停止再投入低抗，查明原因再说。到保护室检查发现差流达 0.1A，查定值单发现差流达 0.14A 时延时 3s 即跳 2 号主变压器，差流达 0.07A 时发"差流越限"信号。汇报总调立即拉开一组低抗时，差流下降到 0.05A，"差流越限"信号可以复归。

（2）某 110kV 变电站主变压器差动保护动作跳闸。2009 年 8 月 29 日，某 110kV 变电站进线 MN 上发生单相接地故障时，主变压器 T 的差动保护误动作跳开主变压器 735、301 断路器，该 110kV 变电站为终端变电站，主接线如图 12 - 22 所示。

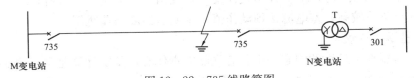

图 12 - 22　735 线路简图

（3）2008 年 6 月 15 日天气开始炎热，某监控中心值班员发现发出某 110kV 变电站 1 号主变压器有差动保护"差流越限"报文及相应光字牌亮，但有时候可以复归，没有引起重视，2008 年 6 月 17 日上午 10 点该 110kV 变电站 T1 主变压器差动保护动作。

2. 异常和事故原因分析

（1）该 500kV 变电站主变压器接线组别为Ｙ0/Ｙ0/△- 12 - 11，三侧容量各为

750MVA/750MVA/240MVA，根据要求差动保护计算得出高压侧额定电流866A，中压侧额定电流1883A，低压侧额定电流12028A。低压侧额定电流却错误计算为 $240MVA/(36kV×\sqrt{3})=3850A$ 且 TA 变比太大，500kV 为 3200/1，230kV 为 3200/1，35kV 为 5000/1。该 500kV 变电站投运以来正常运行方式一直是 35kV 侧电容器及电抗器均为热备用状态，新设备投运充电方案中，是将一组低抗或电容器改运行测试差电流，然后再换一组低抗或者电容器测试。在 2004 年 10 月 1 日，35kV 侧同时合上两台电抗器时候，差流达到了 0.1A。由于 35kV 侧额定电流计算错误，35kV 侧负荷越大，差流就越大。保护专业人士解释，若当时值班员再合一台低抗，该 500kV 变电站 2 号主变压器将 3s 后跳闸，当时 2 号主变压器带负荷 450MVA。

（2）为什么在进线 MN 上发生单相接地故障时主变压器的差动保护会误动作呢？根据该 110kV 变电站故障时的复合序网图（见图 12-23）分析，MN 线故障发生时，终端变电站一侧的正序网络、负序网络是不存在的，即没有正序电流 i_1、

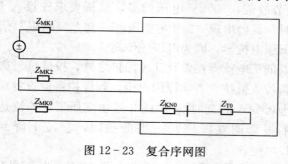

图 12-23 复合序网图

负序电流 i_2。零序网络的存在就有零序电流 i_0 的产生。它的幅值超过差动保护的启动值必然引起差动保护误动。现场检查发现主变压器差动保护为某厂家的 SPAD346C 型，由于内部控制字 SGF 整定错误，无法消除零序电流分量。

（3）某变电站实际 110kV 侧变比为 200/5，整定时整定为 300/5，新设备充电时也仅用一组电容器作为负荷电流，既没有发现差流偏大，也没有达到发"差流越限"定值。2006 年 6 月 15 日开始负荷变大，发出"差流越限"报警，2008 年 6 月 17 日 10 点负荷较高，差电流达到动作值，主变压器断路器跳闸。

3. 措施与建议

（1）负责整定计算的同志一定要有强烈的责任心，整定计算是第一道关口，整定计算错误就等于为设备的运行埋下了地雷，在 500kV 综合自动化变电站主变压器"差流越限"异常中，若值班员没有把住最后一道关，将导致一台 500kV 主变压器跳闸，造成大面积的停电。

（2）负责整定复核和审批的同志不能搞形式主义，建议和值班员写操作票一样严谨，整定计算的同志相当于副值，审核的相当于正值，批准的相当于值班负责人。

（3）在现场负责调试和输入定值的工作人员，不是机械的完成任务，应加强思考，带负荷测试时候一丝不苟，严格按照继电保护相关规程执行。

（4）运行方式及调度在拟写启动方案时候，尽量让主变压器带足够的负荷，或者带所有电容器后许可现场保护人员测试，这样就容易发现差动保护中存在问题，及时纠正各类错误以满足差动保护的正常稳定运行。

（5）运行人员不要放过任何异常信号和光字牌，对出现"差流越限"等异常信号，明确其含义，知道其可能导致的后果，避免将异常演变成事故。

【例75】 二次连接片操作错误导致的两起事故

1．故障实例1

（1）某变电站2号主变压器调压重瓦斯动作跳开110kV 710断路器经过。某110kV变电站110kV部分接线图如图12-24所示，运行方式为：110kV某线742断路器运行送110kVⅠ段母线，送1号主变压器运行，110kV 710断路器运行供110kVⅡ段母线，110kV 759热备用，启用备用自投。35kV及10kV均串供。2号主变压器检修。

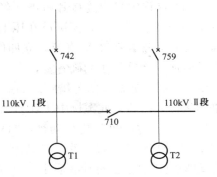

图12-24 某110kV变电站
110kV部分接线图

2月23日该变电站2号主变压器检修工作，工作内容为110kV 2号主变压器有载调压开关油枕油位低缺陷处理，110kV 2号主变压器110kV侧A相套管桩头渗油缺陷处理，110kV 2号主变压器10kV侧桥排小修。工作票许可时间为9：15，检修班因对2号主变压器调压开关加油后，13：00左右发现气体继电器内有气体，进行了开盖放气。下午13：30进行验收，验收人为当班值班员。验收外观检查正常，拆除安全措施后，工作票终结时间为14：10，汇报调度，准备送电。

14：26值班员操作"将2号主变压器从检修改为冷备用"。14：31操作结束汇报调度。

14：32值班员操作"启用2号主变压器跳110kV 710断路器及110kV 759断路器保护"，经检测后放上连接片，情况正常，14：36操作结束汇报调度。

14：37值班员操作"停用110kV备投，将110kV 710断路器从运行改为热备用"，进行操作时发现110kV 710断路器已跳开，即停止操作进行检查，发现为2号主变压器14：37调压重瓦斯动作跳开110kV 710断路器，汇报调度与工区。

16：22调度发令将2号主变压器从冷备用改为检修，停用保护，做好安全措施后进行事故抢修。检查后发现气体继电器接点在接通状态，经处理后恢复正常。工作结束汇报调度后将2号主变压器恢复运行。

（2）原因分析及防范措施。

1）在启用2号主变压器保护时，测量压板两端电压时，没有使用高内阻电压表，使用了钳形数字式万用表（有正负极方向性），使用钳形数字式万用表时对钳形数字式万用表的使用方法不清楚，没有及时发现连接片两端存在的电压。

2）加强对表计的管理工作。在操作测量连接片电压中只能用高内阻电压表，钳形数字式万用表只能测量交流回路。在这个案例中值班员应该测量电压，如图12-25所示，如果气体接点接通，值班员完全可以通过测量发现连接片两端存在电压。

2. 故障实例2

（1）操作中发现连接片有电压经过。某220kV变电站、220kV线路进行单一保护功能的启用操作，值班员在压上1XB17投零序功能连接片时，进行了测量电压工作，发现存在24V直流，立即停止操作，汇报调度及工区。几经周折，后来有关专职工程师给予明确答复，有24V电压属正常现象，继续操作。

（2）原因分析及防范措施。如图12-26所示，保护功能连接片只是将24V电平引入输入回路，此案例中1XB17压板两端有24V电压完全正常。而且跳闸线圈一般有110V及220V电压两种，24V只有110V的20%左右，就是在跳闸回路有24V电压也不会有什么后果。

要求值班员知道连接片在回路中的作用，是在输入回路还是输出回路，是否需要测量电压，有电压是否正常。

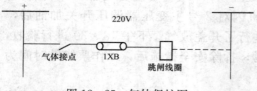

图12-25　气体保护图

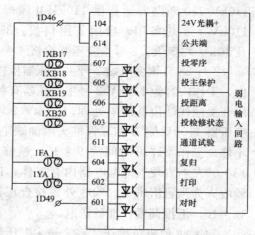

图12-26　微机保护输入回路

【例76】　对一起220kV线路跳闸后保护动作情况的分析

（1）事故经过。事故当天甲变电站与乙变电站Ⅲ段母线联系的一条220kV线路断路器跳开，保护屏上显示"跳A、B、C"灯亮，液晶显示本站RCS-931分相电流差动保护启动并收到对侧远跳信号，操作箱CZX-12上显示第一组"OP"灯熄灭，其他220kV线路的所有保护均启动，检查现场断路器已跳开，当值运行人员汇报调度和运行工区。省调调度员介绍是由于乙变电站Ⅲ段母线上一条线路的母线侧隔离开关与母线相连导线的铜铝接头质量问题，导致该段母线上的一相发生单相接地，母差保护动作，跳开该段母线上的所有断路器，而同时甲变电站与乙变电站该段母线相连的断路器也同时跳开。

（2）原因分析。常规的220kV高频保护，作为对侧的母差保护动作，只要跳开故障母线上的断路器切除故障就可以了。由于断路器失灵保护而不能切除故障则应通过对侧的后备保护切除本条 220kV 线路。通过对本事故情况的分析，对侧母差保护已经把故障母线上的所有断路器切除，同时给甲变电站这条 220kV 线路保护一个远跳信号。甲变电站收到对侧的远跳信号，同时甲变电站分相电流差动保护也已启动并判为正方向，满足条件后跳开本站的联络断路器。远跳功能逻辑图（甲变电站）和回路如图 12-27 所示，远跳启动回路（乙变电站）如图 12-28 所示。

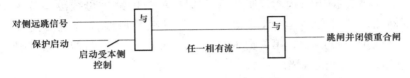

图 12-27　远跳功能逻辑图（甲变电站）

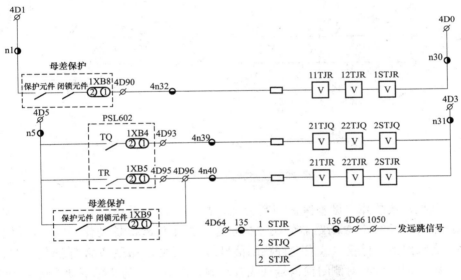

图 12-28　远跳启动回路（乙变电站）

RCS-931 保护中具有远跳功能，主要为其他装置提供通道，切除线路对侧断路器。如本侧母差保护动作，跳闸信号经远跳，结合"远跳受起动侧控制"可直接或经对侧起动控制，跳对侧断路器。本侧收到对侧远跳信号时通过本侧电流进行判断是否正确，再返回对侧，对侧再进行分析判断，连续三次确认无误后，才认为收到的远跳信号是可靠的。若"远跳受起动控制"整定为"0"，则无条件起动本侧断路器三相跳闸，同时闭锁重合闸；若整定为"1"，则需本侧保护起动后再出口跳闸。通过对这一功能的进一步理解，说明甲变电站这一次的跳闸情况是正确的。

【例 77】　失灵保护案例

1. 线路断路器失灵保护

线路开关失灵保护动作示意图如图 12-29 所示，线路 A①故障跳闸，乙变电站侧线路保护动作，跳开线路 A 乙站侧断路器；甲变电站侧线路保护动作跳线路 A 甲变电站侧断路器。若该断路器失灵保护拒动，以 BP-2B 母差保护为例（下同），母差保护将判断为区外故障，不会动作，但线路 A 断路器失灵保护会启动母差保护的失灵保护出口逻辑，此时母差保护通过断路器母线隔离开关所在位置自动判别断路器在 II 母线运行，同时线路 A 所在 II 母线复合电压闭锁开放，于是 II 母失灵保护出口启动，第一延时跳开 I、II 段母联断路器，第二延时跳开 II 母线上其他设备，切除故障。

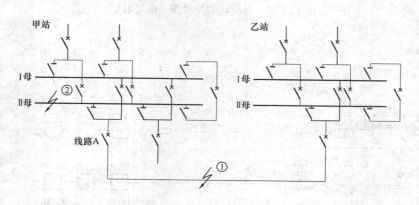

图 12-29　线路断路器失灵动作示意图

若②处母线故障，母差保护判断为区内故障，保护动作跳开 II 母线上所有设备，而甲变电站线路 A 断路器失灵保护拒动。由于母差保护动作的同时，对 II 母线上所有线路设备停信（或发允许跳闸信号），其对侧乙站线路 A 保护判别线路正方向故障，同时没有对侧闭锁信号（或有对侧允许信号）的情况下动作跳闸，跳开乙站侧线路 A 断路器，切除故障。

2. 主变压器断路器失灵保护

主变压器 220kV 侧断路器失灵保护动作示意图如图 12-30 所示，主变压器①处故障，其大差动保护动作跳主变压器三侧断路器，此时 220kV 侧断路器失灵保护拒分，主变压器 220kV 侧失灵保护动作，启动 220kV 母差失灵保护出口逻辑，母差保护通过断路器母线隔离开关所在位置自动判别断路器在 II 母线运行，同时将开放 II 母复合电压闭锁，于是 II 母失灵保护出口启动，第一延时跳开 I、II 段母联断路器，第二延时跳开 II 母线上其他设备，切除故障。也有某些变电站不设置二段延时，一旦失灵保护出口启动，会同一时限跳开 II 母线上所有设备。

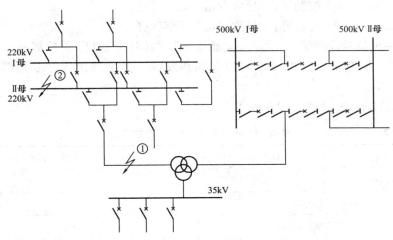

图 12-30　主变压器 220kV 侧断路器失灵保护动作示意图

若②处母线故障，母差保护判断为区内故障，保护动作跳开Ⅱ母线上所有设备，同时启动主变压器 220kV 侧断路器失灵保护，此时主变压器 220kV 侧断路器失灵保护拒分，则失灵保护动作跳开主变压器高低压侧所有断路器。

3. 母联（分段）失灵保护

如图 12-31 所示，Ⅱ 母线故障，母差保护的大差和 Ⅱ 母小差同时动作跳开 Ⅱ 母线上所有设备，而 Ⅰ、Ⅱ 段母联断路器失灵保护拒分，则经母联失灵保护过电流判别，延时封母联 TA。此时母差保护的大差和 Ⅰ 母小差同时动作，继而跳开 Ⅰ 母线上所有其他设备。

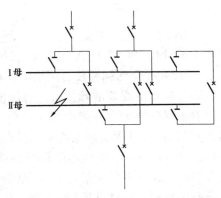

图 12-31　220kV 母联断路器动作示意图

【例 78】　某线 711 断路器跳闸分析

1. 事故现象

某线 711 断路器（1999 年投运的 AEG 断路器）在运行状态，线路电流 70A，有功功率 14 MW。保护、重合闸均正常启用。

（1）711 控制屏。"重合闸动作"、"保护动作"、"控制回路断线"光字牌亮，断路器红、绿灯全灭。

（2）711 保护面板。"TJ""HJ"灯亮，"TWJ""HWJ"灯灭。

（3）711 保护显示器。L01、Z1、14.8km、C。

（4）711 断路器。断路器在分闸位置，弹簧在储能位置，SF_6 压力指示正常。

（5）220kV 2595 控制屏。"异常发信"光字牌亮。

（6）220kV 4553 控制屏。"异常发信"光字牌亮。

（7）中央信号控制屏。"故障录波器动作"、"掉牌未复归"光字牌亮。

（8）711 控制屏、保护屏。"控制回路断线"光字牌熄灭，断路器绿灯亮、"TWJ"灯亮。

某线 711 开关 LFP‐941A 保护报告见表 12‐2。

表 12‐2　　　　　　　　　某线 711 开关 LFP‐941A 保护报告

11ms	L01、Z1	零序Ⅰ段、距离Ⅰ段出口
1078ms	CH	重合闸出口
FAULT PHASE		C
FAULT DISTANCE		14.8km
IMAX		22.11A
IO		22.11A

2. 跳闸分析

711 线路（约距本变电站 14.8km 处）C 相发生单相接地，941 保护零序Ⅰ段、距离Ⅰ段动作出口跳开 A、B、C 三相断路器（TJ 灯亮）。保护动作启动重合闸，装置发 120ms 合闸脉冲使合闸继电器动作（HJ 灯亮）。

装置显示的简要故障报告、打印出来的故障报告均反映了一次跳闸过程。从而可以看出尽管装置重合闸出口了，但断路器并未合闸。TWJ 继电器是串接在断路器合闸回路中，HWJ 继电器是串接在断路器分闸回路中。"控制回路断线"光字牌则是由 TWJ、HWJ 继电器的动断触点串接而成的。断路器红灯与 HWJ 继电器的动合触点串接，断路器绿灯与 TWJ 继电器的动合触点串接。正常情况下，断路器在分闸位置时，应该 TWJ 继电器动作，其动断触点打开；HWJ 继电器不动作，其动断触点返回，红灯灭，绿灯亮。711 线当时的情况应该是 TWJ 继电器没有动作，导致"控制回路断线"光字牌亮，红、绿灯全灭。TWJ 继电器是串接在断路器合闸回路中，可以用来监视合闸回路是否完好。711 断路器没有重合，这说明断路器合闸回路确实存在断线问题。检查后发现该断路器辅助触点上部的塑料固定附件影响了断路器辅助触点正确动作，导致断路器合闸回路断线，断路器拒合，有问题的 AEG 断路器如图 12‐32 所示。

问题及反事故措施为：

（1）对事故判断不正确。运行人员在

图 12‐32　有问题的 AEG 断路器

此次事故处理过程中，仅看到"保护动作"、"重合闸动作"光字牌，"TJ"、"HJ"灯就做出了断路器跳闸—重合—跳闸的错误判断，没有通过光字牌、事故报告、波形进行综合分析判断。

（2）事故处理过程中，没有分清事故判断和异常处理的关系。

（3）加强业务培训。运行人员应具备通过微机保护动作报告正确判断跳闸过程的能力。

（4）加强对断路器计数器的管理，同时写入规程中。

下列情况对断路器计数器进行抄录。

1）断路器检修后。

2）断路器动作后。

3）年度性核对时。

【例79】　35kV 某变电站备用自投异常动作分析

1. 事情经过

2009 年 6 月 14 日，35kV 某变电站：

16：46，10kV 121 断路器过电流动作，重合不成。

16：55，10kV 115 断路器过电流动作，重合不成。

16：57，10kV 123 过电流保护动作，断路器未跳闸，2 号主变压器后备保护动作，跳 102、302 断路器。10kV 备用自投动作，合分段 110 断路器。

17：03，1 号主变压器后备保护动作跳 110 断路器。

17：14，监控遥控拉开 10kV 123 断路器遥控失败，令操作班到现场。

17：54，10kV 123 断路器改为冷备用，停用 10kV 分段 110 断路器备用自投（操作班到现场后进行的操作）。

18：08，2 号主变压器送电正常。10kV 123 断路器改为开关检修。

21：50 工毕，10kV 123 断路器一次设备检查正常，装置插件损坏，已调换。备自投动作是 2 号主变压器保护屏上后备保护闭锁备用自投压板原始名称未更改，故连接片未投入，现经调度同意已启用。

22：09，123 断路器送电正常，备用自投投入。

2. 异常分析

123 开关拒跳的原因是由于开关操作箱内保护跳闸 KTR 中间继电器及 KJL 继电器的集成块损坏，导致开关出现拒跳、拒分现象，123 开关回路图如图 12－33 所示。

调换开关操作箱插件后远方就地操作均正常，保护跳闸试验也恢复正常。

3. 主变压器高后备保护动作，10kV 备用自投依然动作

35kV 某变电站于 2006 年进行 1 号主变压器扩建工程，并加装了 10kV 备用自投，保护采用某厂生产的 NSA 系列保护。

35kV 该变电站 1 号主变压器未投运之前，由于一次方式不满足备用自投，故

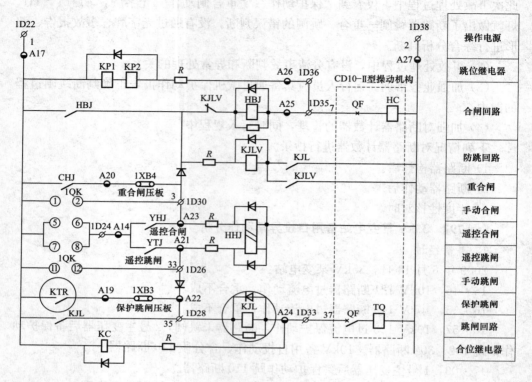

图 12-33　123 开关回路图

2 号主变压器保护屏上高后备闭锁备用自投连接片（3XB8）为备用连接片（不启用）。2006 年二期工程 1 号主变压器投运，加装了 10kV 备用自投。按照设计图纸及调度定值单，1 号主变压器保护屏上高后备保护闭锁备用自投连接片正常启用，但在施工期间未考虑到将 2 号主变压器保护屏上的 3XB8 由备用连接片改为闭锁连接片（扩建设计图纸上注明了该连接片为闭锁连接片，见图 12-34），故造成该连接片未启用。当 123 断路器拒跳，2 号主变压器高后备保护动作时，10kV 备用自投未得到闭锁信息且一次方式及电气量均满足了备自投动作条件，故装置进行了动作。由于此时故障依然存在，1 号主变压器高后备动作将 10kV 分段 110 断路器跳开，故障切除。

4. 问题及措施

（1）本次异常发生，虽未造成事故扩大，增加对外停电，但使得原本毫无关系的 1 号主变压器经历了一次故障电流，原本也毫无关系的 10kV 110 断路器合了一次又分了一次。

（2）工程管理前后，应仔细审阅图纸，特别是保护压板和低压断路器，要与现场一一核对并明晰压板和低压断路器作用。

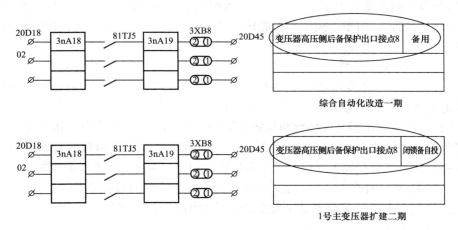

图 12-34　备自投闭锁输入回路

【例 80】　某 500kV 变电站电容器自投情况的说明

1. 无功补偿自动投切装置的动作原理

装置上分别从主变压器 500kV 侧 CVT 二次开关 1Q（计量及测量回路）、2Q（保护及故障录波器回路）引入六个线电压，分别为 U_{ab1}、U_{bc1}、U_{ac1}、U_{ab2}、U_{bc2}、U_{ac2}。当 $U_{max}\{U_{ab1}$、U_{bc1}、U_{ac1}、U_{ab2}、U_{bc2}、$U_{ac2}\}<0.7U_n$ 时，瞬时切除所有低抗，延时 1.3s 投入所有电容。当 $U_{max}\{U_{ab1}$、U_{bc1}、U_{ac1}、U_{ab2}、U_{bc2}、$U_{ac2}\}>1.1U_n$ 时，延时 0.5s 切除所有电容，延时 1.3s 投入所有低抗。

2 号主变压器 500kV 侧距离保护 TV 断线闭锁距离保护逻辑为：

（1）$U_a+U_b+U_c>8V$ 且无电流突变，即判别 TV 断线（用于判别某相断线或故障情况时）。

（2）$\max\{|U_a|$、$|U_b|$、$|U_c|\}<8V$ 且该系统中 $\max\{|I_a|$、$|I_b|$、$|I_c|\}>I_\varepsilon$，即判别 TV 断线（用于判别正常主变压器停电情况时）。

I_ε 对于 5A，TA 为 0.5A；I_ε 对于 1A，TA 为 0.1A。

为此，在第二种情况下，由于该站主变压器 500kV 侧 TA 变比为 3200/1，当在保护电压 2Q 开关回路断开时，只有在高压侧电流值大于 320A 时，才会判别 TV 断线，否则将不会闭锁高压侧距离保护。

2. 电容自投动作过程

17：09，拉开 500kV 侧主变压器 CVT 二次开关 2Q（保护及故障录波器回路）进行更换。由于此时主变压器高压侧电流都小于 320A，距离保护没有判别 TV 断线，因此保护未闭锁。

17：23，拉开 500kV 侧主变压器 CVT 二次开关 1Q（计量及测量回路），此时无功补偿自动投切装置满足切低抗投电容的条件而动作，合上 3 号电容 323 断路器、6 号电容 326 断路器，由于主变压器 500kV 侧距离保护没有受到 TV 断线闭锁

（不满足高压侧电流大于 320A），电容投入时大电流的干扰，导致 500kV 侧距离保护 2 时限误动作，由于距离保护功能压板已退出运行，未造成主变压器断路器跳闸事件。

3. 采取的反事故措施

（1）进行 2 号主变压器 500kV 侧 CVT 二次开关更换之前没有将低抗自动投切装置退出运行，从而导致 3、6 号电容器自投情况发生。

（2）2 号主变压器高压侧距离保护 TV 断线闭锁功能不够完善，由于保护内部整定值偏高，导致在 2Q（保护及故障录波器回路）开关断开时没有能够得到有效的闭锁，在系统受到较大干扰时，距离保护误动作。为此，需要对此逻辑功能进行改进，将 I_ε 整定值改小，以满足 2 号主变压器正常运行时电流负荷的要求。

【例 81】 220kV 某变电站 1 号主变压器 1101 断路器跳闸

1. 事故现象

当时 110kV 运行方式如图 12-35 所示。

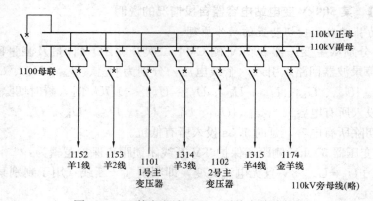

图 12-35 某变电站 110kV 系统主接线简图

（1）1101 1 号主变压器接 110kV 正母供 1153 羊 2 线、1315 羊 4 线。

（2）1102 2 号主变压器接 110kV 副母供 1152 羊 1 线、1314 羊 3 线、1174 金羊线。

（3）1100 母联热备用，1120 旁路冷备用。

夏天某日，台风，1 号主变压器 1101 断路器跳闸。当时由于后台机信号比较多，当班人员在看到"1153 羊 2 线距离Ⅰ段动作"、"1153 羊 2 线重合闸出口"等信号后，结合该断路器仍然在合闸位置，就没有再继续查，判断为"1153 开关故障拒动，越级跳 1 号主变压器 1101 断路器"，随即向调度汇报。

2. 处理经过

对 1153 羊 2 线断路器进行例行的外部检查，同时查看故障录波器的相关信息，显示 1153 羊 2 线确有异常，测距为 0.8km；然后拉开 1153 羊 2 线断路器，合上 1 号主变压器 1101 断路器，恢复对 1315 羊 4 线的供电。

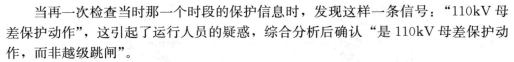

当再一次检查当时那一个时段的保护信息时，发现这样一条信号："110kV 母差保护动作"，这引起了运行人员的疑惑，综合分析后确认"是 110kV 母差保护动作，而非越级跳闸"。

3. 原因分析

由于该变电站的 110kV 设备不是在同一时期投运的，就造成母差回路所采用的 TA 变比不同，有 1200/5 的、有 600/5 的，导致计算到母差回路的特性产生差异。而当时由于故障是在线路近端，冲击电流相当大，大约有两三千安培，使得 TA 的方向特性产生偏移，导致母差保护动作。而母差保护的动作时限比线路距离 Ⅰ 段的快，所以虽然有线路保护出口的信息，但是仍然判断为母差保护动作，随后，对该变电站各单元的母差 TA 进行反事故措施调整，均改为 1200/5。

4. 经验教训

（1）在这起跳闸事故中，运行及调度人员都还是幸运的，如果当时母线上真的存在故障，在恢复送电时又没有采用充电保护，那么后果是可想而知的。

（2）这起事故再一次提醒运行人员，在遇到异常时，一定要冷静对待，不能凭经验办事，要仔细查看每一条信号，不能放过任何一个可疑之处。

（3）平时要加强自身的专业技能学习，只有具备了扎实的基本功，才能面对各种各样的事故和异常，才有能力去判断调度及上级命令的正确性。

【例 82】　对某站 2073 断路器跳闸的思考

1. 事故现象

某日晚间，某变电站在进行 220kV 四母线复役（主接线见图 12 - 36），3 号主变压器 2073 断路器合环运行操作时，2073 断路器一合上后，2073 断路器保护即动作于跳闸。当值值班员在确认自动化信号以及保护动作情况后再次进行试投，不成功。当时保护动作情况是：只有 3 号主变压器 2073 断路器保护动作（3 号主变压器保护及 220kV 四母差均未动作）。

2. 处理过程

某变电站此次操作是使 220kV 四母线复役运行。事故前 220kV 四母线已由 220kV 二/四分段断路器充电，无异常。3 号主变压器 2073 断路器是 220kV 四母线上第一个投入的断路器。

保护人员到现场后，查看了自动化信号以及各保护装置的动作情况，判断 220kV 四母线及 3 号主变压器无故障，为 2073 断路器保护误动。于是对 3 号主变压器 2073 断路器保护进行了校验，保护装置正常。在确认二次回路无问题后，再次对 2073 断路器进行试投，但还是不成功（此后 2073 断路器改检修）。

保护人员经过进一步检查及反复试投试验后，发现只要先在 2073 断路器保护内加入超过其动作定值的电流，再合 2073 断路器（共 10 次），只有 3 次合闸成功。经检查发现在合上 2073 断路器的一瞬间，2073 断路器保护中的 24V 其他保护启动失灵开入有脉冲输入。经查线后，发现这是从屏内的光耦而来的，光耦外部是 3 号

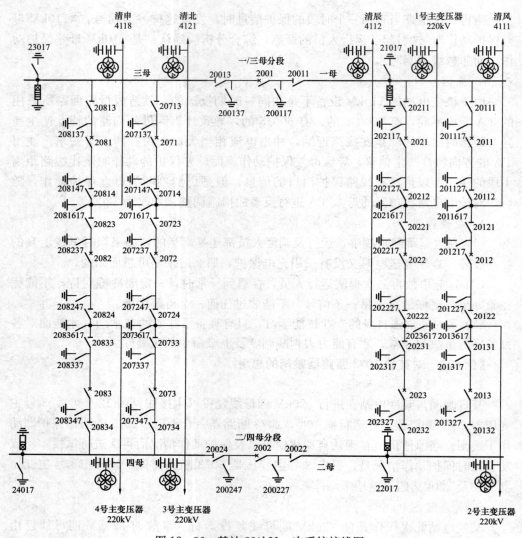

图 12-36 某站 220kV 一次系统接线图

主变压器保护动作启动 2073 断路器保护失灵的 2 芯 110V 强电开入电缆，此强电开入经过光耦转换为 24V 弱电开入接入保护装置。这 2 芯电缆是由 500kV 保护室过来的长电缆，在 2073 断路器合闸瞬间有脉冲输入（为干扰脉冲）。

3. 原因分析

在操作 2073 断路器前，由于 220kV 四母线已由 220kV 二/四分段断路器充电，当合上 2073 断路器时，冲击的负荷电流很大，大于 2073 断路器保护动作电流定值，合闸的瞬间，又在 3 号主变压器保护动作启动 2073 断路器保护失灵的 2 芯 110V 强电开入电缆中出现了干扰脉冲。此电缆为长电缆，对地电容较大，容抗较小，电缆层内电缆又多，相互之间干扰较多，外部干扰脉冲通过对地电容进入光耦，而 2073 断路器保护屏内的光耦动作功率很小（动作电压 $U=70V$，动作电流 $I=0.2mA$，动作功率 $P_{max}=U×I=0.014W$），保护装置误把干扰脉冲当成失灵开入，导致 2073 断路器失灵保护动作，瞬跳 2073 断路器。

商讨后在光耦输入回路并接一 $1000Ω$ 的电阻进行强弱电转换，并接后，输入回路总电阻大约为 $1000Ω$，动作功率提高到 5W 左右。值班人员再次操作，设备投运正常，现象消失，2073 断路器保护不误动。

要进行强弱电转换是由于 220kV 断路器保护型号为 CSI121A 和 CSC121A，均为弱电开入。该站设有 500kV 继保室和 220kV 继保室，两者距离很远，站内主变压器保护位于 500kV 继保室，主变压器 220kV 断路器的保护位于 220kV 继保室。主变压器保护给断路器保护的开入量经过长电缆，基于保护装置 24V 开入电源不出保护室的原则，主变压器保护启动失灵开入量只能通过将强电开入转为弱电开入的方法（对于线路串的断路器保护，其"压力降低闭锁重合闸"开入由于从断路器场引入，基于上述原则，也应当采用强电转为弱电）。

对于光耦动作电压问题，一般要求动作电压符合额定直流电源电压的 55％～70％范围以内，对不符合的光耦进行调换。

4. 经验教训

（1）2073 断路器异常跳闸的主要原因是因为 2073 断路器保护屏内光耦动作功率偏低，而在 2073 断路器合闸时外部干扰脉冲冲击功率较大，导致保护装置误把干扰脉冲当成失灵开入，从而使 2073 断路器跳闸。光耦的动作功率过低也会引起严重后果，今后对变电站内所有微机保护光耦的动作功率也应进行严格校验，对于动作功率低的光耦必须进行更换或临时并接一定欧姆数的电阻。

（2）建议用强电直流起动且起动功率较大、返回较快的中间继电器代替光耦，在保护校验时要注意对中间继电器动作电压和动作功率进行严格校验。

（3）对于双重化配置的保护，为了防止误动，建议在断路器保护内部逻辑中对于保护启动失灵取"与"逻辑，也就是当保护同时收到两套主保护的启动失灵开入，并超过断路器保护电流定值，才判为断路器失灵，以减少其误动的几率。

【例 83】 一起特殊的线路跳闸事故的分析

1. 事故经过

2008 年 3 月 17 日 7 点 13 分武南变电站东武线/斗南线 5032 断路器跳闸，未重合，保护及故障录波显示为东武 5264 线 C 相接地故障。东武 5264 线两套分相电流差动保护动作两次，间隔约 1s。事件发生后值班员对现场东武 5264 线线路保护范围内的一次设备进行检查，站内未发现故障点，一二次设备均正常。

2. 现场一、二次情况简介

（1）系统接线方式。武南变电站当时现场接线方式比较特殊，边断路器 5031、5033 在分位，中断路器 5033 在合位，东武 5264 线串供斗南 5265 线。对侧东善桥

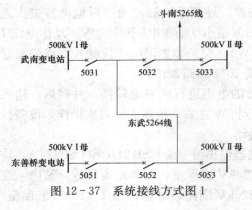

图 12-37 系统接线方式图 1

变电站为正常接线方式,如图 12-37 所示。

(2)保护配置情况。东武 5264 线配置了两套 ABB 公司生产的 REL561 分相电流差动线路保护,东武线/斗南线 5032 断路器配置了 ABB 公司生产的 REB551 断路器保护。现场整定边断路器(5031、5033)重合闸时间 0.7s,中断路器(5032)重合闸时间 1s,无重合闸优先回路。

3. 现场保护动作情况

SCADA 系统报警窗显示如下。

东武线/斗南线 5032 开关分闸

7:13:32:458+RD31 屏 C 相跳闸、差动保护动作、距离保护动作。

+RD32 屏 C 相跳闸、差动保护动作、距离保护动作。

7:13:33:461+RD31 屏 C 相跳闸、差动保护动作。

+RD32 屏 C 相跳闸、差动保护动作。

IDM1、5 号故障录波器启动。

东武 5264 线两套 REL561 保护显示:C 相跳闸,分相电流差动动作跳 C 相,接地选相 C 相正方向启动,故障测距 19%。

东武线/斗南线 5032 断路器保护显示:单相跳闸,启动 C 相失灵保护及重合闸,失灵保护重跳 C 相,重合闸启动,重合闸等待,三相跳闸,A、B、C 相跳闸,断路器两相分开闭锁重合闸 2.3 故障录波波形及数据,如图 12-38 所示。

从东武 5264 线电压、电流波形图可以看出线路 C 相电流有突变,故障电流 7.63kA,线路两套保护均动作,5032 断路器 C 相先动作跳闸,相隔约 800ms 之后两套保护再一次动作,直接跳开三相。

4. 保护动作分析

从表面上看这似乎是一起寻常的线路跳闸事故,但仔细一分析觉得又有疑问解不开。结合站内一、二次设备动作情况分析,考虑可能有以下两种情况:

(1)假设一。线路 C 相永久性故障,C 相重合于故障,后加速保护动作,断路器转三跳。

此种假设与开关及保护动作情况存在以下不符之处。

1)断路器没有 C 相重合上之后又跳开的动作过程,并且二次动作时间间隔只相差 800ms,但 5032 断路器重合时间为 1s,判定 C 相根本来不及重合。

2)两套线路保护没有后加速动作信号,第二次仍为差动保护动作。

(2)假设二。线路 C 相瞬时性故障,在 C 相重合过程中,线路再次 C 相故障,

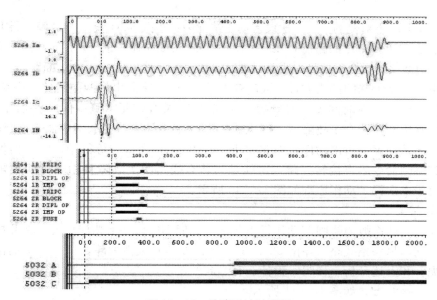

图 12-38 故障录波波形图

断路器保护三跳出口。

这种假设一次动作行为倒是吻合，但是线路两侧 C 相已经跳开，已无故障电流产生，线路保护为何再一次动作？C 相的故障电流是如何产生的呢？

首先来分析 REL561 分相电流差动保护的动作原理，线路两侧每隔 5ms 交换一次三相电流相位及幅值等信息，保护逻辑分别计算差动电流 $I_{diff}=\left|\overline{I_{就地}}+\overline{I_{远方}}\right|$，若所测得差动电流大于制动电流，并符合"四取三"逻辑，则出口跳闸。差动保护原理如图 12-39 所示。

1) 区外故障，差流为零，保护不动作。

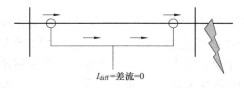

2) 区内故障，差流越限，保护动作。

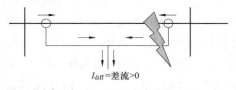

图 12-39 差动保护原理图

253

再来看一下对侧的一、二次设备动作情况为：东武5264线C相故障，跳开东善桥变电站5052、5053断路器C相，0.7s后5053边断路器先重合，由于线路是永久性故障，边断路器重合于故障，线路后加速保护动作，跳开5052、5053断路器三相。

由于本站特殊的接线方式，武南变电站5032断路器串供两条线路，东武5264线两侧重合闸存在时间差，对侧边断路器0.7s重合，而本侧中间断路器1.0s重合。对侧边断路器合于故障后，产生的故障电流使得武南变电站东武5264线两套分相电流差动保护再次动作，而5032断路器C相正在重合等待中，断路器保护再次收到跳闸命令后直接转三跳。这就是为什么线路两次故障且相隔时间很短的原因。对于本次保护动作原理如图12-40所示：

5. 拓展思考

通过对此次故障跳闸的动作行为分析，我们不妨做一下拓展思考。在此接线方式下若同串另一条线路（斗南5265线）发生A相永久性故障，一、二次动作行为如何呢？和上述分析一样吗？为什么有不同？

一次接线方式如图12-41所示。

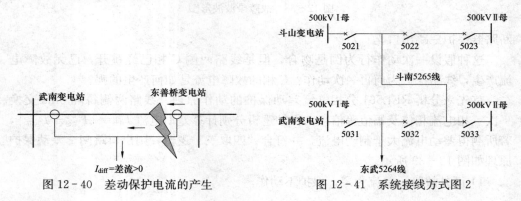

图12-40 差动保护电流的产生　　　　图12-41 系统接线方式图2

斗南5265线配置两套REL521高频距离保护，当线路A相永久性故障，两侧保护动作，跳开本侧5032断路器A相以及对侧5021、5022断路器A相，对侧5021断路器0.7s后先重合，重合于永久性故障，线路后加速保护动作跳开两只开关三相，而本侧5032断路器1.0s之后重合，重合不成转三跳。本侧REL521高频保护在对侧边断路器0.7s重合过程中并没有再次动作，这是因为两种保护的动作原理不同，导致保护的动作情况不一样。REL521是距离Ⅱ段与载波机快速通道构成允许式高频距离保护，由五段式距离保护和零序保护组成。通过对电阻、电抗值的分别整定，构成阻抗特性四边形图，若所测得阻抗值在整定范围内，则测量元件动作，如果此时收到对侧允许信号，则出口跳闸。0.7s对侧边开关重合，对侧产生故障电流，对侧保护动作，但是本侧由于C相分开状态，不会产生故障电流，$Z_m = \dot{U}/\dot{I}$ 本侧正方向阻抗测量元件不会启动，所以保护不动作。

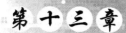
第十三章

监控事故或异常

第一节　监控事故或异常概述

一、监控异常及缺陷处理

1. 监控缺陷分类

（1）变电站电气设备、通信自动化设备、监控系统主站端的缺陷按其轻重缓急可分为危急缺陷、严重缺陷和一般缺陷三类。

（2）危急缺陷的处理。危急缺陷指威胁安全运行需立即处理，否则随时可能造成事故的缺陷。监控人员应立即汇报相关调度，通知变电运维人员或自动化人员检查处理，做好事故预想。

（3）严重缺陷的处理。严重缺陷指对安全运行有一定影响，尚能坚持运行但需尽快处理的缺陷。监控人员应加强巡查监视，通知变电运维人员或自动化人员尽快检查处理，缺陷进一步发展时应汇报调度。

（4）一般缺陷的处理。一般缺陷指对安全运行影响不大，可结合日常工作检查处理的缺陷。监控人员应告知变电运维人员或自动化人员，做好缺陷记录。

2. 变电站端设备异常处理

（1）变电站端设备异常信号发出后，监控人员应本着迅速、准确的原则，对异常信号做出初步分析判断，根据缺陷性质进行相应处理。

（2）变电站现场巡视或测温发现的设备缺陷，由变电运维人员按本单位设备缺陷处理流程办理，对于危急缺陷、严重缺陷以及影响监控的一般缺陷应告知监控人员，监控人员应做好记录，加强对相关设备的监视，做好事故预想。

（3）由于变电站自动化系统、信号传输通道异常，造成变电站设备无法正常监控时，监控人员应将设备监控职责移交给变电运维人员。在此期间，变电运维人员应加强与监控人员的联系。缺陷消除后，监控人员应与变电运维人员核对站内信号正确，收回设备监控职责，并做好相关记录。

（4）监控画面上某个间隔的数据不更新，一般由于测控单元失电、测控单元故障或通信中断等原因引起；监控画面上某个变电站所有数据不更新，一般由于前置机故障、通道故障、远动装置故障等原因引起；个别遥信频繁变位，一般由于接点接触不良等原因引起。监控人员发现上述情况均应通知变电运维人员或自动化人员检查处理。

（5）变电站端视频监控、防火防盗系统故障时，监控人员应通知变电运维人员上报处理，并要求运维人员加强对相关变电站的巡视。

3. 监控系统主站端异常处理

（1）监控系统主站端发生异常，造成受控站无法监控时，监控人员应立即通知自动化人员处理，并将设备监控职责移交给变电运维人员。在此期间，变电运维人员应加强与监控人员的联系。缺陷消除后，监控人员应与变电运维人员核对各受控站信号正确，将监控职责收回，并做好相关记录。

（2）监控系统死机时，监控人员应通知自动化人员分析原因、重启系统。

（3）监控人员发现监控画面、数据链接或信号分类有误时，应通知自动化人员修改。

4. 电压无功自动控制系统（AVC）系统异常处理

（1）电压无功自动控制系统电容器（电抗器）、主变压器自动封锁处理。

1）电压无功自动控制系统电容器（电抗器）自动封锁原因包括：

① 非电压无功自动控制系统操作（人工操作）。

② 电容器（电抗器）保护动作。

③ 拒动次数超过设定值。

④ 动作次数超过设定次数。

⑤ 遥信、遥测不对应。

⑥ 小电流系统单相接地。

⑦ 电容器（电抗器）冷备用或所在母线失电。

⑧ 自动化数据不刷新。

2）电压无功自动控制系统主变压器自动封锁原因包括：

① 非电压无功自动控制系统操作（人工操作）。

② 拒动次数超过设定值。

③ 动作次数超过设定次数。

④ 主变压器过负荷。

⑤ 主变压器断路器分位或主变压器失电。

⑥ 有载分接开关滑挡。

⑦ 有载轻瓦斯保护动作。

⑧ 自动化数据不刷新。

3）电压无功自动控制系统电容器（电抗器）、主变压器自动封锁时发出的信号包括：

① 电容器（电抗器）。拒动、超次数闭锁、遥信及遥测不对应、异常变位、保护动作、单相接地、电容器（电抗器）冷备用、所在母线失电、数据不刷新。

② 主变压器。拒动、滑挡、过负荷闭锁、轻瓦斯闭锁、超次数闭锁、异常变位、主变压器开关分位、主变压器失电、数据不刷新。

4）电压无功自动控制系统中主变压器、电容器（电抗器）拒动时应确认是否通道不畅或其他因素影响遥控操作。

5）电压无功自动控制系统中主变压器有载滑挡时应检查电压、挡位，通知变电运维人员现场检查处理，异常没有解决前不能解锁。对于并列运行的主变压器，应采取措施防止因主变压器挡位不一致导致环流过大。

6）电压无功自动控制系统中电容器（电抗器）断路器在分位，有电流指示，延时 3min 报遥测、遥信不对应，应确认遥测、遥信是否正常。

7）小电流系统单相接地后电压无功自动控制系统封锁电容器、电抗器自动控制功能，监控人员应密切监视，必要时手动切除电容器（电抗器），异常没有解决前不能解锁。

8）电容器（电抗器）保护动作跳闸，待检修消缺及设备恢复运行（热备用）后，方可解除闭锁。

9）电压无功自动控制系统中主变压器有载轻瓦斯动作后，应通知变电运维人员现场检查处理，异常没有解决前不能解锁。

10）电容器（电抗器）冷备用或所在母线失电，待电容器（电抗器）恢复运行（热备用）或母线恢复运行后解除闭锁。

11）主变压器断路器分位或主变压器失电，待主变压器恢复运行后解除闭锁。

12）自动化数据不刷新，待检修消缺数据采集恢复正常后，方可解除闭锁。

（2）电压无功自动控制系统瘫痪处理。

1）监控人员应重启系统，并通知自动化人员配合检查，设法恢复系统运行，如无法恢复则通知电压无功自动控制系统厂家人员检查处理。

2）电压无功自动控制系统瘫痪未恢复前，监控人员应严密监视各变电站的电压、力率情况，通过监控系统人工调控。

3）电压无功自动控制系统恢复后，监控人员应对该系统进行特巡，确认电压无功自动控制正常。

5. 监控操作异常处理

（1）遥控断路器拒动的处理。

1）如遥控预置超时可再试一次。

2）检查测控装置"远方/就地"切换开关的位置信号。

3）检查有无控制回路断线或分、合闸闭锁信号。

4）检查测控装置通信是否中断。

5）通知现场检查测控单元是否故障以及遥控出口连接片的位置。

6）联系自动化人员检查通道状况。

7）排查上述原因仍无法遥控，监控人员应要求变电运维人员通知检修处理，并汇报发令调度。若需要改现场操作，值班调度员应终结监控操作任务，重新发令至变电站现场。

（2）误拉、合断路器的处理。发生误拉、合断路器时，监控人员应认真分析，如怀疑是监控系统遥控点号错位等原因造成的，应汇报调度员，要求由变电站现场根据调度指令进行复位操作。

6. 监控遥测越限处理

（1）设备过负荷。

1）设备过负荷时应立即记录过负荷时间和过负荷倍数，加强监视，汇报调度并通知变电运维班。

2）主变压器过负荷按以下流程处理。

① 记录主变压器过负荷的时间、温度、各侧电流情况。

② 将过负荷情况向调度汇报，通知变电运维人员根据主变压器过负荷相关规程处理。

③ 严密监视过负荷变压器的负荷及温度，若过负荷运行时间或温度已超过允许值时，应立即汇报调度。

④ 禁止进行主变压器有载调压。

（2）频率越限。系统频率超出（50±0.2）Hz 为事故频率。当系统频率降至 49.8Hz 以下时，监控人员应在省调值班调度员的指挥下执行拉路，并遵循以下原则：

1）49.8～49.0Hz 时，按调度指令限电、拉路，在 30min 以内使频率恢复至 49.8Hz 以上。

2）49.0Hz 以下时，立即按调度指令拉路，在 15min 以内使频率恢复至 49.0Hz 以上。

3）48.5Hz 及以下时，接到调度的拉路指令后，立即按"事故拉（限）电序位表"自行拉路，在 15min 以内使频率恢复至 49.0Hz 以上。

4）48.0Hz 及以下时，可不受"事故拉（限）电序位表"的限制，自行拉停馈供线路或变压器，在 15min 以内使频率恢复至 49.0Hz 以上。

5）在系统低频率运行时，应检查按频率自动减负荷装置的动作情况。如到规定频率应动作而未动作时，可立即自行手动拉开该断路器，同时报告有关调度，恢复送电时应得到省调值班调度员的同意。

（3）电压力率越限。监控人员应实时监视各变电站的电压和力率情况，采取措施进行调整控制，当仍超出规定值时应及时汇报相关调度。

（4）温度越限。

1）记录温度越限的时间和温度值。

2）检查是否由于过负荷引起，按主变压器过负荷处理流程处理。

3）通知现场检查温度是否确已越限，如因表计故障等原因造成应填报缺陷。

4）如找不出温度异常升高的原因，必须立即汇报调度，通知变电运维人员联系检修处理。

二、监控事故汇报与处理

1. 检查汇报

（1）事故跳闸发生后，监控人员应收集、整理相关故障信息，包括事故发生时间、主要保护动作信息、开关跳闸情况及潮流、频率、电压的变化情况等，根据故障信息进行初步分析判断，及时将有关信息向值班调度员汇报，同时通知变电运维人员现场检查，并做好相关记录。

（2）灾害或恶劣气候条件下连续发生多起事故时，应逐一检查事故画面，不得未经检查随意关闭事故画面。监控人员应按照电压等级从高到低的顺序依次向各级调度汇报主变压器失电、母线失电、线路跳闸重合不成等事故情况，对线路跳闸后重合成功的情况可先记录下来，待事故处理告一段落后再作汇报。灾害或恶劣天气过后必须仔细复查信号，将期间发出的信号梳理一遍，发现漏汇报的情况应及时补汇报。

（3）对于已经查看完毕并做好记录的事故信号应及时确认，以便区分新旧事故信号。

（4）35kV 及以上线路故障跳闸后，监控人员应查看所有连接于故障线路的变电站情况，防止变电站失电后无任何信号上传。

（5）变电站防火防盗信号告警时，监控人员应通过视频监控设法辨别信号真伪，确认站内发生火灾或遭非法入侵时应立即通知变电运维人员，无法辨别信号真伪时应通知变电运维人员现场检查。

（6）事故汇报示例（220kV××变电站 2 号主变压器故障跳闸）。

1）汇报地调：×点×分，220kV××变电站 2 号主变压器第一、二套主保护动作，2602、702、302 断路器跳闸，2 号主变压器、110kV Ⅱ段母线失电，110kV××线、××线失电。具体情况待变电运维人员现场检查后详细汇报。

2）汇报配调：×点×分，由于 220kV××变电站 2 号主变压器故障，2602、702、302 断路器跳闸，35kV 备投动作成功，300 断路器合闸。因××变电站 110kV Ⅱ段母线失电，110kV××线、××线失电，110kV××变电站、××变电站 10kV 备投动作成功，××变电站 102 断路器分闸，100 断路器合闸，××变电站 102 断路器分闸，100 断路器合闸。具体情况待变电运维人员现场检查后详细汇报。

2. 事故处理

（1）事故发生时，监控人员应在各级调度的指挥下进行事故处理，对事故汇报与操作的正确性负责，并遵守以下原则：

1）尽速限制事故发展，消除事故根源并解除对人身和设备安全的威胁。

2）根据系统条件尽可能保持设备继续运行，保证对用户的正常供电。

3）尽速对已停电的用户恢复供电，对重要用户应优先恢复供电。

4）调整电力系统的运行方式，使其恢复正常。

（2）监控人员应服从各级值班调度员的指挥，迅速正确地执行各级值班调度员的调度指令。监控人员如认为值班调度员指令有错误时应予以指出并作出必要解释，如值班调度员确认自己的指令正确时，监控人员应立即执行。

（3）对线路、母线、主变压器、断路器等设备故障的事故处理以及系统解列、系统振荡的事故处理按照调度规程中有关规定执行。

（4）电网需紧急拉路时，监控人员应按调度员指令进行遥控操作。操作后，监控人员应汇报值班调度员并告知变电运维人员。

（5）监控人员可以自行将对人员生命有威胁的设备停电，事后必须立即汇报调度。

（6）在调度员指挥事故处理时，监控人员要密切监视监控系统上相关厂站信息的变化，关注故障发展和电网运行情况，及时将有关情况报告值班调度员。

（7）事故处理完毕后，监控人员应与变电运维人员核对相关信号已复归，完成相关记录，做好事故分析与总结。

（8）如事故发生在交接班过程中，交接班工作应立即停止，由交班人员负责事故的处理，接班人员可以协助处理，在事故处理未结束之前不得进行交接班。

三、电压、力率控制

1. 合格范围

（1）电压允许偏差相关规定。

1）220kV 变电站的 220kV 母线正常运行方式时，电压允许偏差为系统额定电压的 $-3\%\sim+7\%$，日电压波动率不大于 5%。事故运行电压允许偏差为系统额定电压的 $-5\%\sim+10\%$。

2）220kV 变电站的 110、35kV 母线正常运行方式时，电压允许偏差为系统额定电压的 $-3\%\sim+7\%$。事故运行方式时电压允许偏差为系统额定电压的 $-10\%\sim+10\%$。

3）带地区供电负荷的变电站的 10（20）kV 母线正常运行方式下的电压允许偏差为系统额定电压的 $0\%\sim+7\%$。

4）省调对 220kV 电网运行电压实行统一管理，按季度编制下达电压控制点电压曲线（分高峰、低谷两个时段）和电压控制点、电压监视点的规定值，高峰时段指 8：00～24：00（含 24：00，不含 8：00），低谷时段指 0：00～8：00（含 8：00，不含 0：00）。

（2）力率合格相关规定。力率考核以每个 220kV 变电站主变压器高压侧总有功、总无功为统计单元进行力率统计，考核点为每天 48 点（半小时一个点）。考核办法如下：

1）有功小于等于 10MW 时，该点为免考核点。

2）运行电压大于等于目标电压时，无功小于 0 均视为不合格点（与力率大小无关）。

3）运行电压大于等于目标电压时，力率小于上限为合格点，否则为不合格点。

4）运行电压小于目标电压时，无功小于 0 均视为合格点（与力率大小无关）。

5）运行电压小于目标电压时，力率大于等于下限为合格点，否则为不合格点。

2. 控制要求

（1）监控人员负责受控站电压、力率的运行监视和控制，如经调节控制后电压、力率仍不能满足要求时，应及时汇报调度员。

（2）电压、力率正常由电压无功自动控制系统进行自动控制，无需手动控制调节。如发现电压无功自动控制系统出现异常，应立即将相应设备封锁，并转入监控人员手动调节。

（3）电压、力率人工调控原则。

1）电压、力率均越上限，先切电容器，投电抗器；如电压仍处于上限，再调节分接开关降压。

2）电压越上限，力率正常，先调节分接开关降压；如分接开关已无法调节，电压仍高于上限，则切电容器，投电抗器。

3）电压越上限，力率越下限，先调节分接开关降压，直至电压正常；如力率仍低于下限，则切电抗器，投电容器。

4）电压正常，力率越上限，应切电容器，投电抗器，直至正常。

5）电压正常，力率越下限，应切电抗器，投电容器，直至正常。

6）电压越下限，力率越上限，先调节分接开关升压至电压正常；如力率仍高于上限，再切电容器，投电抗器。

7）电压越下限，力率正常，先调节分接开关升压；如分接开关已无法调节，电压仍低于下限，则切电抗器，投电容器。

8）电压、力率均越下限，先切电抗器，投电容器；如电压仍处于下限，再调节分接开关升压。

（4）对于母线电压、无功功率等对自动控制系统运行影响较大的遥测量应加强监视，发现遥测数据异常应及时处理。

（5）运行方式变化后，监控人员应及时检查、调整电压无功自动控制系统中上下级厂站关系，保证系统调节正确。

（6）进入自动调节的电容器、电抗器发生故障跳闸以及电容器、电抗器所在母线发生单相接地时，应检查电压无功自动控制系统是否自动将相关设备封锁，如未封锁应立即将该设备封锁；设备恢复运行后应在电压无功自动控制系统上将该设备解除封锁，并做好记录。

（7）运行中的电容器、电抗器停役，应在操作前在电压无功自动控制系统上将该设备封锁，在复役操作后解除封锁，并做好记录。

（8）运行中的主变压器停役，应在操作前在电压无功自动控制系统上将该主变压器的有载分接开关封锁，在该主变压器复役后解除封锁，并做好记录。

（9）两台有载主变压器并列操作前，应先在电压无功自动控制系统上将两台主变压器的有载分接开关暂时封锁，然后将两台主变压器的有载分接开关调整至对应位置，并列操作结束后解除封锁。两台有载主变压器并列运行时，通过自动控制系统实现两台主变压器有载分接头联调。

（10）有载主变压器与无载主变压器并列操作前，应先在电压无功自动控制系统上将有载主变压器分接头封锁，然后将有载主变压器的分接开关调整至与无载主变压器相对应位置，再进行并列操作。

（11）严禁电抗器、电容器均在投入状态。当电压无功自动控制系统误将电容器、电抗器同时投入时，监控人员应立即拉开误投的电容器或电抗器，将该变电站封锁，由监控人员根据电压及力率情况手动调控，并及时与电压无功自动控制系统厂家联系处理。

（12）电容器拉开后，应间隔5min才允许再次合闸。

（13）当值地调监控人员应加强与县配调调控人员的协调，实现各级监控范围内电压、力率指标的合格。

四、单相接地故障处理

1. 中性点非直接接地系统单相接地故障基本特征

当中性点不接地系统发生单相接地时〔图13-1（a）中A相接地，S打开表

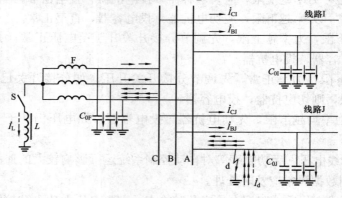

(a)

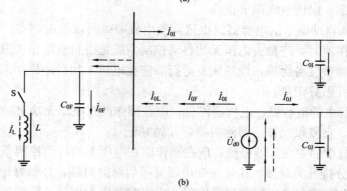

(b)

图13-1　中性点非直接接地系统中，单相接地时的电流分布

（a）用三相系统表示；（b）零序等效网络

示中性点不接地系统]，如果忽略负荷电流和电容电流在线路阻抗上的电压降，全系统 A 相对地电压均为零，A 相对地电容电流也为零，同时 B 相和 C 相的对地电压和电容电流也都升高$\sqrt{3}$倍。这时的电容电流分布如图 13-1（a）所示。

非故障线路 I 始端所反应的零序电流为

$$3\dot{I}_{0I} = 3U_{\varphi}\omega C_{0I}$$

即非故障线路零序电流为其本身的电容电流，电容性无功功率的方向为母线流向线路。

对于故障线路 J，B 相和 C 相与非故障线路一样，流过本身对地电容电流 $\dot{I}_{BJ}$ 和 $\dot{I}_{CJ}$，而不同之处是在接地点要流回全系统 B 相和 C 相对地电容电流之和，其值为

$$3\dot{I}_{d} = 3U_{\varphi}\omega(C_{0I} + C_{0J} + C_{0F}) = 3U_{\varphi}\omega C_{0\Sigma}$$

式中：$C_{0\Sigma}$ 为全系统对地电容的总和。

此电流要从 A 相流回去，因此从 A 相流出的电流为

$$\dot{I}_{AJ} = -\dot{I}_{d}$$

因此，故障线路 J 始端所反应的零序电流为

$$3\dot{I}'_{0J} = 3U_{\varphi}\omega(C_{0\Sigma} - C_{0J})$$

即故障线路零序电流，数值等于全系统非故障元件对地电容电流之总和（不包括故障线路本身），电容性无功功率方向为由线路流向母线，方向与非故障线路相反。

中性点不接地系统发生单相接地时，在接地点要流过全系统的对地电容电流，如果此电流比较大，就会在接地点燃起电弧，引起弧光过电压，从而使非故障相的对地电压进一步升高，容易使绝缘损坏，形成两点或多点接地，造成停电事故。为解决此问题，有些系统的中性点对地之间接入消弧线圈（见图 13-1，S 闭合表示中性点经消弧线圈补偿系统），一般采用 5%～10% 的过补偿方式。上述故障线路电流特点对消弧线圈接地系统不再适用。

此时，从接地点流回的总电流为

$$\dot{I}_{d} = \dot{I}_{C\Sigma} + \dot{I}_{L}$$

式中：$\dot{I}_{C\Sigma}$ 为全系统的对地电容电流；$\dot{I}_{L}$ 为消弧线圈的电流，设 L 表示它的电感，则 $\dot{I}_{L} = \dfrac{-\dot{E}_{A}}{j\omega L}$。

由图 13-1 可以看出，小电流接地故障的稳态电气量具有以下特征。

1）流过故障点的电流数值是正常运行状态下电网三相对地电容之和。

2）母线处非故障相线路零序电流为线路本身对地电容电流，其方向由母线流

向线路。

3）母线处故障相中故障线路的零序电流为电网所有非故障元件对地电容电流之和，幅值一般远大于非故障线路，其方向由线路流向母线。

2. 单相接地故障的现象分析与判断

单相接地故障是监控员经常会碰到的一种常见故障，监控员应根据现象判断是否为单相接地故障。

（1）完全接地。如果发生一相完全接地，则故障相的电压降到零，非故障相的电压升高到线电压，此时电压互感器开口三角处出现100V电压，电压继电器动作，发出接地信号。

（2）不完全接地。当发生一相（如A相）不完全接地时，即通过高电阻或电弧接地，中性点电位偏移，这时故障相的电压降低，但不为零；非故障相的电压升高，它们大于相电压，但达不到线电压。电压互感器开口三角处的电压达到整定值，电压继电器动作，发出接地信号。

（3）电压互感器有一相二次熔丝熔断，虽然系统没有接地故障，但仍然会发接地信号。这时熔丝熔断一相电压为零，另外两相电压正常。处理方法是退出低压等与该互感器有关的保护，更换二次熔丝。

（4）电压互感器高压侧出现一相断线或一次熔丝熔断。此时故障相电压降低，但指示不为零，非故障相的电压并不高。这是由于此相电压表在二次回路中经互感器线圈和其他两相电压表形成串联回路，出现比较小的电压指示，但不是该相实际电压，非故障相仍为相电压。互感器开口三角处会出现35V左右电压值，并起动继电器，发出接地信号。处理方法是更换一次熔丝或处理电压互感器高压侧断线故障。

（5）串联谐振。由于系统中存在容性和感性参数的元件，特别是带有铁心的铁磁电感元件，在参数组合不匹配时会引起铁磁谐振，并且继电器动作，发出接地信号。可通过改变网络参数，如断开、合上母联断路器或临时增加或减少线路予以消除。

（6）空载母线虚假接地。在母线空载运行时，也可能会出现三相电压不平衡，并且发出接地信号，但当送上一条线路后接地现象会自行消失。

3. 单相接地故障的处理

值班监控员应综合相关系统的变电站相电压、线电压、开口三角形（$3U_0$）数值，消弧线圈、接地信号动作情况，判别故障性质是否为单相接地故障并汇报相关调度。值班调度员总和系统内发电厂及直属用户所反映情况进行故障认定。若判明是永久性单相接地，待相关系统电厂、直属用户内部检查完毕，按以下步骤处理：

1）拉开该接地系统中的空载线路及电容器，旁路母线如充电运行还应拉开旁路开关。

2）装有小电流接地选线装置的变电站应先用该装置进行判别，然后将该装置显示的线路首先试拉。

3）如系统发生单相接地故障，而该系统同时发生线路跳闸重合成功，则可对该线路先行试拉。

4）具有正副母线或分段母线接线的且有备用主变压器时，可以起用备用主变压器分供以缩小范围，对接地母线上的线路按顺序逐条试拉。

4. 单相接地故障处理时的注意事项

1）不得用闸刀切除接地故障的电气设备、动作中的消弧线圈。如经检查接地故障在配电变压器或线路电容器上，可以拉开高压跌落熔丝切除故障。

2）对具有调度协议的发电机并列线路，应通知发电机解列后再试拉。

3）不得将接地故障系统合环或转移至正常供电系统。

4）若试拉线路未找到接地区域，变电值班员应对母线及主变压器部分的设备进一步检查，必要时，通知设备或检修人员到现场检查。

5）试拉时应按试拉顺序表逐条试拉，试拉涉及飞机场电源线前应通知用户。

6）若试拉35kV线路时可能导致35kV备用自投装置动作，应先停用该备用自投装置；若可能导致其所供变电站10kV失电，则应先行倒方式后试拉。

7）35、10kV系统发生单相接地时，而该系统内同时又有线路跳闸重合不成，则已跳闸的线路在接地故障未消除前不再进行试送。

8）恶劣天气情况下试拉时判明接地线路后不再送电。

9）判明接地故障线路后，值班调度员应通知线路运行单位人员带点巡线，同时通知有关用检人员进行用户内部检查并做好停电准备。

10）单相接地允许运行时间。有消弧线圈的系统，以消弧线圈运行分头的铭牌时间为准，但无论有无消弧线圈，接地运行时间均不宜超过2h。若已查明接地点在电缆上，应立即将该故障线路拉开。

11）35kV系统单相接地查明故障线路已拉闸后，一般不再试送。

12）全电缆线路拉开后若接地消失，则不再合上。

13）试拉35kV直属用户前，应先告知、检查。

第二节　监控事故或异常实例

【例84】　一起功率因数不合格异常处理

事件经过：

某日，监控人员查功率因数考核系统发现220kV某变电站有很多功率因数不合格点，见表13-1。

表 13 - 1 　　　　　　　　　　220kV 某变电站功率因数表

日期	厂站名称	时刻	P总	Q总	电压值	功率因数	目标电压值	目标功率因数值
2012 - 12 - 17	220kV××变电站	10：00	106.83	34.84	229.19	0.95	234	1.0/0.96
2012 - 12 - 17	220kV××变电站	10：30	102.95	33.15	229.38	0.951	234	1.0/0.96
2012 - 12 - 17	220kV××变电站	12：30	103.35	34.96	230.54	0.957	234	1.0/0.96
2012 - 12 - 17	220kV××变电站	13：00	106.84	37.25	230.48	0.954	234	1.0/0.96
2012 - 12 - 17	220kV××变电站	13：30	108.57	37.45	229.96	0.955	234	1.0/0.96
2012 - 12 - 17	220kV××变电站	14：00	105.49	36.17	229.77	0.955	234	1.0/0.96
2012 - 12 - 17	220kV××变电站	14：30	102.68	33.63	230.48	0.95	234	1.0/0.96
2012 - 12 - 17	220kV××变电站	15：00	103.35	33.89	230.35	0.95	234	1.0/0.96
2012 - 12 - 17	220kV××变电站	15：30	105.36	34.02	230.28	0.951	234	1.0/0.96
2012 - 12 - 17	220kV××变电站	16：00	108.31	34.43	230.35	0.953	234	1.0/0.96
2012 - 12 - 18	220kV××变电站	8：30	102.07	30.61	229.51	0.957	234	1.0/0.96
2012 - 12 - 18	220kV××变电站	9：00	106.43	34.09	230.35	0.952	234	1.0/0.96
2012 - 12 - 18	220kV××变电站	10：00	111.19	32.82	231.7	0.959	234	1.0/0.96
2012 - 12 - 18	220kV××变电站	13：00	107.17	32.08	230.03	0.958	234	1.0/0.96
2012 - 12 - 18	220kV××变电站	13：30	110.31	34.76	229.77	0.953	234	1.0/0.96
2012 - 12 - 18	220kV××变电站	14：00	111.99	35.5	230.54	0.953	234	1.0/0.96
2012 - 12 - 18	220kV××变电站	14：30	112.53	36.37	230.74	0.951	234	1.0/0.96
2012 - 12 - 18	220kV××变电站	15：00	110.38	35.64	230.99	0.951	234	1.0/0.96

原因分析为：

（1）查 OPEN3000 系统及 VQC 系统上历史告警信号，均无功率因数不合格告警信号。

问题一：为何无告警信号？

（2）查 OPEN3000 功率因数曲线，与考核系统一致。

（3）查 VQC 系统中高峰功率因数下限值，发现为 0.95。

问题一原因：功率因数下限值错误设置为 0.95（高峰时段正常下限值应为 0.96），导致 VQC 系统判定功率因数为合格，所以 OPEN3000 系统及 VQC 系统均没发功率因数不合格告警。

（4）查 VQC 系统历史记录，无 220kV××变电站及其下级变电站电容器投切记录。

（5）查 220kV××变电站电容器状态，均在分位。状态正常，无异常封锁。

（6）查下级 110kV 变电站电容器状态，均在分位。状态正常，无异常封锁。

问题二：VQC 系统为何不投电容器？

（7）查 220kV××变电站 10kV 母线电压曲线，高峰时段在 10.5kV 左右。查 VQC 系统中 220kV××变电站 10kV 母线电压限值，上限值为 10.68kV。模拟投入一组电容器后电压越上限。

问题二原因：任何一组电容器投入后，220kV××变电站 10kV 母线电压均会越上限值，所以 VQC 系统没有投电容器，需先主变压器降挡降低 10kV 母线电压。

（8）查主变压器挡位操作记录，无调挡信息。

问题三：为何 VQC 系统不自动调挡？

（9）查 220kV××变电站 110kV 母线电压高峰时段为 112、113kV 左右。

（10）查 VQC 中 220kV××变电站 110kV 母线电压限值，下限值为 111kV。模拟主变压器挡位下调一挡（从 8 挡降至 7 挡），110kV 母线电压越下限，为 110.5 左右。

问题三原因：220kV××变电站 110kV 母线电压下限值设置太高，主变压器挡位下调就导致电压不合格。模拟将 VQC 中 110kV 母线电压下限值设为 110kV，VQC 系统马上自动将主变压器挡位从 8 挡降至 7 挡，然后下级变电站电容器自动投入，220kV××变电站功率因数恢复正常。

最后处理方法：在 VQC 系统中将 220kV××变电站高峰功率因数下限设置为 0.96，110kV 母线电压下限值设为 110kV。

经验总结：VQC 系统优先保证电压合格，然后再考虑功率因数。VQC 系统厂家人员在设置好系统参数后应复查保证正确。

【例 85】　一起功率因数调节不当引起的电容器跳闸事故

某日 12：15，监控系统报：某 220kV××变电站功率因数不合格。监控值班员立刻检查当时功率因数为 0.936，然后查该变电站 220kV 母线电压为 231.8kV，有功功率为 36.35kW，无功功率为 13.62kvar。高峰时段该变电站目标电压为 234kV，因此功率因数合格范围应为不小于 0.96。所以功率因数不合格报警正确。然后监控值班员查该变电站 35kV 电容器状态，都在分位。因此马上遥控合上甲组电容器 350 断路器。功率因数恢复到 0.978，合格。几秒后，监控机发事故报警：甲组电容器 350 断路器事故分闸，显示为过电压保护动作。查历史数据，35kV 正母线电压 40.7kV。查电容器定值单，过电压保护定值为 116V，换算成一次电压为 40.6kV，电容器断路器过电压保护动作正确。

经验总结：调节功率因数时应首先查看下电容器所接母线电压是否正常。案例中该变电站因主变压器挡位设计不合理，35kV 母线一直偏高，一般在 38～39kV 之间，有时超过 39kV。这时再合电容器就有可能使母线电压超过保护动作限值引起故障跳闸。

【例 86】　一起母线单相接地异常处理

A 站为 35kV 变电站，113、114 线路为保供电线路，主接线简图如图 13-2 所示。

事故经过为：

1）14：30，监控员发现接地告警："10kV 母线接地"、U_a：0.17kV，U_b：10.28kV，U_c：10.24kV。判断为 10kV 系统 A 相接地，汇报配调。配调发令按拉路顺序进行试拉。

2）14：35，经试拉为 111 线路 A 相接地（接地线路找到后仍旧运行）。配调要求操作班到现场检查、线路巡线。

3）14：45，监控机发跳闸信号。

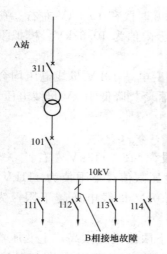

A站

311

101

10kV

111 112 113 114

B相接地故障

图 13-2 A 站主接线简图

10kV 111 线路保护动作。

1 号主变压器低后备保护动作。

10kV 111 断路器事故分闸。

10kV 111 线路保护动作复归。

1 号主变压器低后备保护动作复归。

10kV 111 重合闸保护动作。

10kV 111 断路器合闸。

10kV 111 重合闸保护动作复归。

10kV 111 线路保护动作。

1 号主变压器低后备保护动作。

10kV 111 断路器事故分闸。

10kV 111 线路保护动作复归。

1 号主变压器低后备保护动作复归。

"10kV 母线接地"、U_a：10.2kV，U_b：0.28kV，U_c：10.23kV。监控员马上汇报配调。

4）监控接配调口令按拉路顺序进行试拉（跳过保电线路 113、114）。试拉 112 接地未消失。

5）调度通知用检进行用户检查，特别是保电场所做好事故停电准备。

6）通知操作班现场检查，未发现接地点。

7）用检告保电线路做好停电准备后，调度发令监控分别试拉 113、114，仍未找到故障点。

8）再次通知变电站现场检查寻找接地点，无发现。

9）请示领导，通知用检后调度发令监控逐条线路停电寻找接地点（两条线路接地或母线接地）。

10）监控拉开 112 接地无变化，拉开 113、114 接地无变化。

11）调度发令拉开 1 号主变压器 101 断路器，接地消失。（确定为母线接地）。

12）母线停电检修打耐压试验，找到故障点：10kV 112 断路器与正母闸刀间支持绝缘子 B 相闪络。

13）调度发令 101 恢复送电送 113、114。

14）112 断路器检修、111 根据巡线情况处理。

信号分析：开始为 111 线路 A 相接地，后 10kV 112 断路器与正母闸刀间支持绝缘子 B 相闪络，导致 111 断路器跳闸，重合不成。因 112 故障接地点在开关与母线间，112 断路器 TA 中无故障电流流过，因此不会跳闸。因主变压器后备保护带延时，111 跳闸后，故障电流消失，保护返回，所以主变压器后备保护发信但没有出口，只会转为 B 相单相接地。

【例 87】　一起大型的跳闸事故

事故前运行方式：220kV 母线按照正常方式运行，Ⅰ母挂 2601（1 号主变压器）、2W75、2641 断路器；Ⅱ母挂 2602（2 号主变压器）、2W76、2642 断路器；母联 2610 将Ⅰ、Ⅱ母联接运行。B 站 220kV 2642 断路器，C 站 220kV 2W76 断路器正常运行。

220kV 2642 线两侧光纤保护未投。

事故经过：某日 C 站的 2W76 断路器 A 相瞬时跳闸，A 相跳闸然后重合成功，而 A 站的 2W76 断路器未跳闸，接着 A 站 220kV 母联 2610 断路器跳闸、A 站 2642 断路器跳闸、B 站的 2642 断路器跳闸，A 站其他断路器均在合闸位置未动作。

跳闸后设备状态如图 13-3 所示。

1. 整理事故报文

A 站报文显示：2W76 断路器光纤及其高频保护动作跳 A 相，2W76 断路器拒动，启动 220kV 失灵保护，0.3S 失灵保护出口跳母联断路器 2610，同时 2642 断路器也出口跳闸。

C 站报文显示：2W76 线光纤及其高频保护动作跳 A 相，0.7s 后重合成功，断路器三相合位。

B 站报文显示：距离Ⅱ段动作，0.3s 跳开 B 站 2642 断路器。

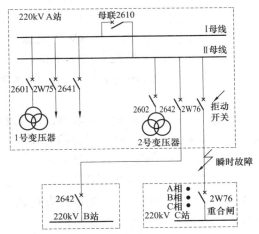

图 13-3　220kV A 站的运行方式

2. 事故初步分析

1）A 站 2W76 线是不是瞬间故障。

2）如果是瞬时故障，由于 A 站 2W76 断路器拒动，220kV 失灵保护为什么只在 0.3s 的时候跳 2610、2642 断路器而不跳挂在此Ⅱ母上的 2602 断路器呢？

3）C 站 2W76 断路器 A 跳 A 合的动作正确吗？

4）B 站 2642 断路器为什么距离Ⅱ段会动作，和 A 站的 2642 事故跳闸有关系吗？

5) 哪些保护动作是正确的，哪些动作是不正确的？

带着疑问进行分析，首先通过 2W76 线两侧的光纤及其高频保护动作情况，可以确定 2W76 线上确实存在瞬时故障，保护动作行为正确；再通过 A 站 2W76 一次遥信位置检查和失灵保护动作跳 2610 断路器的结果判断，A 站 2W76 断路器的确拒动。

但是为什么 A 站 2642 断路器跳闸，而 2602 断路器不跳闸呢？首先熟悉一下失灵保护的跳闸出口定值为：0.3s 跳母联 2610 断路器，0.5s 跳 2602、2642 断路器（挂在Ⅱ母上的元件）。可以从报文中得到结论：2642 断路器是 0.3s 后跳闸出口而非 0.5s 跳闸出口，证明 2642 断路器不是 A 站 220kV 失灵保护动作跳的。

继续分析，因为 B 站 2642 线的光纤保护由于故障退出运行，临时将接地距离Ⅱ段的时间改为 0.3s，由于接地距离Ⅱ段的保护范围为本线路全长和相邻线路的30%，而且对于 A 站来说，母线属于其正方向保护范围，所以在 A 站 2W76 拒动的时候，感应到故障电流，0.3s 动作跳开 2642 断路器；虽然 2642 线的光纤保护由于故障未投运，但是通道传输正常，B 站 2642 操作箱开出永跳接点远跳对侧 A 站 2642，动作行为完全正确。

3. 事故结论

这样，A 站 220kV 母联 2610 和 2642 断路器几乎在同一个时刻跳闸的原因就清楚了，同时由于在故障发生的 0.3s 之后，由于 A 站Ⅱ母上无电源提供故障电源（两条线路均跳开），所以 220kV 失灵保护 0.5s 跳 2602 断路器出口的时间还没到就返回了，2602 断路器没有跳闸出口，动作行为正确；同理，C 站 2W76 在 0.7s 后已经感受不到故障电流故重合闸动作重合，重合闸动作完全正确。

经验总结：

像这样的好几个站相互关联事故跳闸的动作行为，在电网运行中是有很多的，因为随着故障点不同、电网运行的方式不同以及保护定值的整定不同，在每个变电站的事故表征就不同，绝对不是千篇一律的，但是这些现象的后面一定藏着相互的联系，最终将反映出一个结果。这就要求监控值班人员要多思考、多学习、多总结事故经验。熟悉监视变电站的运行方式和多研究一、二次设备的动作原理，做到心知肚明，心中有数，才能确保电网的安全运行。

【例 88】 一起测控装置防抖延时设置不当造成信号遗漏异常处理

1. 事件经过

某 500kV 变电站发生一起 500kV 线路故障跳闸事故，双套线路保护均正确动作（本线保护配置为北京四方 103＋南瑞继保 RCS931G），但是监控及现场后台告警窗及保护光子牌中只有北京四方 103 保护动作信号，RCS931G 保护动作信号均未上传，这就严重影响监控事故汇报的准确性及运行与调度人员的判断处理。

2. 原因分析

为了确认 RCS931G 保护动作信号不上传的原因，继电保护人员及自动化人员对保护信号上传回路及相关装置进行全面的检查并与能够上传后台的 103 保护进行比对和试验，发现以下问题：

1）在进行保护装置模拟试验时，931 保护动作信号有时能够被测控装置接收确认上传后台，但很多时候故障跳闸信号测控装置未能有效接收，而 103 保护动作信号测控能够正常接收并上传后台。

2）103 保护开给测控的信号通过保护装置的信号继电器发出，而 931 保护开给测控的信号通过保护装置的动作触点发出。

针对上述问题，进行具体分析。由于试验过程中 931 保护动作信号还是在部分情况下能够被测控装置接收并确认，那么最少能够证明 931 保护开给测控装置的回路是通的。通过在测控装置侧进行检测，发现 931 保护动作时还是有信号开给测控，但动作信号保持时间较短，在 40ms 左右，如果测试时测试仪复归较慢，那么故障保持时间较长时，931 保护动作信号就可以被测控接收。

结合前期发现的 931 保护利用保护动作触点发出而 103 保护利用信号继电器发出信号区别，可以分析出异常出现的原因。由于 931 保护利用保护动作触点开给测控保护动作信号，保护触点在故障切除后就返回，而保护动作后发出跳闸信号到故障切除一般只需要 30～40ms（继电器动作时间＋开关固有动作时间），那么 931 保护动作信号保持时间就在 30～40ms。而 103 保护利用保护动作信号继电器开给测控，必须手动复归信号继电器才复归。那么就是由于 931 保护开入测控的动作时间过短造成测控无法有效确认。通过查找测控装置使用说明发现测控装置的防抖延时默认值为 100ms，也就是说外部开入测控装置的展宽在 100ms 以内的信号，测控装置均会判别为非有效信号而舍弃，所以 931 保护动作信号的丢失是由于测控装置防抖延时设置过长造成。联系测控生产技术人员进行确认后将所有测控防抖延时调整为 20ms。重新对 931 保护动作信号进行测试，发现问题得到解决，保护动作信号可以正常上送后台。

防抖延时未更改的原因：由于在目前的测控验收要求和标准中对于测控防抖延时的整定未有明确的要求和规定，但一般测控验收时防抖延时会调整在 30～40ms 之间，此次验收时出现遗漏，结合到现在设计上将 931 保护开给测控的触点由信号继电器触点改为动作触点，使得触点保持时间过短，造成了 931 保护信号的丢失。

3. 经验总结

状态量遥信反映变电站一次设备的实际运行状态，变电站值班员或调度员以此为依据对断路器和隔离开关进行状态确认或进行操作；开关量遥信主要反映变电站一次设备的异常情况和保护装置的保护动作情况。因此，监控系统要正确反映变电站运行情况，就必须保证遥信量的正确和全面，尽可能减少遥信的误报和漏报。但

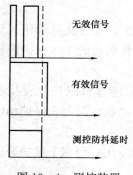

图 13-4 测控装置
防抖动原理

是遥信触点抖动问题会造成遥信信号的误报或重复上报，给监控系统带来严重干扰。所以监控系统一般都通过一定的技术措施来避免触点抖动问题，一般采用软件延时判别消抖的方式来消除信号抖动（见图 13-4），即利用抖动信号电平宽度很短而有效信号的电平宽度较长且平稳的特点，通过测试信号的电平维持宽度来实现消抖功能。

但是如果测控装置的防抖延时设置不当也会带来问题，防抖延时过短将使得防抖延时起不到应有的作用，而防抖延时设置过长将可能造成信号的丢失而影响事故和异常的分析判断。

【例89】 基于 OPEN3000 监控系统的 35kV 母线电压互感器高压熔丝熔断故障告警判据优化。

一、母线电压互感器高压熔丝熔断传统判据的实现和局限性

高压熔丝熔断可能由多种原因造成，由于高压熔丝装设在套管内，对外不可见，并且熔丝状态无任何硬接点或报文可以上传至后台，故要判断电压互感器高压熔丝熔断主要通过观察电压互感器所属母线电压遥测曲线的变化来实现。

一般而言，35kV 电压等级电压互感器高压熔丝熔断的传统判断方法是：通过对后台监控系统的 35kV 母线电压曲线图上设定一上下限数值（一般下限 18kV，上限 22kV）并将各相相电压的实时采样值与限值作比较，超过下限限额即发信告警，如图 13-5 所示。

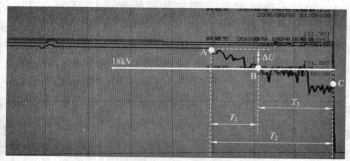

图 13-5 传统判据判断说明图

A—熔丝开始熔断故障时刻；B—传统判据告警时刻；C—处理结束时刻；
T_1—告警延时段即电压偏差时段；T_2—全故障过程时间；T_3—处理时间

图 13-5 可以看出，目前的熔丝熔断故障告警时间（点 B）并不能在故障发生时刻（点 A）就发出告警，这种依托母线电压遥测值下降至触发值（18kV）才能发出告警的传统判据，由于告警不及时其造成最明显的后果就是使得有效处理时间（T_3）过于紧张。而且告警之前存在的 T_1 时间段内，母线电压实际上并无下降，

电压互感器熔丝自身熔断故障过程中错误反映母线电压出现下降，使得计量用电压量出现偏差（ΔU）。

不能第一时间发出告警就是传统判据的局限性所在，并且从图 13-5 中可知，这种局限性由于判据自身定义的问题是不能得到解决的。

二、某 35kV 副母 A 相电压互感器高压熔丝熔断案例分析

2008 年 8 月 1 日 15：55，甲变电站 35kV 副母 A 相电压出现下降（点 A），在 18：45 即电压异常三小时后下降至下限（点 O），监控系统"35kV 副母电压越下限"告警，随后电压继续降低，至 21：55pm 工作人员赶到处理（点 B），拉开熔丝（点 C），电压已降至 13.81kV。最后查明为 35kV 副母 A 相电压互感器高压熔丝熔断。

为了便于分析，我们在原电压曲线上（见图 13-6）选取特征点后，绘制特征曲线如图 13-7 所示。

从有明显下降趋势（点 A）至最后处理完结时间（点 C）约为 6h。而告警发出（点 O）至处理时间（点 B）约为 3h，传统判据虽作出判断，但缺乏时效。之后查看事故前一天电压曲线：发现故障前一天 7 月 31 日 13：00，A 相电压已出现异于 B、C 相的突然下降，其余两相无波动（如图 13-7、图 13-8）。

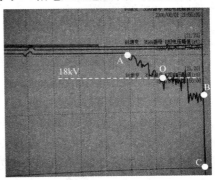

图 13-6　220kV 甲变电站 35kV 副母 A 相原电压曲线

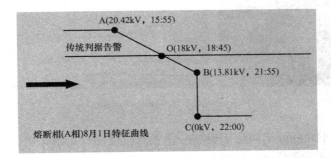

图 13-7　220kV 甲变电站 35kV 副母特征曲线

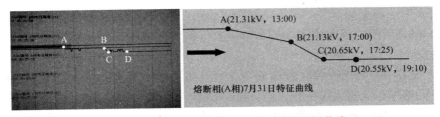

图 13-8　220kV 甲变电站 35kV 副母特征曲线

结论：熔丝熔断（或处理结束）有一时间过程，传统判据只能在过程当中某时刻告警，损耗了处理时间。通过曲线我们发现故障发生前，熔断相电压曲线就出现了异于正常相的单独下降且某个时段内电压下降数值较大（B—C时段），如图13-9所示。

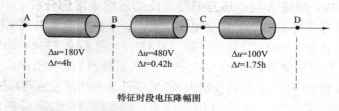

特征时段电压降幅图

图13-9 特征时段电压降幅图

三、新判据在OPEN3000后台的实施方法

运用OPEN3000报表功能配合Microsoft Office中EXCEL的相关函数实现新判据在OPEN3000中的应用。

OPEN3000报表系统采用基于Excel的解决方案，具备了Excel的全部功能。报表中内容区域可以与数据库进行关联，其单元格的数值录入直接取至商用服务器的历史采样数据库，如图13-10所示。

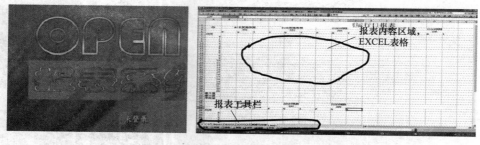

图13-10 报表界面说明图

参照《OPEN3000工程化手册——报表及曲线部分》制作了35kV母线电压互感器高压熔丝运行状况监视日报表并配合相关EXCEL自带函数达到新判据的实现方法（见图13-11）。

报表方法释义如下。

1）报表引用的函数中J3、J15等是数据相关遥测量所在的单元格名称，并无实际含义。

2）报表中与数据库关联的部分会在打开报表的同时自动录入之前设定完成的相应单元格中，无需人工操作。

3）步长选用5min，保证ΔT（1h）涵盖故障隐患发生时电压最快降幅区域。

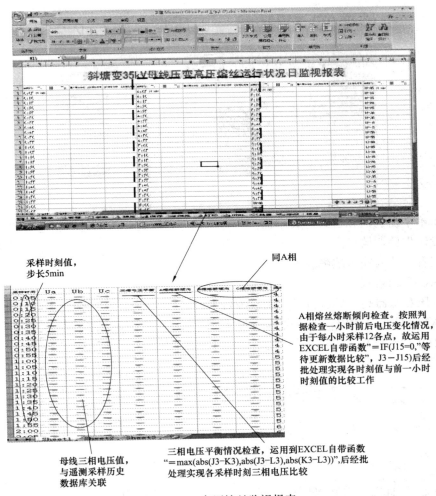

图 13 - 11　高压熔丝监视报表一

4）由于报表选用的为日报表类型而电压降幅需比较一小时前后的电压数值，故当天 00：00~00：55 无法获取比较值，解决方法是将此时段放置前一天报表下比较，查阅时，打开前一天的报表情况即可。

5）利用 EXCEL 的条件格式功能，我们能够将有告警的单元格重点突出，便于监控人员发现。

6）母线三相电压直接调用历史数据库数据，三相电压平衡状态同样作为启动条件。

如图 13 - 12 所示，报表中**粗体**（红底白字部分）说明有告警内容发生，**瘦体**（绿底黑字部分）为等待历史库有新数据写入后与之相关单元格数值进行比较。监控人员只需在巡视时人工刷新一次报表即可查阅期间熔丝的运行状况。由于母线三

塘变35kV母线压变高压熔丝运行状况

采样时间	Ua	Ub	Uc	三相电压平衡	A相熔断倾向	B相熔断倾向	C相熔断倾向
4:05	21.224	21.232	21.145	87	-19	103	313
4:10	21.245	21.132	21.135	113	19	10	273
4:15	21.233	21.154	21.156	79	101	-2	432
4:20	21.225	21.167	21.024	201	70	22	296
4:25	21.268	21.189	21.014	254	116	56	458
4:30	21.254	21.135	21.015	239	132	3	482
4:35	21.243	21.135	20.824	419	122	9	480
4:40	21.294	21.168	20.855	439	160	44	531
4:45	21.284	21.195	20.835	449	等待更新数据比较	等待更新数据比较	等待更新数据比较
4:50	21.238	21.145	20.832	406	等待更新数据比较	等待更新数据比较	等待更新数据比较
4:55	21.258	21.179	20.789	469	等待更新数据比较	等待更新数据比较	等待更新数据比较
5:00	21.278	21.154	20.866	412	等待更新数据比较	等待更新数据比较	等待更新数据比较
5:05	21.243	21.129	20.832	411	等待更新数据比较	等待更新数据比较	等待更新数据比较

图 13-12　高压熔丝监视报表二

相电压不平衡仍然在公式定义中仍作为启动条件，因此仍然会对三相电压的不平衡状况发信告警，监控人员完全可以在发现母线电压三相不平衡告警后立刻刷新报表进行查看，从而缩短故障发现时间。

四、实施效果

电压互感器高压熔丝自身熔断故障告警的新判据依靠故障前三相电压出现不平衡且 ΔT（1h）时间内，电压降幅超过 400V 为判断依据，以之前某变电站事故为例（见图 13-13）。

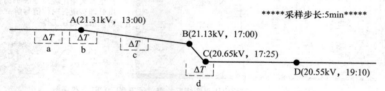

图 13-13　某变电站 7 月 31 日事故前特征曲线

情况 a：此时段母线电压三相基本平衡，启动条件不满足，不告警。

情况 b：A 相电压小有下降，启动条件不满足，不告警。

情况 c：此时段有可能三相电压达到不平衡整定值，启动条件满足，新判据开始运算，但 c 段 ΔT 内电压降幅不足，不告警。

情况 d：启动条件满足，d 段 ΔT 内电压降幅 660V，高于 400V 整定值，发信告警，此时距离事故发生时间约 23h55min。

同理论证其他事故情况，可以说明新的判据可以可靠发出告警，并且可将告警时间提前至少 10h 以上，新判据适应性良好。

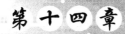
第十四章

智能变电站事故或异常

第一节　智能变电站事故或异常概述

一、变电站结构的差异

智能变电站与传统变电站相比，采用先进、可靠、集成、低碳、环保的智能设备，以全站信息数字化、通信平台网络化、信息共享标准化为基本要求，自动完成信息采集、测量、控制、保护、计量和监测等基本功能，并可根据需要支持电网实时自动控制、智能调节、在线分析决策、协同互动等高级功能。传统变电站和智能变电站的结构图如图 14-1 所示。

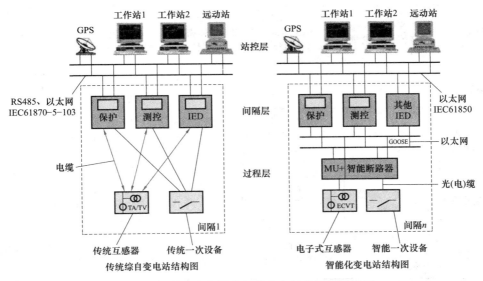

图 14-1　传统变电站和智能变电站的结构示意图

智能变电站的站控层和间隔层之间的网络一般传输制造报文规范（Manufacturing Message Specification，MMS）报文，简称 MMS 网。站控层和间隔层之间的网络一般传输面向通用对象的变电站事件（Generic Object Oriented Substation Events，GOOSE）报文，简称 GOOSE 网。智能一次设备通过电子式互感器进行模拟量采集并上送合并单元，合并单元将同步后的模拟信号上送保护、测控等间隔层装置使用，通过传输采样测量值（Sample Measured Value，SMV）报文上送，简称 SMV 网。GOOSE 报文和 SMV 报文均采用组播方式传播，GOOSE 报文主要传输开关量信息，SMV 报文传输采样值信息。相对于传统意义的倒闸操作，操作人员的面向对象发生了较大的变化，所涉及的日常操作均由在后台监控画面中实现，变化最大的就是保护装置的压板操作采用了软连接片方式，取消了保护屏柜上的二次连接片。另外，采用顺控操作后，倒闸操作所关注的重点也就实现了过程控制向初始目标状态控制的转变，杜绝了运维人员误操作的可能性。

二、变电站设备技术差异（见表 14 - 1）

表 14 - 1　　　　　智能变电站和传统变电站设备（技术）对比表

类别	传统综自变电站	智能变电站	智能变电站优点
电流电压互感器	传统互感器	电子式互感器	相对于传统的电流互感器多组二次侧的电缆模拟量引出转变成几根光纤的数字输出，简化了二次回路简化
高压设备	传统一次设备	高压设备＋传感器＋智能组件	测量数字化、控制网络化、状态可视化、信息互动化
设备在线监测	主变压器在线色谱监测等少量应用	主变压器油中溶解气体/微水/油温，GIS 局部放电/SF_6 气体密度/SF_6 气体水分/断路器工作特性，避雷器的泄漏电流/放电次数	状态检修，智能化管理，减少计划停电，避免不可预见事故
通信规约	规约转换	IEC 61850 标准	信息标准化，装置互操作，设备信息集成，便于高级应用
二次接线与网络	电缆连接，模拟量传输	光缆连接，站控层 MMS、GOOSE、SNTP 三网合一、共网传输；110kV 过程层采样值、GOOSE、IEEE 1588 三网合一，共网传输	信息数字化、网络化、共享化，便于高级应用
自动化系统	遥测、遥信、遥控、遥调	增加了高级应用功能，例如顺序控制、智能告警、状态估计、取代功能	智能化，减少人力消耗，为生产运行提供辅助决策，提高安全运行性能和效率
辅助系统	辅助生产系统各自独立，人工干预进程	利用物联网技术建立传感测控网络，实现智能监测与辅助控制	智能监测，智能判断，集成应用，联动控制，减少人力消耗

三、智能变电站与传统站运维的区别

传统变电站电磁式互感器的运维技术已不适用于电子式互感器，电子式互感器各元件发生异常后一次设备停电范围、二次设备安全措施等有待进一步优化，传统电磁式互感器运维中极性、精度和带负荷测试方法无法实现电子式互感器相关性能的测试。

电子式互感器的应用使二次设备实现了信息化、网络化，传统电缆回路很少，二次设备之间数据通过光纤和网络交换机以报文形式传输。由于传输方式不同，传

统二次设备的定期校验方法和相应的安全措施与智能变电站区别较大，智能变电站除检修连接片采用硬连接片外，保护装置广泛采用软连接片，满足远方操作的要求。但是，不同生产厂家软连接片人机界面各自孤立不同，连接片名称定义也不同，给运行维护带来困难，存在一定的安全隐患，应对二次设备软连接片优化配置进行研究，并实现软连接片的后台可视化，便于运行人员的运行巡视。

智能二次设备之间信息交换和共享主要通过网络交换机实现，测控的控制命令下发、一次设备状态的上传、保护装置之间的信号传输、合并单元采样值的传输以及站控层设备 MMS 信号的交互等都是通过网络交换机完成的，交换机若出现异常将直接影响到二次设备的正常运行。网络交换机成为智能变电站的关键设备之一，传统变电站二次系统中网络设备应用较少，表 14-2 给出了智能变电站与常规变电站主要设备及运维技术的区别。

表 14-2　　智能变电站与常规变电站主要设备及运维技术的区别

常规变电站	智能变电站	运维区别
电流互感器 电压互感器	电子式互感器 电压：EVT、OVT 电流：罗氏线圈、LPCT、纯光纤电流互感器常规互感器合并单元接入	（1）互感器的原理、采集方式发生较大变化，输出的载体是光纤； （2）增加了前置模块和合并单元，需要电源支撑； （3）数据共享后，可能一个合并单元的故障，会对多个设备的运行有影响
变压器	变压器＋智能组件	一次部件并无变化，变压器与外界的接口表现为在线监测设备和智能终端
开关	开关＋智能组件	一次部件并无变化，开关与外界的接口表现为在线监测设备和智能终端
少量交换机	大量网络交换机	重点关注网络交换机本身的运行状态及对其维护、检修
常规二次设备	智能化二次设备	设备间信息传递方式根本性变化，安措方法及维护、检修方法应与传统不同
	物联网	新增技术，需重点关注

1. 电子式互感器与传统互感器

电子式互感器区别于常规的互感器，由连接到传输系统和二次转换器的一个或多个电流及电压传感器组成，用于传输正比于被测量的量，供测量仪器、仪表和继电保护或控制装置使用。全光纤电子式电流互感器采用当今国际上最新的主流技术（全光纤光路加闭环控制技术），相比以往电子式互感器，产品的稳定性、可靠性、安全性和免维护寿命得到很大提高，具有绝缘性能好、测量动态范围大、频率响应度高、体积小、质量轻等优点。

随着温度稳定性和工艺一致性等问题的逐渐解决，目前 ECT 和 OCT 已经逐步由试验阶段走向工程应用阶段。

鉴于电子式互感器的特点，其在运行维护中试验项目、试验停电范围等方面与传统互感器有一定差别。例如投运后电子式互感器部件更换进行极性测试、精度校验、核相定相、带负荷测试、互感器故障定位及异常的处理方法，这些都是设备投运后可能遇到的技术难题，其原理和设备构成决定了与传统互感器运行维护技术的差别，传统互感器的运维技术完全不适用于电子式互感器。

2. 智能化保护与传统保护

由于采用了电子式互感器，智能化保护与传统保护在采样和信号传输方面有很大的区别。传统保护在模拟量输入、开关量信号输入及输出均通过电缆方式接入，接线方式繁多复杂，容易出错，而智能化保护信号传输方式均采用光纤传输方式，光纤插拔简单方便，便于维护。对比智能化保护与传统保护特点如下：

（1）电压电流采样。智能化保护电压电流采样由合并单元通过 SV 报文的形式通过光纤传输到保护装置，而传统保护采样由电子式互感器二次端子通过电缆接入。在传输形式上有很大的区别，传统保护电缆数量多且接线复杂，智能化保护一组采样仅需一对光纤即可，简单清晰，接线上的优势对于母差保护尤其明显。

（2）开入开出信号。对于传统保护装置，开入、开出信号也是通过电缆连接，一般每个信号对应一根电缆。而智能化保护与智能终端和其他保护的信号以 GOOSE 报文形式通过光纤连接，同样比较方便简单。但是保护到同一台装置的所有开关量可能都是一对光纤传输，这也给运行维护带来不便，主要是保护装置校验和安全隔离措施的实施。

传统保护校验前的安全隔离措施是将保护动作出口、到相关保护的启动失灵出口电缆解开，相关电流回路短接退出，在此基础上即可开展保护校验工作。但是智能化保护动作出口和启动失灵等信号都是通过光纤送出且一根光纤传输的 GOOSE 包中还包含其他的开关量信号，若直接拔出可能造成保护装置的不正常运行。同样，传统保护校验方法也不再适用于智能化保护校验。

3. 网络交换机

网络交换机的大量使用是智能变电站的主要特征，常规的变电站只有自动化系统有一些网络交换机，在智能变电站中，除了站控层有用于交换四遥信息的网络交换机外，还配置有大量的过程层网络交换机，因此在智能变电站中，网络交换机的重要性不言而喻。

智能变电站过程层采用面向间隔的广播域划分方法提高 GOOSE 报文传输实时性、可靠性，通过交换机 VLAN 配置，同一台过程层交换机面向不同的间隔划分为多个不同的虚拟局域网，以最大限度减少网络流量并缩小网络的广播域。

鉴于网络交换机在智能变电站中的重要性，智能化变电站的通讯网络管理不仅要满足信息网络设备管理要求，而且要与继电保护同等重要地对待，将交换机的 VLAN 及其所属端口、多播地址端口列表、优先规则描述和优先级映射表等配置作为定值来管理。便于在系统扩建、交换机更换后，网络系统的安全稳定。在日常的运行维护中，与传统变电站不同，网络交换机应作为与继电保护同等重要的二次设备进行管理维护。

4. 智能一次设备状态监测

变电一次设备作为智能变电站的主要组成部分，不仅关系着智能变电站的安全稳定运行，其智能化程度也是衡量变电站是否"智能"的重要标准之一。智能一次设备不但要求可以根据运行的实际情况实现操作控制上的智能，同时还要求根据状态监测数据和故障诊断的结果实现状态检修，因此状态监测技术是实现变电站智能的重要技术之一。

目前部分新投常规变电站或重点改造变电站也包含一次设备状态监测系统，但与智能变电站监测系统相比，其最大的区别是各监测量之间是以独立的系统存在，这就造成了如下问题：①各个状态监测系统都是单一建设，分别来自不同的公司和研究单位，导致生产管理和检修人员面临众多的单一在线监测系统，使用起来十分不便；②各单一监测系统使用多样的数据库，标准各异，分散存放，不能统一管理、统一再次分析利用；③不能有效积累变电设备运行的在线检测历史数据，不能为状态检修及运维技术提供客观、科学的依据；④各种监测数据相互独立，单独使用，不能实现对设备的综合分析诊断，数据利用率低。

智能变电站中一次设备状态监测系统采用现场总线技术，由主机进行循环检测及处理，并依据 IEC 61850 关于变电站功能、变电站通信网络以及整体系统建模的分层设定，通过过程层、间隔层、站控层等层级统一架构将各状态监测子系统进行了有机融合，可实现不同监测量的统一展示、存储、分析，为状态检修工作的开展提供了重要的支撑依据。

变电站是一个多种类设备统一协调工作的整体，目前，智能变电站开展状态监测的一次设备主要有电力变压器、断路器、GIS 及避雷器等。因此需要监测的参数也较多，典型的有：

(1) 电力变压器。油的温度、铁心接地电流、油中溶解气体及微水含量。

(2) 高压断路器。分、合闸线圈电流，开断次数。

(3) GIS。局部放电、气体压力、SF_6 气体密度和微水。

(4) 避雷器。全电流、阻性电流。

以上是变电站典型电力设备的状态监测参量，从信号性质可以分为非电量监测和电量监测两大类。进一步详细分类如图 14-2 所示。

电力设备监测参量
- 非电量监测：变压器油中气体及微水含量、变压器油的温度、SF_6 气体密度和微水、有载分接开关、压力释放阀、环境温度及湿度
- 电量监测：断路器分合闸线圈电流及断路器行程、储能电动机电流、三相电流、三相电压、全电流、阻性电流、铁心接地电流

图 14-2　变电站电力设备状态监测参量图

分布式状态监测系统监测设备较多，监测的状态量种类复杂，要根据各个被监测状态参数具有不同的特性，有针对性地选择传感器类型和信号采集设备。一般状态监测系统涉及的传感器有：

（1）变压器状态监测传感器。变压器状态监测传感器包括零磁通电流传感器、电压传感器（信号取自电压互感器）、温度传感器、气敏传感器（测量油中气体含量）、聚酯薄膜电容传感器（测量油中微水含量）、避雷器传感器、零磁通电流传感器。

（2）GIS状态监测传感器。GIS状态监测传感器包括 SF_6 微水传感器、SF_6 密度传感器、滑线变阻传感器或者光编码传感器、零磁通电流传感器、超高频传感器。

从功能上看，构成一个在线状态监测至少需要数据获取和数据处理诊断两个子功能系统。尽管设备种类繁多、结构各异，对设备进行状态监测的类型也千差万别，但是，不论什么类型的监测系统，都需要经过三个步骤：采集设备数据信号、对数据进行传输、分析处理数据及诊断。如果仔细划分，它均应包括以下基本功能单元。

（1）信号变送。表示设备状态的信号多种多样，除了电信号以外，还有温度、压力、振动、介质成分等非电量信号。信号变送即应用传感器，将上述设备状态量转换成合适的电信号，并传送到后续单元。它对监测信号起着观测和读数的作用。

（2）数据采集。信号变送后的数据属于模拟信号，无法用于数字系统分析处理。数据采集单元即运用 A/D 转换技术，将模拟信号转换为数字信号。

（3）信号传输。对于集成式的状态监测系统，数据处理单元通常远离现场，故需配置专门的信号传输单元。目前常用的信号传输方式有电缆传输、光纤传输及无线传输等。

（4）数据处理。在数据处理单元受到传输单元传来的表征状态量数据后，根据不同的设备，选择不同的方式进行处理。例如进行平均处理、数字滤波、做时域、频域的分析等读取特征值。

（5）状态诊断。将处理后的实时数据与历史数据、判别数据等进行对比，评估设备缺陷类型、发展程度、缺陷位置等信息，即对设备的状态或故障部位做出诊断。必要时要采取进一步措施，例如安排维修计划、是否需要退出运行等。

由上述几个单元构成的状态监测系统框图如图 14-3 所示。通常将上述各部分分成 3 个子系统：数据信号采集、数据传输、数据处理及诊断。

5. 物联网

近年来我国物联网产业技术得到快速发展，在智能变电站中，部分已建立了一个完整的物联网体系。但物联网在国内仍属于发展的初级阶段，虽然应用推广比较快，但是在运维方面，仍然缺少关键技术的研究，无法保障物联网设备的长期可靠运行。

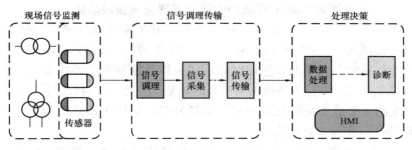

图 14-3　状态监测系统框图

物联网网络可靠性、无线传感器电池电量检测技术以及无线传感设备运行检测技术等都是物联网可靠性运行的关键，只有攻克物联网技术在变电站长期稳定可靠运行的重点问题和难点问题，填补物联网技术在智能变电站运维领域中的空白，才能充分展示物联网技术的优异性能，推动物联网技术在智能变电站中的应用，提升变电站信息获取能力和促进物联网产业发展具有非常重要的现实意义。

第二节　智能变电站事故或异常实例

【例 90】　某智能站 2 号主变压器光电流互感器光电模块故障

2011 年 9 月 24 日，某智能站现场发现 2 号主变压器 A 套光电流互感器（编号为 L100092）B 相状态字异常，输出数据无效。抢修人员对问题初步排查，将该套产品的 A、B 两相光电模块互换，此状态下测得 B 相工作正常，A 相工作异常且与 B 相故障相同，因此可以排除光纤敏感环及传输光缆的问题，故障定位在 B 相的光电模块上。随后厂家人员对该互感器 B 相进行了检修，进一步确认该相光电流互感器的光电模块出现了故障，并更换故障光电模块，加电后该互感器工作正常。

故障光电模块返厂后，厂家技术人员对该光电模块进行认真分析和验证，发现该模块光路光纤耦合器失效，并委托某光学检测中心对失效耦合器进行微观检测分析，确认该保偏光纤耦合器尾纤断裂，致使光路断开，并最终导致互感器输出异常。

光纤耦合器从电流互感器上拆卸下后，对故障耦合器进检查分析。耦合器外观如图 14-4 所示。对故障耦合器进行通红光检查，3 端漏光严重，表明耦合器尾纤 3 断裂损坏。

图 14-4　耦合器外观

【例 91】　某智能站 220kV 母联光电流互感器光电模块故障

2011 年 9 月 20 日，某智能站 220kV 母联合并单元 B 套告警，"采样异常"灯亮，并从自检报文中看到"串口 0 未接收到有效数据"；220kV 母联保护 B 套频繁报"采样数据异常"并复归，一段时间后"采样数据异常"不能复归；220kV 母线保护 B 套频繁报"支路 1 通道 1 采样数据异常"并复归，与母联保护相同，一段时间后"支路 1 通道 1 采样数据异常"不能复归，保护闭锁。220kV 母线保护 A 套和母联保护 A 套没有异常报文。

9 月 21 日，检修人员与厂家人员通过分析确认是 220kV 母联光电流互感器的 B 相 AD1 光电模块故障，需要更换光学模块才能解决。9 月 22 日，检修人员、运行人员及厂家人员一起，更换故障光电模块。更换后，光电流互感器数据恢复正常，检修人员与厂家人员对光电流互感器极性和精度进行了校核。

故障光电模块返厂后，厂家进行仔细盘查后发现，电路的信号转换组件在焊接过程中存在工艺缺陷，在高温、高湿的条件下激发绝缘阻值降低的故障，这属于生产工艺问题。

【例 92】　某智能站 220kV 某线光电流互感器程序问题

2011 年 12 月 26 日，某智能站监控后台报事故告警信号："220kV 某线 PCS931 第一套线路保护启动采样数据无效录波"。随后监控后台间隔几个小时报一次该信号，而且该信号报的越来越频繁，至 2011 年 12 月 26 日下午间隔几分钟就报一次该信号，2011 年 12 月 27 该信号基本上间隔 1～2min 就报一次，甚至有时间隔十几秒就报一次。在报文分析仪上没有告警信号。至 220kV 小室该线第一套保护 PCS931 面板上确实频繁出现"启动采样数据无效录波"的信号，而且发现该线第一套间隔合并单元会出现"采样异常"告警灯点亮又马上熄灭的现象，告警灯点亮的频率与 PCS931 保护面板出现告警信号的频率一致。现场查看间隔合并单元的事件，发现频繁出现"串口 1 数据异常"的事件。220kV 第一套母线保护无异常告警信号。

通过报文分析仪捕获的报文仔细分析，发现该线第一套间隔合并单元的采样值报文中存在第七通道采样数据，即 C 相电流 AD2 采样数据置无效的报文，如图 14-5 所示。从图 14-5 中可以看出 SV 报文中 C 相电流 AD2 数据连续两帧数据无效，且无效时置 0（图 14-5 中采样序号为 29 和 30 的两帧报文），随后又立刻恢复正常（图 14-5 中采样序号为 31 的报文恢复正常）。将报文的波形放大后也能发现有明显的断点现象。将出现无效数据的报文时间与 PCS931 启动无效录波的时间相比较，时间十分接近，相差 4ms 左右，这个时间差是由于报文分析仪对时与 931 对时之间的误差引起的。

通过仔细查找报文发现，报文出现数据无效的频率与 PCS931 报"启动数据无效录波"信号的频率完全一致，只是现场几个毫秒。经确认 PCS931 保护会对采样无效数据进行实时告警，即只要有一帧数据无效就告警，而 SGB750 母线保护要出

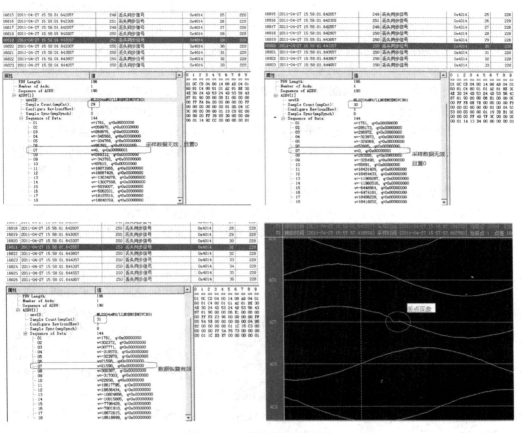

图 14-5　原始报文及波形

现连续三帧或以上报文数据无效才会进行告警。由于该线第一套间隔合并单元每次只出现两帧无效数据，所以 PCS931 会告警，而 SGB750 没有告警。因此，可以判断是合并单元发出的无效数据导致 PCS931 频繁告警。

现场将该线第一套合并单元接收全光纤电流互感器电气单元的两路光纤通道交换，查看合并单元事件发现"串口 2 数据异常"的信号，可以判断是互感器电气单元传输至合并单元的采样数据存在问题。将光纤通道恢复原来的连接顺序，将有问题的数据通道光纤替换成备用光纤，发现问题依然存在，因此很可能是电气单元模块存在问题，而不是传输光纤的问题。

经厂家对电气单元软、硬件仔细检查发现，电气单元软件读数周期中的时序裕度设计不足，引起了读数误码。最终厂家对电气单元升级进行软件，增加了读数周期中的时序裕度，解决了该线光电流互感器数据无效的问题。

【例 93】　某智能站 220kV 母联光电流互感器敏感环故障

2011 年 11 月 20 日，某站 220kV 母联第二套保护频繁报"采样异常"动作、

285

复归，并且告警动作后很短时间就复归。现场检查发现，母联第二套合并单元报"串口0未接收有效数据"发生、恢复，母联第二套保护报"采样异常"动作、返回，第一套和第二套母线保护为有异常报警。通过报文记录分析仪对记录的报文分析发现，母联第二套合并单元发出数据中 B 相 AD1 数据会频繁出现一个点的无效，并马上恢复有效。因此，判断为母联光电流互感器第二套 B 相 AD2 数据无效导致上述告警信号。由于母联保护接收到一个无效采样数据后就闭锁保护并且报"采样异常"，因此会频繁出现上述"采样异常"动作、复归；母线保护仅接收到一个和两个无效采样数据时，并不闭锁保护，也不发出告警信号，只有连续接收到三个以上无效数据才会闭锁保护并报"采样异常"，因此，母联合并单元仅发出一个无效采样数据时，母线保护正常运行，并闭锁，也不告警。

11 月 21 日厂家人员初步判断为光电流互感器光电模块故障，并对光电模块进行了更换。更换后，短时间没有上述"采样异常"的告警，但长时间后又频繁报出上述告警信号，故障问题未解决。

11 月 22 日，厂家人员对程序进行了升级，升级后未报上述告警信号。同时，厂家人员用时域发射测试仪检查光电流互感器传输光缆和敏感环有无光纤断点或薄弱点，检查发现，在故障光电流互感器的敏感环内存在光纤薄弱点，存在安全隐患，因此虽然数据目前已恢复有效，但仍需对光纤敏感环更换。

考虑到现场光电流互感器安装在 GIS 气室外（见图 14-6），停母联断路器并做好相应一次和二次安全措施后，直接将故障光电流互感器敏感环拆解，并现场重新绕制一个光电流互感器敏感环，将影响减小到了最小。

图 14-6　220kV 母联光电流互感器安装方式

【例 94】　智能机器人巡检系统在某变电站中的应用

1. 机器人系统功能介绍

（1）网络结构。

某变电站机器人系统采用分层式控制结构，分为两层结构——基站控制系统层和移动站系统层。

基站控制系统层主要由监控计算机系统、交换机以及相应的无线通信设备组成。监控主站系统基于 Windows 系统，具有友好的操作交互界面，完成监测功能，为机器人运动规划提供相应的命令及环境信息，并可以对机器人采集的设备数据进行分析、存储，并提供专家诊断功能。

移动站系统主要由主控计算机、运动控制、导航定位、巡视检测、能源电池、网络通信等系统以及机器人机械结构等模块组成，实现机器人运动控制、导航定位、可见光及红外数据检测采集、能源管理补给以及状态信息上传等功能，结合基站控制系统，完成机器人遥控巡视和自动规划巡视等功能。

其控制逻辑和系统结构如图 14-7 所示。

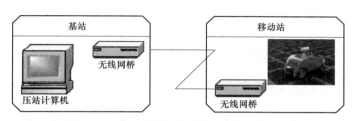

图 14-7 变电站巡检机器人系统控制逻辑

（2）主要功能。

变电站智能机器人巡检系统能够以全自主、本地或远方遥控模式代替或辅助人工进行变电站巡检，巡检内容包括设备温度、仪表等，具有检测方式多样化、智能化、巡检工作标准化、客观性强等特点。同时，系统集巡视内容、时间、路线、报表管理于一体，实现了巡检全过程自动管理，并能够提供数据分析与决策支持。

变电站智能机器人巡检系统的红外检测系统能够对变压器、互感器等设备本体以及各开关触头、母线连接头等的温度进行实时采集和监控，并采用温升分析、同类或三相设备温升对比、历史趋势分析等手段，对设备温度数据进行智能分析和诊断，实现对设备故障的判别和自动报警。

机器人进行红外测温时，采用模式识别技术，首先识别出需要进行温度检测的设备，再进行最高温度的检测，有效提高了设备红外测温的精确度。

（3）某变电站智能机器人巡检系统功能。

1）在任意设定时间按任意设定任务进行巡检检查工作的功能。

2）可见光摄像头日常巡检和红外摄像头红外测温功能。

3）自主和遥控巡检功能。

4）图像遥传功能。

5）自动停障功能。

6）巡检机器人本身状态信息采集及分析功能。

7）机器人巡检系统历史事件查看功能。

8）各巡检设备历史数据分析及报表生成功能。

9）温度分析功能——超温报警、差温报警及温度曲线分析报警。

10）基于红外专家库的设备红外图片手动分析功能。

11）最优路径规划功能。

12）双向语音功能，现场与后台的工作指导功能。

13）具备微气象信息采集系统。

（4）巡检任务规划。

在 500kV 某变电站智能巡检系统中，主要设备的检测类型为测温和可见光抓图。主要的检测设备有：套管、接头、电抗器、隔离开关温度、变压器及其附属设备以及其他各类仪表。根据 500kV 某变电站设备分布全站共设定三条巡检线路，即"500kV 设备区巡检路线图"、"35kV 及主变设备区巡检路线图"、"220kV 设备区巡检路线"。

某变电站机器人运行电子图如图 14-8 所示。

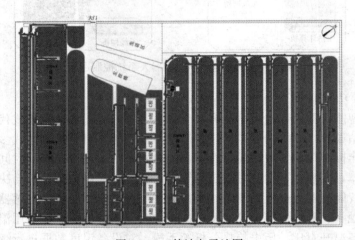

图 14-8　某站电子地图

（5）巡检任务的基本信息。

根据 500kV 某变电站站内设备布局和站内工作人员的要求，为机器人日常巡检设置 8 个巡检任务，巡视任务详见表 14-3，另外设置一项演示任务。

表 14-3　　　　　　　　　　**机器人巡检任务表**

序号	巡检任务	检测设备数	巡检时间	运行距离/m	检测模式
1	500kV 区域测温巡检任务	937	2 小时 58 分	1979	红外检测
2	500kV 区域日常巡检任务	290	3 小时 20 分	2157	可见光检测
3	220kV 区域测温巡视任务	1116	3 小时 3 分	1609	红外检测
4	220kV 区域日常巡视任务	370	4 小时 20 分	2025	可见光检测
5	主变压器区域测温巡视任务	637	2 小时 18 分	1013	红外检测
6	主变压器区域日常巡视任务	313	2 小时 54 分	1130	可见光检测
7	全站避雷器表检测任务	228	2 小时 33 分	2377	可见光检测
8	全站红外普测任务	77	1 小时 24 分	1829	红外检测

2. 智能机器人巡检系统的新技术应用

某变电站智能机器人将先进的智能技术、检测方法和手段运用于变电站设备巡检和故障诊断中，在导航定位、目标识别和实时数据分析等领域均取得长足进展，最新技术成果主要表现在如下几个方面。

（1）更清晰的巡视设备。

运维人员可以通过查看二维平面地图，结合可视光观察窗口，确认机器人到达的准确位置，通过可视光镜头的变焦可以更清晰地查看当前设备的状态。借助该系统，运行人员可以准确地查看到电压、电流互感器变油位以及仪表读数。

（2）实时数据曲线分析技术。

设备温度随其负荷变化而产生相应波动，单纯的温度变化趋势往往难以体现设备老化或缺陷变化，若与设备运行负荷变化相关联，通过对两条曲线的变化进行分析，可明显判断出是负荷变化引起的温度波动，还是因设备老化或缺陷故障引起的设备温度变化。因此将机器人巡检形成的巡检测温报告，关联进入变电站运行管理MIS 系统，使巡检机器人通过变电运行管理系统实现存储和查询等功能，大大提高巡检数据的智能管理水平。

（3）模式识别技术。

由于运动控制精度、导航停靠精度的限制，对于具体检测点的被检设备，机器人不可能每次都完全对准目标。同时由于观测距离的不同，一次可能会检测到多个设备，从而影响整个检测结果。通过模式识别算法，配合检测位置，可以有效分辨、定位目标设备，确保检测数据的准确性，为及时掌握设备的运行状况提供可靠信息。

3. 机器人巡检系统的运维管理

智能巡检机器人在某变电站的日常巡检中体现了很大的优势，提高了劳动效率，提高了测温精度，但同时也暴露了一些问题。机器人本身造价比较昂贵，在运行若发生撞车、翻车等事故，不仅会造成较大的经济损失，同时也会影响机器人的正常工作的开展。机器人对运维人员来说算是新事物，相关的管理规定也在不断成熟过程中。针对运行期间存在的问题，某变采取了以下措施。

1）加强对进出变电站车辆的管理。变电站现场设置标识牌"机器人运行区域"，机器人运行轨道设置鱼腹线。车辆进入高压区域前，需要经过运维人员的同意。

2）机器人巡检与现场检修任务冲突时，由当班值长取消该区域的机器人巡视任务，并启用通往相应检修区域路障，防止机器人进入。

3）机器人运行轨道的管理。将机器人运行轨道及周边环境作为巡视内容的一部分，轨道障碍物应及时清理，对于作为机器人运行轨道的盖板进行编号，统一管理。

4. 机器人巡检系统的主要优缺点

（1）机器人的优势。

减轻劳动强度、改善劳动环境。根据国家电网公司 2005 年《输变电设备运行规范》的有关要求，设备巡检主要分例行巡视和特殊巡视。在高温、大负荷运行和新投入设备运行前以及大风、雾天、冰雪、冰雹、雷雨后，巡视任务尤其繁重且环境恶劣。采用智能机器人巡检，可以减轻巡检人员的劳动强度、并在恶劣天气中代替运行人员对部分设备完成巡检工作。

除此之外，鉴于目前电力系统设备的缺陷检修或设备的常规检查等定性状态信息仍是采用人工巡检记录，对一些影响电力系统安全运营的非量化因素，如电力线路缺陷、断路器是否有气体泄漏等，均由巡检人员主观描述纪录，描述语言随人员不同而不同，对以后的故障分类和系统分析都增加了处理难度；对于一些量化的表计数据纪录也因为人员不同而出现一定的偏差。采用机器人巡检系统的数字化处理方式，可实现标准统一和描述统一，从而提升了系统的标准化、智能化水平。

（2）存在的主要问题。

变电站智能机器人设备巡检技术在导航方式、自动控制、数据采集和图像处理等方面还处于探索研究阶段，尤其在导航方式上，基本上采用磁轨道导航，很大程度上限制了机器人的巡检路径规划，使被检目标和待检项目覆盖率降低，无法做到全面检测。机器人巡检系统的开发应用旨在探索一种全新的变电站设备运行维护方式，以支撑并部分代替人工巡检工作，减轻运行人员的劳动强度。就目前来说，要真正扮演起变电站设备巡检工作的主角，还有很多工作要做。

5. 结论

采用机器人技术进行变电站设备巡检，机器人可灵活移至作业位置，借助双向语音对讲，实现变电站远程视频工作指导和安全监督，提高了现场安全监控水平。

智能机器人巡检系统设计理念科学，技术先进，抗电磁干扰能力强。基站控制系统界面友好，操作方便灵活。经过试验现场的运行和检测，该机器人系统运行稳定，给电力设备巡视提供了一种创新型的技术检测手段。

采用机器人技术进行变电站设备巡检，既具有人工巡检的灵活性、智能性，同时也克服和弥补了人工巡检存在的一些缺陷和不足，机器人巡检克服了定点红外监控系统高成本、难维护的缺点，是无人值守变电站巡检技术的发展方向，具有广阔的发展空间。

第十五章

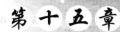

配电设备事故或异常

第一节　配电设备事故或异常处理概述

随着社会的不断发展，各类工矿企业和居民百姓对优质电能的依赖程度越来越高，供电企业也越来越重视电能质量和客户满意度。配电设备作为连接主电网和供电客户的桥梁纽带，起到了承上启下的关键作用，我们要充分认识到处于电网末端的配电设备的重要性。然而往往事与愿违，在配电网运行过程中，由于多种多样的原因，各类事故和异常时常发生，诸如雷击、配电变压器过负荷、外力破坏等，给企业生产以及居民用电带来了不少麻烦。配电设备分布面广、点散、量大，绝大部分设备都处于野外，无法实现 24 小时不间断有人值守，是事故和异常频发的一个重要原因。但是，通过设备运维单位的主动作为，落实好各项事前管控措施，加大精细化管理力度，能够有效避免事故和异常的发生，提高供电可靠性。为了进一步认识配电设备事故和异常发生的规律，将配电网系统的损害降至最低，本节将按照故障发生的原因进行分类，对各类事故和异常展开统计分析。

一、施工及验收质量不过关

施工单位偷工减料、投机取巧，不按照作业指导书和工艺标准进行安装，加上验收单位责任意识淡薄，验收走过场，甚至包庇、纵容施工单位的上述行为，造成施工及验收质量不过关。还有就是，验收单位虽然发现了不影响启动投运的一些设备缺陷，却没有坚持原则要求施工单位立即整改，也没有对这些缺陷进行彻底的跟踪和闭环处理，遗留了缺陷。这些行为，都给今后的设备安全运行埋下了隐患。比较常见的问题有：

（1）运行方式不正确。例如配电线路割接工程中，施工人员没有按照变更图纸施工，验收人员也没有核对清楚予以纠正，造成图纸与现场接线不符，就埋下了严重的安全隐患。在日后的检修过程中，很容易造成停电范围不准确，引起人身伤害。因此，无论是施工还是验收过程中，都要确保按图施工，确保线路图纸资料与现场设备的一致性是头等大事。

（2）土建施工不规范。例如开关站屋顶的防水处理不到位造成渗漏水，环网柜基础不牢造成环网柜倾覆，电缆沟管结构不合理造成电缆敷设困难等。因此，土建施工质量是重中之重，一点马虎都会引起意想不到的后果。验收人员必须加强对土建部分的中间验收环节，并做好相关记录。

（3）接头搭接不牢。无论是电缆附件，还是架空线路的设备线夹，施工人员图省事少压接了几模，就会造成该接头的接触电阻远大于所连接的导体电阻，最终导致发热烧毁。还有的施工人员在进行室内断路器柜单元拼装过程中，母线连接铜排的螺钉没有紧固到位，最终也将导致发热烧毁。施工过程中，接头搭接不牢引起的故障是比较常见的。因此，施工人员要认真复核工程中所有的设备连接件，验收人员也要加强监督和复查。

（4）负荷分配不均匀。例如在进行 400V 低压线路施工时，施工人员图方便，将后端负荷集中接于一相导线上，造成该相过负荷，从而引起低压断路器跳闸或者低压熔丝熔断，严重的还会造成配电变压器该相低压桩头烧坏。因此，哪怕是 400V 低压线路施工时，也要提前做好现场设计查勘工作，对负荷分配等细节问题都要仔细审核布置。

（5）附件安装不及时。例如电缆保护金具未及时安装，保护墩未及时浇注，电缆铭牌不及时悬挂，都会给日后的电缆运维、抢修带来困难。因此，施工和验收人员都要对现场遗留的一些缺陷及时闭环处理，绝不能得过且过、听之任之。

（6）安全距离不合格。施工人员为了干活方便或粗心大意，安装过程中没有保证设备相间或对地的安全距离；更有甚者遗留了锯条、扳手等工器具在导体上直接引起短路和接地；还有的施工人员为了节省材料，在施工过程中违规加大杆线档距，造成架空线路弧垂超标，线路对地面或周围树木、建筑物安全距离不足，在大风等恶劣气候条件下容易引起异物碰线等故障。因此，施工人员和验收人员都要注重细节，从小事做起，严格按照规程要求和作业标准进行施工和验收。

（7）安装工艺不到位。有些施工人员技术不过关，没有认真学习厂家提供的安装工艺要求和图纸，没有经过正规培训就仓促上岗。在电缆终端头、中间接头等附件的制作安装过程中，因为部分施工人员的粗心大意和无知行为，造成诸如电缆应力锥装反的各类事故屡见不鲜。在架空绝缘导线上安装防雷金具的过程中，由于扭力螺钉没有拧到位，从而造成防雷金具根本没有穿刺接触到线芯导体，导线受雷击影响时雷电流无法通过防雷金具进行泄流，最终导线仍然被打断，甚至防雷金具方向装反的低级错误也偶有发生。因此，一方面要加强施工队伍的技能培训；另一方面，验收人员必须要提高对工程项目开展中间验收的意识，严格把控电缆附件制作安装等重点环节的质量和工艺。

这些施工及验收质量不过关的例子举不胜举，不再一一赘述，施工和验收人员必须要保持高度的责任心，确保工程质量，决不能遗留缺陷，更不能埋下安全隐患。

二、设备质量不合格

质量是企业的生命，但是有些设备厂家无视这一条铁律，在生产过程中粗制滥造、把关不严，主要表现在以下几个方面。

（1）绝缘距离不足。有些厂家生产的 10kV 设备导体相间或对地距离不满足 12.5cm 的要求，20kV 设备导体相间或对地距离不满足 18cm 的要求。设备投运初期可能暂时没有问题，但运行一段时间后，就会因为环境潮湿表面凝露或线路负载电流变大等原因引起间歇性击穿放电，最后发热烧毁。因此，验收人员在验收过程中要格外注意裸露的导体相间距离，以及导体与设备外壳之间的绝缘距离，一定要用标尺进行测量，确保万无一失。

（2）接头搭接不牢。厂家在设备拼装过程中，有时也会遗漏一些隐蔽连接部位的紧固工作。例如变电站内的断路器出线桩头与出线铜排的螺钉、密集型母线之间的搭接螺钉等，都有可能在出厂时就没有拧紧，留下了安全隐患。而且这些部位一般都比较隐蔽，验收过程中也很难发现。因此，验收人员必须要认真检查设备出厂的质检报告，而且要尽可能拆解一些重点隐蔽部位进行抽查。

（3）元件尺寸不对。有些厂家由于设计方案不合理或制造工艺不精良，部分元件的尺寸不精确，造成一些接触不良之类的事故。例如，变压器高压侧断路器柜内的熔断器与熔断器底座之间的尺寸匹配不严密，造成接触不良，断路器柜最终发热鼓包烧毁。还有一些架空线路上的隔离开关或者跌落式熔断器，由于闸刀片或熔断器与限位卡扣的尺寸匹配不到位，发生无缘无故自行跌落的现象，造成后端线路莫名其妙的失电。因此，验收人员除了要求厂家提供相关设备耐久性试验报告以外，还要亲自动手检验一下熔断器接触是否可靠，试拉、合几次闸刀手感是否良好。

（4）材料质量不合格。有些厂家为了节约成本，采用了劣质的原材料或者部件，以次充好、偷工减料。例如有些断路器和隔离开关的绝缘支撑绝缘子的机械强度不够，投运不久就发生断裂；有些无良厂商生产的电力电缆线芯导体实际截面与标称不符，导致线芯导体直流电阻不合格；有些厂商提供的电缆主绝缘厚度不合格、偏心率不合格等；还有些400V智能型万能断路器内部的智能电脑主板和电子脱扣器质量不过关，在夏季高温等恶劣环境下特别容易出问题，负荷正常的情况下也会误判断为过载，引起误动作跳闸；也有些断路器内部的电流互感器质量存在问题，在环境温度升高后，电流互感器采集的电流信号会发生偏差，从而引起断路器误动作跳闸。因此，验收人员在验收过程中不仅要关心设备的电气性能，还要格外留意设备制造材料和组成部件的质量。

综上所述，要防止设备质量问题引起的事故或异常，一定要充分认识物资质量监督工作的重要性，物资质量监督管理不仅是物资部门的责任，更是运检、基建等部门的责任，要强化各专业协同，分层分级，进一步加强采购质量管控；深化供应商考察评价，全面加强监造抽检，在招标采购环节充分应用评价和监督结果；加快完善基于资产全寿命周期管理的物资质量监督机制，提升物资安全质量水平。

三、外力破坏

《电力设施保护条例》规定："电力设施受国家法律保护，禁止任何单位或个人从事危害电力设施的行为。任何单位和个人都有保护电力设施的义务，对危害电力设施的行为，有权制止并向电力管理部门、公安部门报告。"然而，在现实生活中，很多施工单位在配电设备附近区域施工时，并不按照国家相关法律法规执行，导致供电设施经常遭到外力破坏。常见的外力破坏情况主要有以下几种：

（1）汽车撞杆或碰线造成的事故或异常。此类外力破坏的肇事车辆多为大型工程车或集装箱货车。在行驶过程中，由于车辆超高、超宽、超长，往往在拐弯或倒车的时候发生撞杆或触碰配电变压器台架高压回线。偶尔也会发生翻斗工程车驾驶员忘记收回翻斗，就从配电线路下方驶过，造成翻斗碰线的事故。此类事故一般会造成断杆、断线或导线断股、配电变压器台架及高压跌落式熔断器受损。防范这些事故的发生，主要依靠：一方面在危险路段的电杆上油漆醒目的反光防撞漆，有必要时还可以在电杆根部浇筑水泥保护墩，在架空线路前方架设限高警示标志等；另一方面，配电运检人员需要对配电设备周围环境进行仔细排查，向周边厂矿企业和施工工地进行安全交底和宣传教育，使这些单位的相关驾驶员充分意识到保护电力设施的重要性。假如配电设备所处位置的确和当地的交通状况有冲突，运维人员就要和周边相关单位一同协商，设法进行迁移改造，从根本上避免事故的发生。

（2）爆破作业造成的事故或异常。此类外力破坏主要是由于市政建设过程中，采取爆破作业的方式时，没有预先做好相关供电设备的防范措施，爆破引起的飞石损伤或打断架空导线，也会造成地下电缆的损伤。要防止此类外力破坏必须要加强和各市政建设单位的沟通，建立定期互通信息的联动机制，防止建设单位在没有得到供电部门许可的情况下擅自进行爆破作业。只有在双方均采取了加装防护网、防护墙等严密的保护措施后，保证设备安全的前提下，方可进行施工。施工时，配电运检人员应在现场值守，以防万一。

（3）建筑工地、拆房工地的塔吊、脚手架、建筑材料等碰线，还有在架空线路下方及邻近的吊装、架设等作业触碰导线造成的事故或异常。此类外力破坏主要是由于施工单位缺乏电力设施保护意识，野蛮作业造成。这些施工人员无视电力线路的存在，在没有任何防范措施的情况下施工，甚至极少数施工人员无知地认为10kV 架空绝缘导线可以用手直接触摸，随意绑扎固定，一不留心就会发生重大事故。这些外力破坏从现场开工直到发生事故，一般都有一个时间过程。因此，加强线路通道巡视工作对于防范此类事故十分必要，效果也非常明显。配电运检人员及时发现这些线路通道上存在的安全隐患后，要第一时间与施工单位负责人取得联系，制止现场的违章行为。必要时，可以采取搭建线路防护架的方式对架空线路进行保护。

（4）居民区内因居民向线路上乱扔杂物，放风筝、垂钓或飘扬的异物触碰导线造成的事故或异常。此类外力破坏主要是由于居民群众缺乏电力设施保护意识和自我保护意识造成。此类事故的防范主要依靠宣传教育电力设施保护的知识，一方面通过现场设置禁止乱扔杂物、禁止放风筝、禁止垂钓等宣传警示标志；另一方面要走访线路附近的居民群众，借助居委会、街道办等各级部门的力量，告诫广大群众为了自身安全和电力设施的安全不要做损害公共利益的事情。在线路附近的蔬菜大棚、垃圾处理站等容易飘出异物的场所，也要请相关的负责人加强管理和防范。

（5）在电缆或杆线通道附近开挖土方，损坏电缆或杆线造成的事故或异常。此类外力破坏在城市建设过程中呈高发态势，而且一旦发生事故，抢修难度大，社会影响恶劣。其中大部分是未经供电部门的许可，野蛮作业造成的；当然也有少部分是施工单位已经通知了供电部门，双方已经进行了现场查勘和安全交底，但是施工单位内部的安全交底流于形式，一线施工人员没有安全意识，现场防范措施没有落实到位，最终仍然发生了事故。因此，防范这类事故的发生一方面要加强线路通道巡视工作，尤其要重点监控市政道路、自来水及天然气等地下管网的开挖施工情况，配电运检人员要和这些施工部门建立长期的联系，让他们主动向供电部门通报施工信息，开工前做好管线交底工作，及时发现通道危险源，尽量避免未经供电部门许可就擅自野蛮作业造成的外力破坏。另一方面，配电运检部门对已知的各类通道危险源要做到可控、能控、在控，绝不能简单地认为签订过安全协议了就万无一失、高枕无忧；绝不能过高估计施工单位的安全防范意识和措施。一定要坚持不懈地定期跟踪现场施工进度，监督施工现场人员落实好电力设施保护措施，重要的场所应采取必要的 24 小时有人监护的措施。

（6）偷盗电力设施造成的事故或异常。配电设备广泛分布在城市道路、小区、农村等各个地段，被绿化遮挡或处于荒郊野外的设备，经常发生电力设施偷盗事件。小偷主要偷窃的目标一般为配电变压器以及开关站、环网柜、箱式变电站的接地铜排、铝制操作面板等，有时也会不顾后果地盗割运行中的高、低压电缆，引起线路故障跳闸，给配电网安全运行带来了极大隐患。配电设备防盗一方面要靠技术手段，通过安装配电变压器专用防盗螺栓、防盗报警器、开关站防盗门禁系统以及环网柜、箱式变电站防盗锁等一系列措施，另一方面要依靠政府和公安机关，严厉打击偷盗电力设施的犯罪行为，绿化部门也尽量不要遮挡供电设施，给小偷可乘之机。必要时期对重点地段，配电运维人员应会同公安机关、安监部门定期展开保护电力设施的特巡和宣传活动，震慑犯罪分子。

归纳起来，外力破坏的防治工作要做好以下七个方面。①要加强宣传，提高社会各界对电力设施保护重要性认识；②要加强与地方政府部门的沟通协调，积极寻求支持与帮助；③要开展配电设备防外力破坏风险隐患排查；④要做好配电设备运行管理和巡视工作；⑤要推进完善防外力破坏工作体系的建设；⑥要完善电力设施保护的群防群治体系；⑦要完善应急预案，提升应急处置能力。

此外，外力破坏的具体处置措施应按照以下几个步序来执行：

（1）事前防范。要与各个施工点的施工单位、业主单位建立沟通联系方式。配电运检人员现场巡查发现线路附近存在施工，即使未对线路造成影响，巡视人员也要对施工单位发出《电力设施安全隐患通知书》，并悬挂安全警示牌，与施工单位建立联系方式。同时，落实组织工作人员到施工现场进行安全技术交底，与施工方签订安全技术交底单，并且持续跟进实施监督。

（2）事中处置。假如外力破坏事件不幸发生，配电运检人员必须在第一时间到达现场，组织协调抢修工作，同时向公司安监部等职能部室汇报情况，并向当地派出所报案（若为车辆肇事应同时报交警部门），配合警方调查取证，落实肇事方等。抢修结束后，配电运检人员要配合做好追缴赔偿工作，肇事方经调解后拒不支付赔偿的，应立即启动诉讼程序。赔偿金额依照抢修费用和电费利润损失来计算，经济损失赔偿金交公司财务部，列入公司经营收入，防止贪污腐败的行为发生。

（3）事后分析。配电运检部门要组织填写《事故分析报告》，内容包括外力破坏故障原因、责任者、索赔金额、防范措施和处理结果等。

四、树线矛盾及鸟巢影响

（1）树线矛盾是配电线路运维工作中的一个老大难问题，由于树木碰线造成事故跳闸的比率一直居高不下，尤其是每年的梅雨、台风、大雪等恶劣天气条件下，在一些绿化率比较高的地区，树木倒伏到线路上，有电供不出，不仅影响了群众日常生活用电，给经济建设造成损失，甚至还可能引起意外人身触电事故。

造成这种状况的原因由来已久，根据《中华人民共和国电力法》规定电力线路廊道内不得栽种树木，虽然法律明文规定，然而电力企业却没有相应的执法权力，使法律法规无法有效贯彻落实。而且树线矛盾牵扯多方利益，要想从源头解决树线矛盾，电力企业必须要加大电力法律法规的宣传力度，动之以情，晓之以理，让广大群众充分认识并理解线路清障的重要性和必要性；在电力线路沿线树立显著的标识，向公众明确电力设施的保护范围和保护措施，以提高广大市民对电力设施的保护意识；同时，畅通与相关部门、电力用户的联系，让大众成为电力设施的保护监督员，有效提升电网的保护和监管力度；寻求当地政府的支持，以及园林绿化部门等树木所有人的支持，定期清理线路廊道，移栽廊道内的超高树木和速生树种，建立相应的执法队伍，确保线路廊道无安全隐患。

（2）鸟巢影响也是令配电运维人员极为头疼的问题，由于配电杆塔及其附件具有稳定性，鸟儿喜欢在上面安家，成为鸟儿筑巢的乐园。这些鸟巢大都筑在横担、隔离开关、断路器、电缆终端头等比较容易构建的部位，而且都是用二三十厘米长的树枝、布条、长茅草甚至一些废旧钢丝、钢筋等材料筑成，这些材料常常会垂下来或掉下来，碰到雨天，这些材料被雨水淋湿形成短路，导致线路跳闸。

为了防止筑在配电杆塔上的鸟巢引发事故，配电运维人员必须在每年春季鸟害多发时期进行特巡，一旦发现有鸟巢就及时拆除，每年拆除配电杆塔上鸟巢的工作量较大。但是喜欢在配电杆塔上筑巢的鸟儿们也固执得很，它们不愿意离开，刚拆了，它又在老地方筑起来，在同一座杆塔上多次鸟搭人拆的对抗战经常发生。因此，清除鸟巢一方面必须要将搭建鸟巢的树枝、铁丝等材料清理干净，绝不能将鸟巢从杆塔上捅下来就简单了事。另外一方面，拆了一个家，就要新建一个家，在拆除对供电造成影响的鸟巢之后，还可以为鸟儿搭建新的"安居房"。就是用木板做成鸟巢，安装在低于电线三四米以上的电线杆上，吸引鸟儿来居住。再就是利用线路停电改造的机会，在线路隔离开关、线夹、断路器桩头等裸露部位安装绝缘护套，也可以在杆塔上安装驱鸟器，用驱鸟器驱赶鸟儿，不让它们在线路上筑巢，以上这些措施都可以有效降低鸟害引起的线路跳闸次数。

五、雷击跳闸

近年来，用电客户对供电可靠性的要求越来越高，越来越多的城市配电网大量采用架空绝缘导线，新架设的线路更是几乎全部采用了架空绝缘导线，配网线路的绝缘化率越来越高。经过多年的运行实践证明，绝缘导线的确可以大大减少异物抛掷、树线矛盾引起的故障。但是，由于雷击造成的绝缘子击穿或爆裂、断线、配电变压器烧毁等故障次数却直线上升，特别是架空绝缘导线雷击断线的故障急剧增加，成为了威胁配网安全运行的重要因素。雷击事故，固然与雷击过电压这个客观原因有直接关系，但是通过提高设备健康水平，加强防雷措施也能有效地降低线路雷击跳闸率。

（1）部分老旧绝缘子质量存在缺陷，雷击容易引起绝缘子爆裂，造成线路接地或相间短路。应结合设备大修改造以及消缺工程，以新型防雷绝缘子逐步替代老旧绝缘子。

（2）少部分较残旧的线路中仍存在并沟线夹作为线路的连接器，甚至有些地方连并沟线夹都不用而直接缠绕接线，并沟线夹连接或缠绕接线都不是导线的最佳连接，导线连接不良，接点处电阻过高，会经受不住强大雷击电流的冲击，以致发生雷击事故。跳线处搭头应选择使用压接方式。逐步更换或改造旧线路中存在的并沟线夹和直接缠绕接线方式，并在今后新建或改造的线路中严禁使用并沟线夹或缠绕接线现象，选用压接方法连接。

（3）有些避雷器的接地网范围不够或接地体埋没深度不合格，更有甚者直接利用电杆接地，致使接地电阻达不到规定的标准，泄流能力低，雷击电流不能快速流入大地，从而引发事故。应结合配网设备状态检修工作，定期检查测量线路上接地装置的接地电阻，不合格的给予整改，保证接地电阻值不大于 10Ω。新安装的线路接地电阻也不宜大于 10Ω，与 1kV 以下设备共用的接地装置接地电阻不大于 4Ω，严禁出现利用电杆直接接地的情况。

（4）经过对安装了防雷金具但仍然断线的线路进行分析发现，大部分都是因安装质量不过关，螺栓未拧到位导致穿刺机构根本未刺破绝缘层，所以也根本起不到防雷作用。因此，要加强施工人员与验收人员的业务水平及责任心，加强考核，严防因施工质量引起设备故障。

六、大水侵袭

供电设施最忌讳遇水，但是，配电设备分布面广点散，处在各种各样的复杂环境中，尤其是位于河道堤岸附近的杆线以及低洼地区乃至地下的开关站，更是容易受到大水的侵袭。一旦洪水冲刷、浸泡电杆基础引发电杆倾覆，或者是开关站大量进水淹没电气设备的事故，抢修恢复难度大，造成停电时间长，后果不堪设想。因此，每年的防汛工作都是配电运维部门各项季节性防范工作的重中之重。

防汛工作要以防为主，关口前移。在配电杆塔通道的规划设计初期，就应当充分考虑杆塔通道周边的地理环境，尽可能避开河道堤岸。确实有需要靠近河道堤岸进行杆线布点时，也应当采取必要的杆塔基础加固和防护措施。在平时的巡视过程中，运维人员也要密切关注靠近河道堤岸的杆线，在汛期要缩短巡视周期，特别留意附近水位的变化以及杆塔基础的状况，制订切实有效的防汛抢修应急预案，并充分准备好各类防汛应急物资。

配电开关站在进行规划设计时，尽量不要设置在地下，尤其不能设置在地下最低一层，并且要远离消防应急用水、游泳池、景观池、雨污水管网等各类水源。开关站的屋顶应采用坡顶，有可靠的防水处理措施。开关站验收时要严格按照设计蓝图进行，要重点验收站用电、水泵等防汛应急设施是否正常，所有管线进出孔是否都进行了专业防水封堵，开关站的地理位置是否合理。另外，为了降低环境湿度对电气设备的影响，并且能够在线监测开关站内水位情况，可以在开关站内设置可靠性较高的智能环境控制系统，以达到通风除湿、防汛应急的效果。在开关站日常巡视过程中，运维人员也要特别检查开关站内防汛水泵等设施的工作情况，以及房屋渗漏水情况。

七、特殊类检修或事故抢修引发的电网方式异常

在遇到上级110kV变电站进行主变压器过载紧急增容改造或故障抢修等异常情况，并且上级变电站接线方式为比较薄弱的单线单变方式时，后段的供电负荷就只能依靠配电网来转供了。上级变电站出现主变压器等设备紧急状况时，处理时间比较长，一般需要几天，通过配电网线路之间的联络将事发变电站后段的负荷全部转移出去，不影响广大企事业单位和居民百姓正常用电，不引起配电网线路大范围过负荷事故，是一项考验配电网坚强可靠程度、配电网规划以及配电网调度水平的艰巨任务。

为了应对各种突发情况，从配电网规划工作开始，就要夯实基础，注重提高线路联络率，有计划地通过基配、大修工程消除联络通道上的薄弱环节，严格按照规划导则进行线路负荷的控制，尤其要有针对性地加强单线单变接线方式上级变电站的配电网出线线路负荷转移能力。配电网调度部门应当制订详细可靠的应急预案，在充分分析各条线路以及其他变电站主变压器负荷状况的基础上，周全考虑到各种可能性，做出最安全有效的安排。配电运维部门应加强人员力量，执行好负荷转供的各项操作任务，对涉及的所有设备进行细致的特巡和监测工作，落实好上级部门制定的各项预案措施，确保负荷转供期间万无一失。

🔍 第二节　配电设备事故或异常实例

为了能够更加直观具体地阐述配电设备事故和异常，本节主要列举若干常见的配电设备事故和异常实例，来进一步说明事故现象和基本处理方法和原则。

【例 95】　外力破坏引起 10kV 杆线倾斜事故

【事故经过】　10kV××线房产支线 01 号杆（法兰杆），路面污水管开挖引起电杆倾斜，如图 15-1 所示。汇报配调申请发令拉开房产支线 01 号杆后段的 10kV怡景苑 1 号站（开关站）进线"八士 F244"断路器，后段负荷通过 10kV 怡景苑 1 号站内"分段 F210、分段 F220"断路器由 10kV 斗北线带供。申请配调发令拉开房产支线 01 号杆"怡景苑 101103"隔离开关，在 10kV××线 19 号杆带电拆房产支线搭头，改房产支线后段线检，法兰杆四周挖空搭好模板，用商品混凝土浇灌基础，待过保养期后，法兰杆用吊车扶正，恢复线路正常方式处理。

图 15-1　法兰杆倾斜现场照片

【事故原因分析】　此道路由业主单位——当地村镇建设中心分包给市政设施管理养护中心施工，施工单位在土建施工开挖污水沟体时，明知无法避让供电杆塔后，仍然不与供电部门主动联系，错误估计杆塔基础埋深，野蛮开挖，导致 10kV××线房产支线 01 号法兰杆的基础周围土层受到破坏，失去保护支撑，最终出现法兰杆倾斜 45°现象，这是事故的主要原因。

配电运维部门线路第一责任人李××在之前的线路通道巡视中虽发现线路附近有道路在改造（污水管开挖但还未正式开工），主观上却认为施工暂不影响线路运行，就未及时与施工单位签订安全协议和危险点告知，这是事故次要原因。

【主要防范措施】

（1）加强通道运行维护，加强巡视及时发现通道危险点，向施工方交代通道路径、防范措施，签订安全协议。

（2）加强防外力破坏宣传教育，在混凝土公司、吊车公司、街道、房地产开发等大型基建施工区域的醒目位置，设立固定的宣传橱窗。

（3）深入开展外力破坏隐患排查，掌握线路沿线施工动态。

（4）落实重点部位防范措施，要求建设施工地段先签安全协议，方可进行施工。

（5）严肃责任追究，对检查、处理不到位而造成新隐患的类似异常情况，按照未遂事故处理。对此次事故线路第一责任人李××扣奖处理。对野蛮施工造成供电设施损失的施工单位，按照抢修预算以及电量损失情况，进行索赔处理。

【例 96】　未按图施工造成线路过载事故

【事故经过】　01：10 调度监控发现 10kV××线 112 电流达到 574A（限值505A）。5：15 电流瞬间达到 606A。事故发生后，配电运维部门迅速会同规划人员进行分析，对规划要求和电建公司负责施工的 10kV××线等线路割接负荷的变更单进行比较，发现电建公司变更单也是按照规划要求实施的，再核对线路图纸后却发现未按变更单进行修改。询问资料员后才知道是油漆工在油漆过程中，发现现场割接与原先的图纸不符，向资料员反映后按照现场实际接线情况修改了图纸，油漆工同时向该线第一责任人徐×反映，但未引起徐×重视，也未及时向班长汇报。因此，电建公司变更单与现场实际接线方式不符，施工人员未按规划变更要求进行现场负荷割接的错误没有及时被发现，造成了 10kV××线过载。

【事故原因分析】

（1）验收责任人徐×在验收过程中未及时发现变更单中割接要求与现场实际施工不同，责任人缺乏对规划意图的正确理解，存在线路负荷割接方案与自己无关的错误观点是造成此次事故的主要原因。

（2）油漆工向徐×反映现场接线与图纸不符，未引起徐×重视导致失去采取补救措施的机会是此次事故的次要原因。

（3）10kV××线施工当天工程量较大，第一责任人徐×不仅要对电建公司的施工进行验收，又要带队进行线路消缺检修工作，班长未合理安排工作增派人员协助，负有一定责任。

【主要防范措施】

（1）加强现场的工程验收，除了关注好施工质量，还要对每一个工程关键节点重点关注，尤其是复杂的割接工程，要带好规划设计蓝图到现场验收，正确理解配网规划意图，不清楚的地方及时和规划人员沟通。

（2）对工程量大且割接复杂的线路应安排"回头看"即安排一次特巡，及时发现可能遗留的工程缺陷。

（3）对工程量较大的工作，班组长应合理安排，及时增添人手。

（4）对班组长以及第一责任人徐×扣奖处理，班组全体成员在安全活动上分析学习事故分析报告，吸取教训避免类似事故发生。

【例 97】 10kV 箱式变电站本体质量事故

【事故经过】 10kV××线保护动作跳闸，配电抢修人员巡视发现该线路支接的一只箱式变电站进线断路器室膨胀鼓包，箱体变形，有异味和放电痕迹，如图 15-2～图 15-4 所示。经过试验，确定箱式变电站三相熔管全部熔断，断路器 SF_6 气体泄漏，故障原因为进线断路器绝缘击穿。隔离故障箱式变电站后，线路试送正常，故障箱式变电站调换处理。

图 15-2　进线断路器故障照片（一）

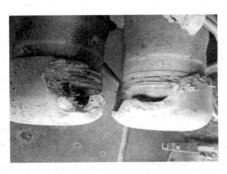

图 15 - 3　进线断路器故障照片（二）　　图 15 - 4　进线断路器故障照片（三）

【事故原因分析】　10kV××箱式变电站的生产厂家是××联合电控厂，箱式变电站型号为 XWB - 10，容量 400kVA，发生故障的进线 SF_6 负荷开关型号为 HXGN - 10。断路器环网单元为××电力科技有限公司生产，出厂编号 1204009。

故障发生的直接原因为该箱式变电站进线断路器的熔断器柜 A 相熔丝桶底座由于接触不良并且负荷加大而发热，使 A 相熔丝底座脱离原位置，随着时间增加，热量加大，气压慢慢变大膨胀导致箱体变形，最终造成断路器箱体内 SF_6 泄漏，断路器失压，失去开断能力，最终发生断路器故障。

【主要防范措施】　今后新投运设备，责成××联合电控厂对采购的熔丝筒进行细致检查，装配熔丝时进行二次安装，一次检查接触面情况，二次检测在线电阻。对已经投运的同类型产品进行全面的排查整改。

【例 98】　10kV 开关站被水淹事故

【事故经过】　配调告：19：51 临时变 10kV××线保护动作跳闸，重合不成，伴有母线瞬间接地，未强送。当天午后开始下阵雨，但雨势不大。抢修中心立即通知配电抢修人员冒雨开始对 10kV××线架空线路、电缆设备进行巡视。

20：22，10kV××线架空线路全部巡视完毕，未发现异常，向配调申请试送；配调告，线路强送不成。巡视人员根据电缆路径走向及掌握的通道危险源，继续对 10kV××线电缆通道和设备部分进行全面巡视，发现 1 号环网柜至后西支线 1 号杆电缆通道上，地铁轨道施工工地附近存在大型机械挖掘，但现场路面已被恢复，挖掘机及操作手已离开，存在电缆遭外力破坏的可能。抢修人员初步判断故障点可能为 1 号环网柜至后西 1 号杆电缆遭外力破坏。

22：19 抢修人员将所有高压用户和柱上配电变压器隔离，抢修中心向调度申请 1 号环网柜内"2 环 F213B"断路器后段停电检修，同时，前段试送成功，组织抢修人员对 1 号柜至后西 1 号杆电缆、勤学苑开关站进线电缆、解放新村开关站进线电缆进行测试，并安排人员对 2 环后段解放新村及勤学苑两个小区开关站进行重点检查。

凌晨 1：29 抢修人员终于发现 10kV××线跳闸是由于解放新村站内进水，水位升高至 25cm 左右，接触到母联柜内的母排下沿，引起短路故障。

解放新村是建成二十年的老小区，无正规物业管理，解放新村开关站位于小区地下室。在进入地下室后，抢修人员发现进水原因为站所外部走廊上侧雨污水管断裂，雨水及居民生活污水直接排放到开关站外部走廊，地下室水位升高，加上房屋年代较久，走廊处墙体接缝有砂眼及裂缝，外侧水位较高，水压较大，将水从开关站门缝内压入开关站内，而站内自动水泵排水管出口在地面上的绿化带内遭生活垃圾堵塞，无法将水正常排放到小区雨水主管网内，完全积压在地面一个过渡雨水井内，然后顺墙体裂缝回流至站所外走廊内，导致地下室积水无法排除，水位不断升高。

1：45 抢修人员汇报配调后，断开新村支线 01 号杆（"解放新村 100937"断路器），隔离故障，除解放新村站以外所有负荷恢复供电。2：25 后续抢修人员携三个小型排水设备到达现场，但经实际操作，排水效果较差。3：45 大型排水设备到达解放新村，但由于该小区业主停放车辆，堵塞小区消防检修通道，载有大型排水设备的车辆无法到达地下室检修现场。抢修人员拨打 110 寻求帮助后，5：15 大型排水设施到达现场，立即投入抢修，同时，对开关站外墙面等渗漏点进行防水封堵。7：10 地下室整体水位恢复正常后，对所有设备进行检查、清扫及烘干，同时调换损坏的部件，组织试验人员对设备进行耐压试验。10：00 所有设备试验完毕且合格。10：15 解放新村站恢复供电。

【事故原因分析】

（1）故障点查找过程存在误判。抢修人员在没有对 10kV××线配电设备进行完整巡视的情况下，根据电缆通道附近存在施工工地和挖掘机械，就错误地预判了故障点，浪费时间对其实没有故障的电缆进行绝缘试验，延误了真正的故障点查找工作。

（2）抢修人员对现场不熟悉，对解放新村站检修通道夜间不畅的情况不掌握，拖延了故障发现时间并间接导致排水设备无法及时到达现场。

（3）抢修网点对抢修预案执行不到位，备品备件管理缺失。抢修过程中，网点没有设专人负责向现场运输抢修器具和材料，而是由现场人员回网点拿，延长了抢修时间，并且排水设备缺乏管理，导致排水工作效率低下。

（4）老旧小区站所检修通道被占用、雨污管道年久失修、物管部门未对相关设施进行及时有效的维护与检修，造成开关站运行环境恶劣。

（5）开关站运维工作不到位，日常巡视不细致，未对站所通道现状、排水系统进行有效的检查，没有及时发现排水设施隐患并进行有效整改。

【主要防范措施】

（1）开展站所检修通道专项整治工作，集中力量排查各类小区站所的检修通道问题，对检修通道、电缆走向、标示标牌、站所设备、附属设施、安全工器具等拍照存档，并积极与属地物业部门沟通，确保检修通道的畅通。

（2）全面检查各类地下站所的防汛设施，对满足条件的站所加装除湿及水位报警设备。

（3）进一步完善站所图纸资料，强化配电站所地理信息管理，完善现场标志、标识，便于抢修人员迅速查找设备。

（4）进一步提高设备巡视质量，编制巡视标准作业卡，明确巡视的内容，及时发现各类安全隐患。

（5）开展配电站所文明生产治理工作。组织运维班组、抢修网点对辖区内配电站所进行全面检查，掌握各站所运行状况，制定整改方案，努力推进标准示范站所的建设。

（6）加强对抢修人员的技能培训，开展应急培训和演练，提高应急反应速度，努力缩短故障查找和恢复供电时间。

（7）完善抢修后评估机制，对每次抢修中的反应速度、指挥协调、抢修质量等进行评估打分，进一步提高员工的工作责任心和主动性，进一步提高抢修网点的安全管理、质量管理、备品管理，实现对配网抢修工作的全过程管理。

【例99】　树线矛盾事故

【事故经过】　10kV××线外湾03号杆配电变压器因树枝搭在跌落式桩头上引起相间短路，烧断A、B两相上回线搭头，如图15-5所示。申请线路后段停电，清除配电变压器周围树木，更换一组高压跌落式熔断器，修复两相上引线搭头，如图15-6所示。

图15-5　线路修复前照片

图15-6　线路修复后照片

【事故原因分析及防范措施】

（1）事故主要原因是配电变压器周围树木未及时清理。运维人员应加强巡视，尤其要在春夏树木生长期，对配电变压器台架等部位重点清理。

（2）上引线搭头还是用的老式铜—铝线夹，铜铝氧化后极易断裂。这一类缺陷需要加大力度进行及时归类整理和消缺。

（3）普通型鸭嘴跌落式熔断器严重老化、风化、接触不良，已经到了使用周期的极限。特别是瓷体已经非常的脆弱，一遇到下雨、高温就出现断裂，增加安全风险。这一类缺陷也需要加大力度进行及时归类整理和消缺。

【例100】　异物引起10kV线路跳闸事故

【事故经过】　配调告：12：27堰桥变电站10kV××线速断动作跳闸，重合不成，告抢修人员立即进行巡线查找故障。13：11抢修人员发现：天奇支线13号杆绝缘导线从绝缘子中脱出，如图15-7所示。13：18抢修人员又发现：渔业支线2～3号杆塑料薄膜缠绕在导线上引起，汇报配调，如图15-8、图15-9所示。"经北"断路器后段线检，渔业2～3号杆塑料薄膜清除，天奇13号杆C相绝缘子调换。

图15-7　绝缘导线从绝缘子中脱出照片　　图15-8　被风刮掉塑料薄膜的蔬菜大棚

【事故原因分析】

（1）渔业支线2～3号杆塑料薄膜缠绕在导线上引起跳闸，并且天奇支线13号杆绝缘导线从绝缘子中脱出，异物影响是事故发生的直接原因。

（2）设备运维人员没有对线路周围的蔬菜大棚种植户进行宣传教育，没有督促他们对蔬菜大棚上覆盖的塑料薄膜进行加固处理，大风天气引起塑料薄膜刮到线路上是事故发生的间接原因。

【主要防范措施】

要加强对线路的巡视、管理。在设备附近

图15-9　塑料薄膜缠绕在导线上

设立明显的警示装置，要走访线路附近的居民群众，告诫广大群众为了自身安全和电力设施的安全不要做损害公共利益的事情。在线路附近的蔬菜大棚、垃圾处理站等容易飘出异物的场所，也要请相关的负责人加强管理和防范。

【例 101】　施工质量引起搭头线断事故

【事故经过】　14：51 报修单：10kV××线泾岸支线 03 号杆一断（隔离开关）中相后桩头脱出（见图 15 - 10、图 15 - 11），告抢修人员前往现场处理。16：07～16：22 "高村 100351" 断路器后段线检，一断搭头线修复处理。

图 15 - 10　泾岸支线 03 号杆一断　　　　图 15 - 11　泾岸支线 03 号杆一断
中相后桩头脱出（一）　　　　　　　　　中相后桩头脱出（二）

【事故原因分析】　10kV××线泾岸支线 03 号杆一断中相后桩头脱出，导致用户一断故障。故障原因：铜线夹子在施工时没有拧紧，导线松动。

【主要防范措施】

（1）加强施工人员责任心，提高施工质量。

（2）加强工程验收，对线路设备搭接紧固程度进行抽检。

（3）加强巡视维护和红外测温工作，及早发现并消除设备接触不良、发热的缺陷。

【例 102】　拆房引起单相接地事故

【事故经过】

10kV××线 C 相接地，查为 50～53 号杆之间因拆房导致 C 相导线落到地上。50～53 号杆之间横担扭曲，汇报配调，申请后段停电，调换 50～53 号杆横担，恢复导线。

现场照片如图 15 - 12、图 15 - 13 所示。

图 15-12　拆房导致 C 相导线落到地上（一）　　图 15-13　拆房导致 C 相导线落到地上（二）

【事故原因分析】

（1）直接原因。由于拆房公司野蛮施工，外力破坏导致 10kV×× 线 C 相接地故障。

（2）间接原因。设备运维人员巡视不到位，没有及早发现线路通道安全隐患，没有及时制止施工单位的违章行为。

【主要防范措施】

（1）设备运维单位应当主动，与拆房公司等施工单位建立联动机制，积极宣传电力设施保护工作的重要性，督促施工单位在电力设施附近施工前及早与供电部门沟通，采取必要的防范措施。

（2）加强设备管理与巡视，竖立明显警示标志，有预见性地开展防范工作，对存在隐患的线路通道进行重点关注和跟踪。

【例 103】　电缆受潮进水事故

【事故经过】

4：25 报修单：10kV×× 小区 2 号站高压无电。抢修指挥中心立即通知抢修人员前往现场处理。4：50 回复：10kV×× 小区 2 号站内 2 号主变压器 A 相熔丝熔断，主变压器进线电缆绝缘试验不合格，400V 低压负荷由 1 号主变压器临时带供处理。

主变压器进线电缆解剖发现电缆受潮、绝缘老化，如图 15-14 所示，后调换处理，低压带供方式恢复。

【事故原因分析】

（1）此次故障直接原因是电缆内部潮湿，主绝缘发生老化，最终导致绝缘击穿。

图 15-14　电缆受潮照片

（2）10kV××小区 2 号站投运时间不足一年，设备尚在质保期内，电缆受潮原因是施工单位敷设电缆时，没有做好电缆头防水密封处理，没有清除电缆沟内积水，而且电缆终端制作工艺马虎，造成电缆受潮。

【主要防范措施】

对施工单位进行考核，要求其加强施工质量，并且对故障电缆的竣工试验报告进行分析，杜绝弄虚作假的现象，保证产品质量。

【例 104】 断路器柜母线排事故

【事故经过】

16 日 8：15 配调：××变电站 10kV××线保护动作，重合成功，抢修人员立即进行故障巡线。由于 10kV××线电缆设备较多，在抢修人员还未查出故障点的情况下，9：50 10kV××线又一次动作重合成功，抢修指挥中心立即通知抢修人员巡线过程中与设备保持安全距离，注意人身安全，9：58 再一次动作重合成功，9：59 跳闸重合不成，未强送。

11：46 抢修人员发现：10kV××开关站内有烟和异味。拉开 10kV××线 5 号环网柜 F213A 断路器隔离故障开关站后，12：18 线路送电正常。

12：21～16：07 后段线检，12：30 抢修人员告进线断路器柜母线排接触不良引起，调换两只断路器柜间隔。

【事故原因分析】

10kV××开关站已经投运了近十年，但还没有到使用期限，进线断路器柜 C 相母线排桩头接触不良，引起长时间过热，发热导致断路器本体绝缘逐渐老化，最终放电击穿，是事故发生的根本原因。

施工单位在断路器柜拼装过程中，麻痹大意没有拧紧母线排桩头螺钉是事故发生的人为因素，事故照片如图 15－15、图 15－16 所示。

图 15－15 断路器柜母线排事故照片（一）　　图 15－16 断路器柜母线排事故照片（二）

【主要防范措施】

（1）加强施工和验收质量，对断路器柜内、桥架内母线排搭接等隐蔽工程加大抽检力度。

（2）平时加强站所巡视和红外测温工作，及时发现设备缺陷和安全隐患。

【例 105】　高压跌落式熔断器事故

图 15-17　高压跌落式熔断器事故照片（一）

【事故经过】

××电力器材制造有限公司制造的 JLK-12（24）/100A（200A）型的高压跌落式熔断器，在实际使用过程中，频繁发生质量问题，其主要部件——支持绝缘子在不进行任何拉、合操作时也会产生断裂，如果进行拉、合操作将会产生非常严重的后果，带来严重的设备故障，还可能引发人身事故。事故照片如图 15-17～图 15-19 所示。

图 15-18　高压跌落式熔断器事故照片（二）　图 15-19　高压跌落式熔断器事故照片（三）

【事故原因分析】

这是非常典型的产品质量问题，对配网安全健康运行带来严重的隐患。

【主要防范措施】

（1）对已发生故障的此高压跌落式熔断器，厂家需对供电部门的电量损失、设备损失进行赔偿。

（2）对未发生故障的此高压跌落式熔断器进行更换合格产品，所有更换费用由厂家负责。

【例 106】　绝缘架空导线从耐张线夹脱出的事故

【事故经过】

12：02，洪峰变电站 10kV 母线瞬间接地发信 6 次（1min 内）。13：11 抢修巡线人员告 10kV××线 21 号杆处 A、C 相导线中金属内芯与绝缘外层脱出断线，因危险要求立即拉开，如图 15-20、图 15-21 所示。13：12 拉开 10kV××线 111以及同杆架设的另一条线路 112 断路器。13：54 申请 10kV××线以及同杆架设的另一条线路事故处理。14：30～19：06 二线改为线检，导线搭通。

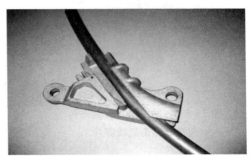

图 15-20　绝缘架空导线从耐张　　　　图 15-21　绝缘架空导线从耐张
线夹脱出照片（一）　　　　　　　　　线夹脱出照片（二）

【事故原因分析】

（1）NXL-5J 型耐张线夹与 JKLGYJ-240 导线不匹配，造成导线在线夹导槽中的部分受挤压变形，是引起导线中金属内芯从绝缘外层脱出的主要原因。

（2）此处引线采用 T 形线夹连接，T 形线夹处经过剥皮处理，使得耐张线夹受力处的导线绝缘外层变短，是引起导线中金属内芯从绝缘外层脱出的另外一个原因。

【主要防范措施】

（1）对 JKLGYJ-240 导线使用 NXL-5J 型耐张线夹的情况进行梳理排查，并进行整改。

（2）JKLGYJ-240 导线做耐张使用 NLL-5 型或 NXL-6J 型耐张线夹，不使用 NXL-5J 型耐张线夹。

（3）JKLGYJ-240 导线做耐张时，引线应从耐张线夹道槽中引出，不使用 T形线夹引线。

【例 107】　防雷金具安装不到位造成雷击断线的事故。

【事故经过】

18：18，10kV××线 118 保护动作跳闸，重合成功，10kV Ⅰ段母线瞬间接地。18：28 经巡视发现夏浚支线 34 号杆 A、B 两相导线雷击断线，如图 15-22 所示，18：31 10kV××线 118 "夏浚 101775" 隔离开关后段线检，前段试送正常。20：33，受损导线修复，10kV "夏浚 101775" 隔离开关后段送电正常。

【事故原因分析】

图 15 - 22 防雷金具安装不到位造成雷击断线照片

这是一起典型的因施工质量问题造成绝缘架空线路雷击断线的事故。该绝缘线路已安装防雷金具，但防雷金具扭力螺栓未拧到位（见图 15 - 22，上侧螺栓未拧到位，帽子未脱落），造成防雷金具的金属尖刺没有完全刺穿导线绝缘层。线路遭受雷击时，防雷金具无法将雷电流完全放电泄流，最终导致雷击断线。

【主要防范措施】

（1）各施工单位应加强防雷金具施工质量，提高施工人员责任心和技能水平，扭力螺栓拧到位，杜绝此类事故的发生。

（2）配电运维单位加强防雷金具验收工作，及时发现并整改此类缺陷。

【例 108】 干式变压器事故

【事故经过】

××小区内 1 号开关站的 2 号主变压器（SCB - 800kVA）在运行中出现故障。随后，配电运维部门联系相关生产厂家对故障变压器进行故障解剖分析。

（1）高、低压绕组都有损坏，损坏部位相对应，如图 15 - 23、图 15 - 24 所示。

图 15 - 23 低压 B 相线圈损坏照片

图 15 - 24 高压 B 相线圈损坏照片

（2）低压绕组为内、外两半部分组成，中间为散热气道。主要损坏部位在外半部分，如图 15 - 25 所示。烧坏形成的贯通孔径约为 $12 \times 10 = 120$（cm^2）。

（3）对应的高压绕组内侧壁也已经烧毁，铜线裸露并有烧断点。铜线裸露部分的面积约 $11 \times 9 = 99$（cm^2），如图 15 - 26 所示。

图 15 - 25　外半部分损坏照片

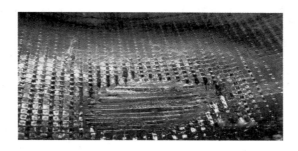

图 15 - 26　高压绕组内侧壁烧毁照片

【事故原因分析】

（1）损坏部位处于高压 B 相绕组下部 1/4 以下，不是变压器运行中温度最高的部位。同时变压器没有过负荷运行的记录，也没有发现其他两相绕组有过热现象，所以排除变压器过载引起绕组过热造成损坏的可能。

（2）低压 B 相绕组的损坏程度明显大于高压绕组，故确定低压绕组为损坏的起源。又 B 相低压绕组主要损坏在外半部分，烧坏处形成贯穿状孔洞，可以认为该故障有一个发展过程。

（3）该低压绕组为铜箔卷绕制成，层间绝缘为 DMD 材料，该材料具有耐热和阻燃性能，从目前损坏程度分析，故障点的高温就是电弧引起的，所有材料均被电弧烧灼而炭化，没有材料自燃迹象。

（4）从以上情况分析，低压绕组制造过程存在缺陷，层间存在杂质颗粒，DMD 层绝缘材料有杂质颗粒，该杂质颗粒损坏了层间绝缘，造成变压器运行中低压层间局部短路。但由于 DMD 材料的阻燃性能，仅局限于短路点产生电弧，烧坏短路点的局部，当短路点铜箔烧穿以后，故障扩大到相邻的层间，在逐步扩大本层短路范围的同时将外半部分低压绕组全部烧穿。同变压器生产厂家联系，寻查当时的工作记录以及出厂时候的局放试验记录得知：局放记录符合国家标准，但都是允许值的上限。并且发现绕制该台变压器低压 B 相绕组的时候，发现箔绕机有偶尔

311

的抖动现象，当班操作员对此未引起足够的重视（没有将绕的部分线圈倒出来检查）。上述寻查结果更进一步地验证了分析的故障情况。

（5）由于 DMD 材料炭化以后对于低压仍有部分绝缘作用，故低压绕组的短路电弧为间歇性质，当低压绕组外表面烧穿以后，即破坏了高、低压绕组之间的绝缘，引起高、低压绕组之间放电，并导致高压绕组也烧坏，从而使高压侧产生大电流，最终引起跳闸。

【主要防范措施】

该情况发生后，供电部门会同生产厂家认真分析故障原因，查找相关漏洞、缺陷，形成以下几点防范措施。

（1）组织箔绕机操作人员认真学习生产规程，严格按照工艺流程进行生产。

（2）特别是在绕制过程中有疑问的时候，对上述低压线圈绕制工序一定要反复检查。

（3）定期对生产设备进行维护和保养，确保生产设备的良好运行。

（4）加强产品的出厂检验，特别是局放试验。

【例 109】 搭头引线发热事故

【事故经过】

7月8日上午8点，配电运维人员发现在 10kV××线 14 号杆电缆上杆搭头处，B 相搭头引线因发热绝缘层有烧毁及断股现象。由于该处设备新施工不久，尚处于质保期限内，立即通知相关施工单位排查 10kV××线 5 月 26 日的施工情况，并安排施工负责人现场勘察。据了解，发热的 B 相导线压接是外协单位××建设工程公司的人员施工的。当时××建设工程公司压接人员由于最后的工作量较大，另安排了 2 人负责 14 号杆的导线压接，原压接人员负责 1 号杆及 15 号杆导线压接工作，最后 14 号杆因导线压接不紧，造成了 B 相搭头引线发热。由于 10kV××线 14 号杆同杆为 4 回路装置，故于 7 月 9 日 00：00～7 月 9 日 01：00 申请 10kV ××线等四条线路检修处理缺陷。经停电检查，其他杆上电缆引线处压接均符合要求，仅 10kV××线 14 号杆上引线压接不符合要求。经上杆重新处理后于 7 月 9 日 01：00 顺利汇报送电。事故照片如图 15-27～图 15-29 所示。

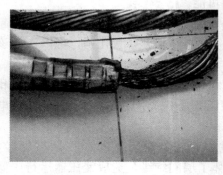

图 15-27 搭头引线发热及断股照片（一）

【事故原因分析】

（1）经停电处理，将原电缆搭头引线拆下后发现导致发热的主要原因是该导线为 JKLYJ-20/240 绝缘导线，直径 17mm，而施工单位采用的 240 设备线夹直径为 23mm，两者线径相差较大，完全不匹配，因此不能完全压紧，导致线路长期运行后产生发热，继而造成绝缘导线绝缘层损毁及断股。

图15-28　搭头引线发热及断股照片（二）　图15-29　搭头引线发热及断股照片（三）

（2）该工程外协单位施工人员水平参差不齐，部分人员对导线压接工艺要求掌握不够，在压接设备线夹时由于施工水平和经验不足，发现导线线芯和设备线夹不匹配，未汇报现场施工负责人，也未采取任何补救措施，只是在压接好后，用手拉了一下，未拉出，就认为压接好了。

（3）工作负责人对现场施工提醒和检查不到位，危险源点分析不到位，对导线线芯和设备线夹不匹配的情况未引起足够重视，未能及时提醒外协单位并发现搭头引线存在的问题。

【主要防范措施】

（1）加强对外协单位施工工艺及质量的监督。要求外协单位对此事加强分析，认真吸取教训，对相关作业人员进行相关知识的培训，特别是导线压接工艺的培训，提高作业人员的业务技能。

（2）加强工作负责人培训和教育，尤其是对导线压接工艺的培训。

（3）加强缺陷管理。对已发现的问题，举一反三，加强学习和宣贯，并将导线和设备线夹匹配问题列入危险源点分析预控卡，无论在施工验收过程中，还是在今后的运行维护过程中，对导线压接部位的施工质量都要加强监督和监测，避免问题的再次发生。

（4）建议设计部门今后设计时应根据材料实际情况，修改设备线夹型号，避免导线和设备线夹的不匹配。